BASICS
AUSSENARBEITEN

BASICS
AUSSENARBEITEN
HOF & GARTEN

GRUNDWISSEN
KOMPAKT

CV

Impressum

Text: Hans Altmeyer
Redaktion: Angelika Klein
Layout: Monika Kohlberger, Köln
Fotografie und Illustration: Bauer Do-it-yourself GmbH, Köln

Produktion: Derby Verlag & Medien GmbH, Köln
Umschlaggestaltung: GrafikwerkFreiburg
Reproduktion: RTK & SRS mediagroup GmbH, Freiburg
Druck und Verarbeitung: Polygraf Print, Slowakei

ISBN 978-3-95440-009-6
Art.-Nr. 40009

Mehr Freude am Garten

Wenn man durch eine Wohnsiedlung wandert und einen Blick über die Zäune wirft, entdeckt man gewaltige Unterschiede: Wildromantisch wuchernde Gehölze und blumenübersäte Wiesen, nebenan streng abgezirkelte Wege und geometrisch angelegte Beete, dann wiederum ein robustes, pflegeleichtes Kinderparadies – ein Garten spiegelt die Vorlieben und Bedürfnisse des Besitzers wider. Natürlich sieht man auch die Unterschiede zwischen üppig blühenden Rabatten auf der einen und mühsam ihren Platz behauptenden Gewächsen auf der anderen Seite. Fehlt da der sprichwörtliche „grüne Daumen"? Nein: Ob ein Garten gelingt, ist kein Schicksal, sondern man kann auf nahezu jeder Fläche erfolgreich gärtnern.

Dieses Buch soll dabei eine Hilfe sein. Wenn Sie bei Null anfangen, werden Sie von unseren Überlegungen zur Gartenplanung ebenso profitieren wie von den Kapiteln zur Bodenbearbeitung und -verbesserung, zur Rasenpflege oder zu einer grundlegenden Ausstattung mit Gartenwerkzeugen. Ist der Garten erst einmal angelegt, dann kann man ihn weiter einrichten: Vielleicht wünschen Sie sich ein Gartenhäuschen oder eine Terrasse? Oder möchten Sie Ihr Grundstück mit einer Wasserfläche bereichern oder einen stabilen Zaun bauen? Zu all diesen Bereichen finden Sie hier ebenfalls Unterstützung und fundiertes Hintergrundwissen.

Ein spannendes Thema ist auch die Selbstversorgung mit einem Nutzgarten: Wer auf Salat, Gemüse und Obst aus eigenem Anbau zugreifen kann, der lernt die knackige Frische selbst geernteter Lebensmittel schätzen und weiß immer genau, welche Qualität auf den Tisch kommt. Das Grundwissen für die Anlage eines Nutzgartens vermitteln wir Ihnen hier, außerdem lernen Sie, einen funktionierenden Kompost anzulegen und die richtigen Maßnahmen zu ergreifen, wenn ungebetene Gäste aus dem Tierreich sich ebenfalls an Ihren Gemüsebeeten bedienen.

Sie werden sehen: Ein Traumgarten entsteht nicht an einem Tag, aber Sie kommen ihm mit jedem Tag einen Schritt näher.

Viel Spaß beim Lesen und viel Erfolg im grünen Paradies wünscht

Ihre Redaktion

COMPO SANA

Inhalt

Traumgarten anlegen

GARTEN-PLANUNG

Der Weg vom Baugrundstück zum blühenden Garten fällt deutlich leichter, wenn er von einem klaren Konzept begleitet wird. Sorgfältige und strukturierte Planung macht dabei vieles einfacher.

Ordnen Sie Ihre Wünsche!

Bis aus der Bauwüste rund ums Haus ein blühender Garten entstanden ist, dauert es im Schnitt drei bis vier Jahre. In dieser Zeit ist nichts so wichtig wie Geduld und ein durchdachtes Konzept. Das gilt auch und vor allem dann, wenn die Angebote der Baumärkte, Baumschulen und Gartencenter noch so verlockend sind. Wer sich hier zu Spontankäufen verleiten lässt, steht nachher bestenfalls vor einem wahllos bepflanzten, unharmonischen Areal, im schlechtesten Fall verkümmern viele Pflanzen, weil ihre Anforderungen an den Standort nicht berücksichtigt wurden.
Ein guter Grund, von Anfang an mit einem durchdachten Konzept zu planen, das sowohl auf die Ansprüche der Pflanzen als auch auf die Wünsche der ganzen Familie eingeht.
Dafür ist es nötig, dass man sein Grundstück gründlich kennenlernt. Nehmen Sie sich ein wenig Zeit und beobachten Sie, wohin zu den verschiedenen Tageszeiten die Sonne fällt und welche Bereiche vor Wind und Wetter geschützt sind. Stellen Sie fest, welcher Boden vorhanden ist. Und vergessen Sie die Schwächen nicht: schmale, langgezogene Durchgänge, Bereiche mit starkem Gefälle etwa. Wenn man solche Zonen bewusst berücksichtigt, lassen sie sich oft genug sogar zum Vorteil nutzen.
Nun können Sie notieren, was Sie grundsätzlich von Ihrem Garten erhoffen. Wünschen Sie sich einen mediterranen oder einen streng formalen Garten? Oder vielleicht einen Bauern- oder Landhausgarten?

INFO Gartenplanung mit dem Computer

Bei der Grundrissplanung mit Papier und Stift brauchen Sie einiges an Fantasie und Vorstellungsvermögen. Eine Software zur Gartenplanung kann Sie dabei unterstützen. Viele Programme erlauben ohne Vorkenntnisse die Planung Ihres Traumgartens am Bildschirm, wo er Schritt für Schritt als dreidimensionale Darstellung aufgebaut wird. Die Qualität reicht dabei von eher skizzenhaften Ansichten bis hin zur fotorealistischen Darstellung. Der große Vorteil eines Planungsprogramms liegt darin, dass Details wie die Positionen von Pflanzen oder eine Wegführung ganz flexibel geändert und bearbeitet werden können. So kann man einfacher als auf Papier Ideen ausprobieren und gegebenenfalls auch wieder verwerfen. Einige Programme simulieren sogar das Wachstum von Bäumen und Pflanzen über Jahre hinweg und erlauben so einen kleinen Blick in die Zukunft.

Eine 3D-Darstellung lässt den fertigen Garten vor Ihren Augen entstehen.

TIPP Gartenplan zeichnen

Ausgangspunkt für einen Gartenplan ist eine Liste mit Ihren Wünschen – notieren Sie sie einfach untereinander. Nun können Sie auf der Grundlage des amtlichen Lageplans eine Skizze Ihres Gartens anfertigen. Praktisch ist hier der Maßstab 1:100, bei dem ein Zentimeter auf dem Papier einem Meter in der Realität entspricht. In den Plan trägt man zunächst vorhandene Wege und Gehölze ein und kann dann nach und nach seine Wunschausstattung hinzufügen. Beachten Sie dabei auch Gebäude und große Bäume auf den Nachbargrundstücken – sie können die Planung durch ihren Schattenwurf beeinflussen.

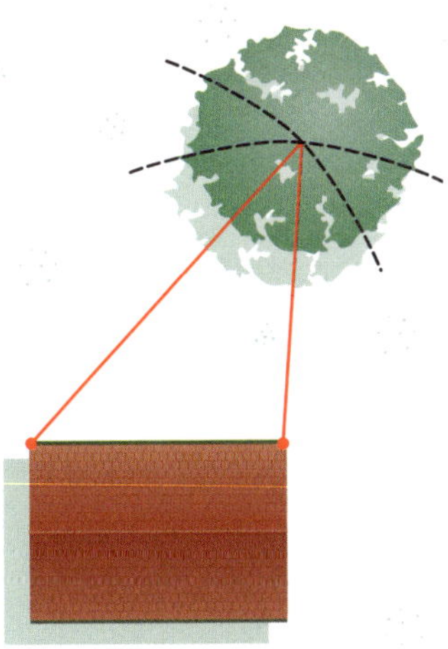

DREIECKSMESSUNG

Den genauen Standort etwa von Bäumen ermitteln Sie, wenn Sie von zwei Hausecken aus die Distanz messen und diese dann jeweils mit dem Zirkel 1:100 auf den Plan übertragen. Am Schnittpunkt wird der Baum eingezeichnet.

SCHATTENPLAN

Wenn Sie die Bereiche markieren, die beschattet werden, vermeiden Sie von vornherein ungünstige Standorte für Beete oder Sitzplätze.

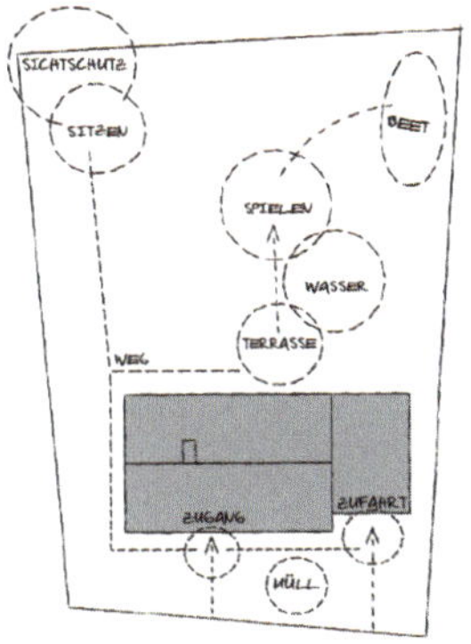

SKIZZE ANLEGEN

Das Grundstück aus der Vogelperspektive: Hier zeichnen Sie ein, was Sie sich für Ihren Garten wünschen. Mit über den Lageplan gelegtem Transparentpapier ist man dabei besonders flexibel.

Brauchen Kinder Freiraum, Spielgeräte und Kletterbäume? Möchten Sie einen Pool oder einen Schwimmteich anlegen? Oder wünschen Sie sich einen Nutzgarten-Bereich für frisches Obst und Gemüse? Am besten ruft man den Familienrat ein und trägt alle Wünsche in einer Liste zusammen. Die wichtigsten Punkte sollten Sie markieren, damit sie mit höchster Priorität berücksichtigt werden. Vergessen Sie bei alldem auch nicht, wie viel Zeit Sie in den Garten investieren können: Eine Rasenfläche ist am Wochenende schnell gemäht, im Nutzgarten müssen Sie eventuell täglich Zeit verbringen.

Nun übertragen Sie alles in den Gartenplan (Kasten oben) – zuerst die bestehenden Gegebenheiten, dann die realisierbaren Wünsche. Interessanter wirkt ein Garten, wenn Sie ihn in Räume einteilen, etwa mit Sträuchern, Bäumen, Hecken, einem Sichtschutz. So können Sie auch unfertige Bereiche abschir-

men, zu große Flächen gliedern oder kleine Flächen durch bewusst geschaffene Sichtachsen weiter erscheinen lassen.
Diese Räume lassen sich nun ausgestalten, indem man die Pflanzen dafür auswählt – erst die großen, dann die kleinen. Dabei ist natürlich auch der jeweilige Boden zu berücksichtigen.
Warten Sie mit dem Kauf von Bäumen nicht zu lange, denn solange sie noch klein sind, sind sie am preiswertesten. Wer früh pflanzt, schont also sein Budget.
Sie sollten aber immer vom geplanten Endzustand aus-

Auch wenn es Jahre dauert: Durchhaltevermögen wird belohnt.

TIPP Kleine Gärten anlegen

Kleine Gärten sind nicht einfacher zu planen, sie brauchen im Gegenteil besonders große Sorgfalt. Dann kann man jedoch Erstaunliches damit erreichen. Einige Tipps dazu:
Wenn man durch Lücken in Hecke oder Zaun **Sichtachsen** in Richtung der Nachbargrundstücke schafft, wirken kleine Gärten weiter, da die angrenzenden Bereiche optisch mit einbezogen werden.
Der Garten sollte nicht auf einen Blick erfassbar sein. Zäune, Hecken oder Sträucher unterbrechen die Flucht und täuschen **Tiefe** vor. Der Besucher wird zum Entdecker. Kunstvoll geschnittene Solitärsträucher, ein Kunstwerk oder ein Brunnen ziehen als **Blickfang** das Auge

Die offene Sichtachse lässt das Areal weitläufig scheinen.

des Betrachters auf sich und lenken es von der räumlichen Enge ab. Schließlich lassen sich die **Blütenfarben** gezielt einsetzen, um den Eindruck räumlicher Tiefe zu erzeugen. Pflanzt man beispielsweise blau blühende Gewächse in den Hintergrund, rückt dieser Bereich optisch weiter in die Ferne. Weiße Blüten haben einen ähnlichen Effekt. Leuchtend rote, gelbe oder orangefarbene Blüten lassen Beete dagegen näher erscheinen, als sie tatsächlich sind.

gehen. Auch wenn das Apfelbäumchen zunächst ein wenig einsam im Garten steht, wird es in einigen Jahren deutlich mehr Platz einnehmen. Auch mit allen übrigen Bepflanzungen sollten Sie sich immer daran orientieren, wie Sie den Garten später gerne einmal hätten. Wenn man mit den wichtigsten Gliederungselementen beginnt und den Garten dann nach und nach ausbaut, kommt man auch mit einem knappen Budget zu einer ansehnlichen Gestaltung.

Terrassen und Wege

Bei der Planung von Wegen beachtet man zuerst ihre Funktion, denn danach richtet sich die Breite: Der Weg zur Haustür etwa wird oft von zwei Personen nebeneinander begangen, er sollte als mindestens 1,20 m breit sein. Gartenwege, die man auch mit einer Schubkarre befahren möchte, sollten etwa 70 cm Breite aufweisen. Um sich beim Gießen zwischen Beeten bewegen zu können, reichen hingegen oft schon einige Trittsteine. Generell gilt: Je häufiger ein Weg benutzt wird, desto breiter sollte er sein. Nach der Breite und Wegführung muss man die Art des Belags festlegen. Er sollte zum Haus und zur

TIPP Auf den Unterbau kommt's an

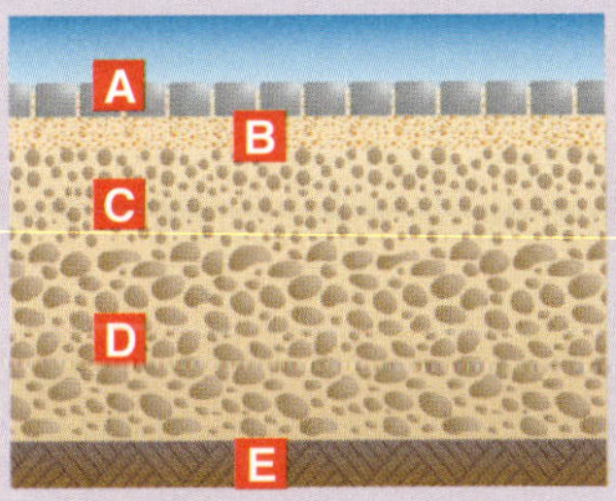

Gepflasterte Wege bekommen durch einen stabilen Unterbau den nötigen Halt: Auf dem gewachsenen Boden **E** liegt zunächst eine etwa 30 cm dicke Frostschutzschicht **D** aus grobem Kies. Sie verhindert Ansammlungen von Wasser, die bei Frost das Pflaster anheben. Die folgende 20 cm dicke Tragschicht **C** aus feinem Kies verdichtet man gut. Im 5-8 cm dicken Sandbett **B** werden schließlich die Pflastersteine **A** verlegt.

Auch das Anlegen von Treppen ist gar nicht so schwer: Die Stufen **F** werden mit leichter Neigung nach vorn in einem Betonbett **G** verlegt. Die Kiesschicht **H** gibt darunter die Steigung vor. Der Boden **I** ist nur grob geformt. Sobald ein Weg ein Gefälle von mehr als 7 % in Laufrichtung aufweist, sollte man Stufen einfügen. Beachten Sie dabei das Steigungsmaß, also das Verhältnis aus Stufenhöhe (Steigung S) und -tiefe (Auftritt A) nach der Formel 2S + A = 63 cm. Weicht man zu weit von dieser Idealformel ab, wird die Treppe schwergängig, es besteht dann Stolpergefahr! Man empfindet eine Treppe übrigens als besonders bequem, wenn außerdem die Formel A – S = 12 cm gilt.

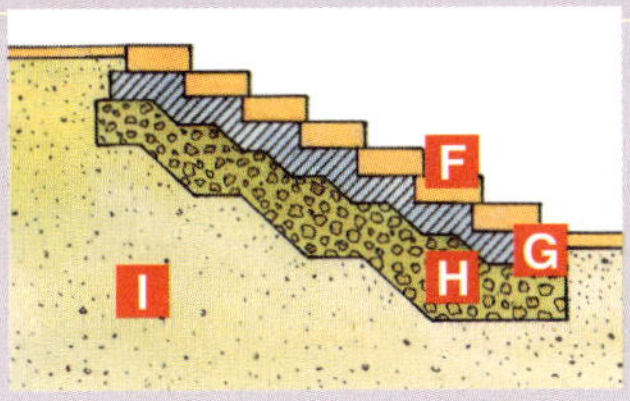

übrigen Garteneinrichtung passen. Außerdem kann man sich auch hier wieder an der Nutzung orientieren: Je häufiger ein Weg begangen wird, desto dauerhafter, trittsicherer und leichter zu reinigen muss er sein.
Auf Privatgrundstücken kann man mit Pflasterklinkern, Beton- und Natursteinen wenig falsch machen. Hier gibt es eine kaum übersehbare Anzahl an Formaten und Oberflächen. Wege weiter hinten im Garten können aber auch ohne weiteres etwa mit einem Belag aus Mulch angelegt werden.
Die Frage des Material stellt sich auch bei Terrassen. Doch auch hier müssen Sie zunächst Lage und Größe festlegen. Wichtig ist dabei etwa der Sonnenlauf während des Tages. Aber auch die Nutzung spielt eine Rolle: Frühstücken Sie gerne auf der Terrasse, dann sollte der Weg zum Haus nicht weit sein. Möchten Sie dagegen allein oder zu zweit vor allem den Garten genießen, dann ist eine Sitzecke weiter hinten in einem besonders schönen Bereich ideal.
In jedem Fall darf eine Terrasse oder ein Freisitz nicht zu klein ausfallen. Ein Liegestuhl, den man gegebenenfalls je nach Sonnenstand noch etwas bewegen möchte, braucht zusammen mit einem Sonnenschirm etwa 3 m² Platz. Für einen Gartentisch mit Stühlen sollte man pro Person etwa 2 m² Fläche vorsehen.
Beim Material haben Sie die freie Wahl. Holz ist relativ einfach zu transportieren und zu verarbeiten. Hölzer wie Kiefer oder Fichte brauchen jedoch einen regelmäßig zu erneuernden Witterungsschutz, während beständigere Sorten wie Eiche, Tropenhölzer oder Lärche deutlich teurer sind. Doch Alternativen gibt es genug, etwa Holz-Kunststoff-Verbundmaterialien wie WPC, aber auch Fliesen, Beton- und Natursteine.

Terrassenbeläge im Überblick

MATERIAL	EIGENSCHAFTEN
Europäische Laub- und Nadelhölzer	Als Terrassenbelag ungeeignet sind Laubhölzer wie Buche, Birke und Esche. Sie benötigen einen chemischen Holzschutz, sonst beginnen sie bereits nach etwa drei Jahren zu verrotten. Bedingt geeignet sind Nadelhölzer wie Fichte und Tanne (halten bis zu 5 Jahre lang). Länger haltbar sind Lärche, Douglasie und Eiche.
Tropenhölzer	Tropenholz ist sehr hart und weist einen hohen Ölgehalt auf. Deshalb verwittert es nur langsam. Um nicht an Holz aus illegalen Rodungen schützenswerter Dschungelgebiete zu geraten, sollten Sie beim Kauf auf das FSC- oder das PEFC-Siegel achten – es steht für Holz aus kontrolliertem Anbau.
Thermoholz	Thermoholz kann aus fast allen Holzarten durch eine Wärmebehandlung erzeugt werden. Die Erwärmung macht das Material widerstandsfähiger gegen Verwittern – reduziert aber zugleich seine statischen Belastbarkeit. Für Klettergerüste etwa oder für Schaukeln sollte man es nicht verwenden.
Holzwerkstoffe	Aus Sägemehl, Spänen und Kunststoffkleber werden Hohlkammerpaneele gefertigt. Sie bieten einige Vorteile: die warme Haptik und Optik von Holz, eine hohe Maßhaltigkeit, kein Quellen oder Schwinden, damit wenig Dimensionsänderung, kein Vergrauen, eine leichte Reinigung.
Bambus	Die langen Pflanzenfasern von Bambus geben dem Material seine hohe Festigkeit. Terrassendielen sind sowohl in Vollholz-Qualität erhältlich als auch in Form von Hohlkammerpaneelen aus einem gepressten Werkstoff, der ebenfalls die Fasern des schnellwachsenden Grases enthält.

TIPP Holzdeck in zwei Varianten

Die zwei gängigsten Konstruktionsmethoden für Terrassen mit Holzbelag unterscheiden sich durch ihre Aufbauhöhe: Wird das Holzdeck bodennah angelegt, muss man besonders auf die Sickerfähigkeit des Bodens achten – dann bilden sich keine Pfützen, die das Holz durchfeuchten. Wird die Terrasse aufgeständert, kann das Tragwerk im Luftraum unter der Beplankung schnell wieder abtrocknen.

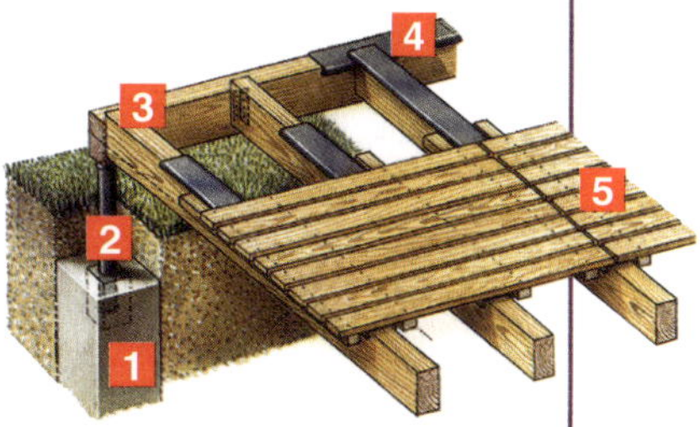

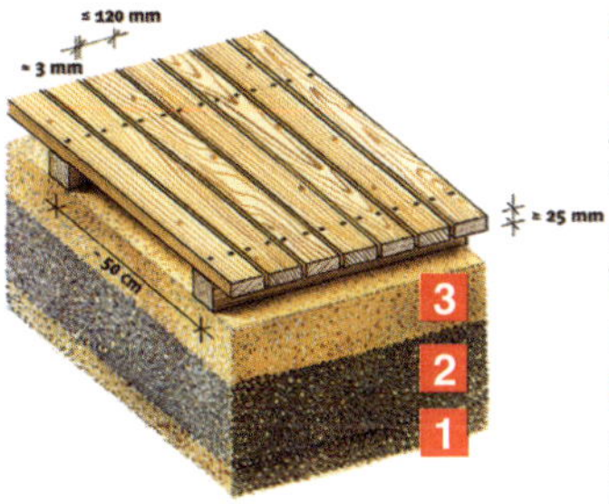

AUFBAU EINES EBENERDIGEN HOLZDECKS
Auf dem Erdboden **1** gewährleistet eine ca. 25 cm dicke Schicht aus grobem Kies **2** das rasche Versickern von Regenwasser. Im etwa 10 cm dicken Sandbett **3** liegen im Achsabstand von 50 cm Betonplatten als Unterlage für die Tragbalken. Die Beplankung sollte ein Gefälle von höchstens 2 % aufweisen.

BEISPIEL FÜR EINE AUFGESTÄNDERTE TERRASSE
Die Fundamente **1** werden frostfrei gegründet, also mind. 80 cm tief angelegt. Auf Stahlstützen **2** ruht ein Gerüst aus Längs- und Querbalken **3**. Abdeckungen aus Blech **4** schützen die Balken vor Nässe. Als Belag dienen anschließend Holzroste **5** oder Dielen.

Teiche, Bäche und Fontänen

Wasser bereichert jeden Garten. Dabei muss der Teich oder Bach nicht einmal besonders groß sein, sondern die Wasserfläche muss sich in das Gesamtkonzept des Gartens einfügen. Das beginnt schon mit der Form eines Teichs: Ein formal angelegter Garten verlangt auch nach einem Becken mit geraden oder kreisrunden geometrischen Konturen. Ein Naturgarten dagegen braucht ein Gewässer, das ebenso natürlich wirkt wie seine Umgebung. Besitzen Sie

Vor allem dort, wo ein leichtes Gefälle vorhanden ist oder sich einfach anlegen lässt, kann auch ein Bachlauf Atmosphäre schaffen.

Auch einzelne Installationen wie dieses Fontänentrio wirken dekorativ.

Für einen solch ausgedehnten Naturteich braucht man viel Platz auf dem Grundstück.

einen kleinen Garten, dann ist vielleicht ein Hochteich unmittelbar an der Terrasse eine Lösung für Sie. Oder es kommt ein Mini-Gewässer in einem Bottich oder einer ausladenden Schale in Frage.
Liegen Art und Form des Teichs fest, bestimmt man den besten Standort dafür. Vier bis sechs Stunden Sonne am Tag sind für die meisten Wasserpflanzen günstig. Der nötige Schatten sollte aber nicht von großen Bäumen kommen, denn dann fallen Blätter ins Wasser und die Wurzeln können die Teichfolie oder das Becken beschädigen. Wichtig auch: Der Teich sollte von Ihrem Lieblingsplatz aus zu sehen sein. Wenn Sie den entsprechenden Platz haben, ist ein Teich ab 6 m² Wasserfläche eine gute Wahl, denn dann bleibt das biologische Gleichgewicht im Wasser stabiler. Eine Fläche ab 12 m² ist ideal. Tief genug sollte der Teich

SCHON GEWUSST?
Pflanzen für den Teich

Durch Wasserpflanzen wirkt ein Teich natürlich und interessant. Außerdem sind sie für das ökologische Gleichgewicht unentbehrlich. Wenn die Pflanzen ungefähr ein Drittel der Wasserfläche bedecken, ist das ideal. Vor dem Pflanzen sollten Sie ermitteln, welche Ansprüche die Gewächse an ihren Standort stellen. Gepflanzt wird am besten in Pflanzkörbe, dann lassen sich Seerosen, Schilf und Co besonders leicht pflegen. Für die Bepflanzung steiler Uferpassagen eignen sich spezielle Böschungstaschen.

SEEROSEN können ein Blütenmeer auf dem Teich schaffen. Dafür brauchen sie ausreichend Sonne.

ebenfalls sein: Ab 80 cm Tiefe friert er im Winter nicht durch, Fische und Pflanzen kommen besser durch die Kälte. Bei 120 cm Tiefe fühlen sich die Tiere noch wohler.
Einen Teich in dieser Größe können Sie mit Teichfolie anlegen. Sehen Sie dabei etwa ein Viertel der Fläche als Uferzone bis 10 cm Tiefe und ein weiteres Viertel als Sumpfzone mit 20 bis 40 cm Tiefe vor. Dann bietet der Teich einer vielfältigen Pflanzen- und Tierwelt eine Heimat.
Kleinere Teiche bis 6 m^2 Fläche lassen sich gut mit vorgeformten Fertigbecken anlegen. Für Mini-Gewässer wiederum eignet sich schon eine Mörtelwanne aus dem Baumarkt, die man vergräbt oder mit einer Holzverkleidung versieht.
Mehr zum Thema Teich finden Sie in zwei Kapiteln weiter hinten im Buch.

INFO Folienteiche

Ein größerer Gartenteich lässt sich sinnvollerweise nur mit Teichfolie selbst anlegen. Dafür hat man dann jede Freiheit bei der Gestaltung und Gliederung: Sie können Form und Tiefe nach Wunsch bestimmen, Ufer- und Filterzonen frei modellieren. Denken Sie dabei aber auch an die spätere Pflege des Gewässers und legen Sie es so an, dass es überall gut erreichbar bleibt und Sie sich durch ein zu hohes Volumen nicht überfordern. Achten Sie auch darauf, die Teichfolie etwa mit einem Sandbett und Vlies vor Verletzung durch Wurzeln und Steine zu schützen.

TEICHFOLIE bietet die größtmögliche Freiheit bei der Gestaltung eines Gewässers, erfordert aber auch mehr Planungsaufwand.

INFO Fertigteiche

Den Einbau eines Fertigteichs können Sie mit ein paar Helfern schon an einem Tag erledigen. Dazu hebt man eine Grube aus, die der Form des vorgefertigten Beckens ungefähr entspricht. Anschließend wird das Becken in ein Sandbett gesetzt, und auch seitlich schlämmt man zwischen Becken und Grube eine Sandschicht ein, denn auch die Beckenwand aus Kunststoff kann durch Steine oder Wurzeln beschädigt werden. Natürlich haben Sie beim Fertigteich keinen Einfluss auf Form, Tiefe und Zoneneinteilung – andererseits müssen Sie sich darüber auch weiter keine Gedanken machen.

FERTIGTEICHE lassen sich schnell einbauen, sind aber von vornherein in Struktur und Formgebung festgelegt.

Grundstücksgrenzen

Die Einfriedung eines Grundstücks kann vielerlei Zwecken dienen. Je nachdem, ob man lediglich die Grenze markieren möchte, ob man einen Sichtschutz wünscht, kleine Kinder oder den Hund am Verlassen des Grundstücks hindern oder ungebetene Gäste fernhalten möchte, bieten sich zahlreiche Lösungen an.
Ob Sie einen Zaun, eine Hecke oder eine Mauer setzen möchten, bleibt Ihnen überlassen – sofern die Gemeinde nicht bestimmte Formen der Einfriedung vorschreibt oder untersagt. Die schnellste und oft auch preiswerteste Lösung ist in den meisten Fällen ein Zaun. Hier gibt es eine kaum überblickbare Vielfalt an Gestaltungsvarianten. Material, Höhe und Gestaltung können Sie nach drei Kriterien auswählen: Der Zaun sollte sich zum einen harmonisch in die Umgebung einfügen, also zum Haus, zum Garten und zum Nachbarschaftsumfeld passen. Die Höhe sollte zum zweiten seinem Zweck entsprechen (Kasten rechts unten). Und schließlich kommt es darauf an, ob Sie eine möglichst dauerhafte Lösung wünschen, oder ob Sie lediglich ein Provisorium brauchen, bis beispielsweise eine Hecke dicht und hoch genug gewachsen ist. Im letzteren Fall genügt ein einfacher Maschendrahtzaun, den man an Pfosten auf Punktfundamenten spannt.
Bei den dauerhafteren Zäunen sind Konstruktionen aus Holz die Klassiker. Harte Hölzer wie Robinie oder Eiche halten dabei besonders lange, Weichhölzer wie Kiefer oder Fichte sind weniger dauerhaft. In jedem Fall verlängern Anstriche oder Imprägnierungen die Lebensdauer. Haltbar, repräsentativ, aber auch teuer sind Metallgitterzäune. Ob Sie eine Systemlösung bevorzugen oder ein maßgefertigtes Ziergitter, ist vor allem eine Frage des Geldbeutels.

Metallgitter gibt es in barocker wie in schlichter Linienführung – Ihr Geschmack entscheidet.

Zu jedem Zaun gehört zumindest an der Straßenfront auch ein Tor.

TIPP Hecken als grüner Sichtschutz

Eine lange Tradition haben Hecken als Grundstückseinfriedung. Sie sind blickdicht, bieten einen recht wirksamen Windschutz und sind preiswert. Darüber hinaus fügen sich Hecken nahtlos in die natürliche Umgebung ein, bilden eine schöne Kulisse für Beetanlagen und dienen Vögeln als Nistplätze. Bei der Auswahl der Heckenpflanzen sollte man sich an den Bedürfnissen der Gehölze orientieren. Sie müssen zum Standort, zum Boden und zum Klima passen. Wer sich in der Nachbarschaft umschaut, stellt rasch fest, welche Pflanzen in der Umgebung gut gedeihen. Klassische Kandidaten sind etwa Hainbuche und Rotbuche. Berücksichtigen sollte man, dass Hecken regelmäßige Pflege brauchen. Und sie benötigen Zeit, bis sie hoch und dicht sind. Letzteres ist kein Problem bei vorgezogenen Heckenpflanzen, die sich fertig pflanzen lassen.

SCHNELLER ERFOLG: Fertighecken in Pflanzcontainern lassen sich im Handumdrehen aufstellen.

SCHON GEWUSST? Wie hoch soll der Zaun sein?

Die Höhe und zuweilen auch die Art der Einfriedung legen viele Gemeinden schon in ihren Bebauungsplänen fest, mancherorts existiert auch eine spezielle Gemeindesatzung zu diesem Thema. Im Baurecht der Bundesländer finden sich ebenfalls vereinzelt Regelungen zur Zaunhöhe. Auch sollte man sich ansehen, was in der Nachbarschaft gebräuchlich ist. Im Rahmen dieser Vorgaben und der vorhandenen Gegebenheiten können Sie die Art und Höhe eines Zauns nach dem beabsichtigten Zweck selbst festlegen.

Zur Höhe finden Sie hier einige Richtwerte, die sich bei der Planung von Zäunen bewährt haben:

- 40 bis 90 cm hohe Zäune dienen als symbolische Abgrenzung.
- 100 bis 140 cm sind für für Gärten und Weiden die gebräuchlichste Höhe.
- 170 bis 190 cm hohe Zäune bilden einen wirksamen Sichtschutz.
- 200 cm und höher sind typische Sicherungszäune.

Übersicht Terrassenbeläge

TERRASSE BELEGEN

Für Terrassen stehen zahlreiche Materialien zur Verfügung. Ob Verbundmaterialien, Holz, Beton oder Naturstein – eine natürliche Optik und lange Haltbarkeit sind die wichtigsten Eigenschaften.

Tropenholz

Mit ihrer oft prachtvollen Optik, großen Härte und durch das enthaltene Öl hervorragenden Haltbarkeit sind tropische Hölzer ihren verhältnismäßig hohen Preis wert. Mit dem passenden Öl lässt sich die natürliche Farbe bei regelmäßiger Pflege problemlos erhalten. Unterlässt man die Behandlung, nimmt das Holz mit der Zeit einen – ebenfalls attraktiven – silbergrauen Ton an.
Da durch Raubbau in den vergangenen Jahren erhebliche Schäden an erhaltenswerten Urwäldern entstanden und auch die Bewohner der Herkunftsländer Nachteile erlitten, sollte man auf die Herkunft aus nachhaltig bewirtschafteten Wäldern achten (Kasten unten). Mittlerweile wurde auch die EU aktiv: Seit 2013 gilt in der Union ein Verkaufsverbot für nicht zertifizierte Tropenhölzer. Die legale Herkunft muss beim erstmaligen Verkauf nachgewiesen werden.

SCHON GEWUSST? Siegel beachten!

Beim Kauf von Tropenholz für Ihre Terrasse sollten Sie auf die Siegel von FSC (Forest Stewardship Council) oder PEFC (Pan European Forest Certification) achten. Diese Organisationen formulieren hohe Anforderungen unter anderem an die Nachhaltigkeit und die Umweltverträglichkeit der Waldbewirtschaftung und vergeben ihr Siegel nur an entsprechende Produkte.

WPC

Verbundwerkstoffe bestehen aus Pflanzenfasern – Holz, Bambus oder Reishülsen – und einem Kunststoff als Bindemittel. Bekannt ist das Material unter dem Namen WPC (Wood Plastic Composite). Dielen aus WPC sind haltbar, fußwarm und dimensionsstabil. Sie lassen sich problemlos verlegen, da man sie wie Holz sägen kann. Langzeiterfahrungen gibt es noch nicht viele.

INFO Farbentwicklung

WPC unmittelbar nach der Montage.

Nach 1-2 Monaten entsteht ein gelblicher Schimmer.

Nach 3-4 Monaten ist WPC auf den Endton nachgedunkelt.

Ein besonderes Tropenholz ist Walaba, das unter Wasser geerntet wird.

Thermoholz wird durch einen Erwärmungsprozess haltbar gemacht. Häufig angeboten werden Kiefer und Esche.

Thermoholz

Eine auf den ersten Blick ungewöhnliche Methode, Holz zu härten und haltbarer zu machen, beherrschten schon unsere Vorfahren: Sie erhitzten Zaunpfähle im Feuer, damit sie widerstandsfähiger wurden. Nicht ganz so stark wird das heute in industriellen Verfahren veredelte Thermoholz erwärmt: Bei etwa 160 bis 210 °C bleibt das Holz mehrere Tage unter dem Einfluss von Wasserdampf. Dabei werden bestimmte Inhaltsstoffe des Holzes wie etwa Harze entfernt, die Struktur des Materials verändert sich. Das Ergebnis ist eine hohe Widerstandsfähigkeit gegen Pilzbefall und Fäulnis. Zugleich wird die Fähigkeit zur Aufnahme von Wasser verringert. Dadurch quillt und schwindet das Holz bei Änderungen der Umgebungsfeuchte weniger. Die statische Belastbarkeit wird allerdings ebenfalls reduziert. Deshalb eignet sich Thermoholz beispielsweise nicht für die Unterkonstruktion einer Hochterrasse. Dielen aus Thermoholz sollte man regelmäßig reinigen und ölen, um ihre Farbe zu erhalten. Sonst vergrauen sie mit der Zeit.

Imprägniertes Holz

Neben der bekannten Kesseldruckimprägnierung existieren zwei weitere Verfahren, auf die es sich beim Gartenholzkauf zu achten lohnt. Zum einen die sogenannte Kebonierung, bei der zum Beispiel Kiefernholz mit Bioalkohol getränkt wird und unter Hitzeeinwirkung damit reagiert. Das Ergebnis des in Norwegen entwickelten Prozesses nennt sich *Kebony*, ein Holz, dessen Eigenschaften mit Teak vergleichbar sein sollen.
Einen anderen Weg geht man bei der Produktion von *Dauerholz*. Hierbei werden ganze Kiefernstämme bis in den Kern hinein mit Wachs getränkt. Das Wachs schützt die Zellen vor Pilzen, Parasiten und Feuchtigkeitseinflüssen. Das Holz bleibt optisch unverändert und behält auch seine Tragfähigkeit, wird aber durch den Tränkungsprozess etwa 30 Prozent schwerer.

Heimische Hölzer

DOUGLASIE	LÄRCHE	EICHE	ROBINIE
PREIS*			
ab ca. 4 Euro/lfd. m	ab ca. 4 Euro/lfd. m	ab ca. 8-13 Euro/lfd. m	ab ca. 8-10 Euro/lfd. m
EIGENSCHAFTEN			
⊞ Dauerhaft, widerstandsfähig, relativ fest, gut zu bearbeiten, natürliche Resistenz gegen Pilze und Fäulnis, DK** 3 ⊟ Nicht geeignet für direkten Erdkontakt	⊞ Dauerhaft, relativ fest, gut zu bearbeiten, natürliche Resistenz gegen Pilze und Fäulnis, DK** 3, sibirische Lärche DK** 2-3 ⊟ Nicht geeignet für direkten Erdkontakt, Rissbildung möglich	⊞ Haltbar, witterungsbeständig, leicht zu verarbeiten, gute statische Eigenschaften, DK**2 ⊟ Anfangs Ausbluten möglich	⊞ Auch Akazie oder Scheinakazie genannt; sehr hart, dauerhaft, witterungsfest, natürliche Resistenz gegen Pilze und Insekten, DK** 1-2 ⊟ Neigt zum Werfen und Reißen, hohes Gewicht, nicht überall erhältlich
HERKUNFT/HERSTELLUNG			
Achten Sie auf das FSC- oder PEFC-Siegel.	Achten Sie auf das FSC- oder PEFC-Siegel.	Achten Sie auf das FSC- oder PEFC-Siegel.	Achten Sie auf das FSC- oder PEFC-Siegel.
HOLZSCHUTZ/PFLEGE			
Jährlich mit einem geeigneten Holzöl behandeln, ggf. entgrauen	Jährlich mit einem geeigneten Holzöl behandeln, ggf. entgrauen	Jährlich mit einem geeigneten Holzöl behandeln, ggf. entgrauen	Nicht notwendig, ggf. gegen unerwünschtes Vergrauen ölen

Behandelte Hölzer

KIEFER KDI	THERMOHOLZ	DAUERHOLZ	KEBONY
PREIS*			
ab ca. 3 Euro/lfd. m	ab ca. 6-7 Euro/lfd. m	ab ca. 9-12 Euro/lfd. m	ab ca. 14-15 Euro/lfd. m
EIGENSCHAFTEN			
⊞ Relativ dauerhaft durch Kesseldruck-Imprägnierung (KDI), einfach zu bearbeiten, DK** 2-3 je nach Imprägnierung ⊟ Nicht für direkten Erdkontakt geeignet, chemische Imprägnierung	⊞ Häufig Thermokiefer oder -esche. Durch die thermische Modifikation hohe Fäulnis- und Pilzresistenz, verringerte Wasseraufnahme, dadurch weniger Quellen und Reißen***	*Dauerholz* ist ein Markenname, Grundlage ist heimisches Kiefernholz. ⊞ Guter Schutz vor Nässe, Insekten, holzzerstörenden Pilzkulturen, Fäulnis- und Rissbildung, deshalb sehr langlebig und belastbar***	*Kebony* ist ein Markenname. Grundlage sind in Norwegen heimische Hölzer wie Southern Yellow Pine. ⊞ Widerstandsfähig gegen Wasser, Fäulnis und Schadinsekten, dauerhaft, haltbar***
HERKUNFT/HERSTELLUNG			
Chem. Imprägniermittel wird unter hohem Druck in das Holz gepresst.	Behandlung mit hohen Temperaturen (über 200 °C) und Wasserdampf	Holz wird mit einer Wachs-Lösung getränkt. Keilverzinkung in der Länge	Bioalkohol umschließt die Poren des Holzes und reagiert mit ihm unter Hitze.
HOLZSCHUTZ/PFLEGE			
Jährlich mit einem geeigneten Holzöl behandeln, ggf. entgrauen	Nicht zwingend nötig, evtl. Farbauffrischung bei Vergrauen	Nicht zwingend nötig, gegen Vergrauen gibt es ein spezielles Öl.	Nicht notwendig, lediglich normale Reinigung

*variiert je nach Hersteller/Anbieter und Dielenmaßen **Dauerhaftigkeitsklasse Holz: 1 (sehr dauerhaft) bis 5 (nicht dauerhaft)
***Dauerhaftigkeit hängt stark vom Ausgangsmaterial, vom Herstellungsprozess und von den verwendeten Materialien ab

Tropische Hölzer

	BANGKIRAI	BILINGA	MASSARANDUBA	WALABA
PREIS*	ab ca. 13 Euro/lfd. m	ab ca. 9-10 Euro/lfd. m	ab ca. 8 Euro/lfd. m	ab ca. 10 Euro/lfd. m
EIGENSCHAFTEN	+ Sehr hohe Festigkeit, sehr gute statische Eigenschaften, direkter Erdkontakt möglich, DK**2 – Nach dem Verlegen Ausbluten möglich, Splitter- und Rissbildung	+ Höchste Dauerhaftigkeit, sehr fest, sehr gute statische Eigenschaften, verzugsarm, einfach zu bearbeiten, direkter Erdkontakt möglich, DK** 1	+ Sehr hart und haltbar, witterungsbeständig, DK**1 – Das Holz arbeitet kräftig, aufwendig zu bearbeiten, neigt zu Rissbildung.	+ Sehr geringes Quell- und Schwindverhalten, resistent gegen Fäule, DK**1 – Sehr harzhaltig, wegen des hohen Öl-/Harzgehalts zu Beginn intensiver Eigengeruch
HERKUNFT/HERSTELLUNG	Unbedingt auf eine FSC- oder PEFC-Zertifizierung achten!	Unbedingt auf eine FSC- oder PEFC-Zertifizierung achten!	Unbedingt auf eine FSC- oder PEFC-Zertifizierung achten!	Stammt aus einem Stausee in Surinam, Südamerika. Auf Zertifikat achten!
HOLZSCHUTZ/PFLEGE	Nicht notwendig, Öl für Farberhalt, wenn gewünscht	Nicht notwendig, Öl für Farberhalt, wenn gewünscht	Nicht notwendig, Öl für Farberhalt, wenn gewünscht	Nicht notwendig, Öl für Farberhalt, wenn gewünscht

BAMBUS
ab ca. 12 Euro/lfd. m
+ Nachhaltig: Bambusgras wächst extrem schnell. Speziell behandelt und verpresst langlebig, wetterfest, formstabil, sehr hart; einzelne Dielensorten DK**1 – Aufwendiges Verarbeiten
Bambusstangen werden nach 5-7 Jahren im Wald geerntet (z. B. China).
Nicht zwingend nötig, für zusätzl. Schutz und Haltbarkeit spez. Öl

Verbundwerkstoffe (Composite)

	WPC (WOOD-PLASTIC)	BPC (BAMBUS-POLYMER)	RESYSTA (REISHÜLSEN)
PREIS*	ab ca. 9-26 Euro/lfd. m	ab ca. 8-13 Euro/lfd. m	ab ca. 14-21 Euro/lfd. m
EIGENSCHAFTEN	+ Nachhaltig, haltbar, pflegeleicht, ast- und splitterfrei, verschiedene Farbtöne, naturnahe Maserung, Massiv- und Hohldiele erhältlich*** – Ausbleichen möglich	+ Nachhaltiges Ausgangsmaterial, wetter- und pilzresistent, dauerhaft, wasserabweisend, pflegeleicht, splitterfrei, kein Reißen, Massiv- und Hohldiele erhältlich***	Den größten Anteil machen Reishülsen aus. + Witterungsbeständig, kein Quellen und Reißen, splitterfrei, rutschfest. Viele Farben möglich (Lasur)***
HERKUNFT/HERSTELLUNG	Die Produkte bestehen zu 75-95 % aus recyceltem Holz und Kunststoff.	Besteht zu 60 % aus Bambus, Polymer aus recyceltem Material.	Besteht aus ca. 60 % Reishülsen, 22 % Steinsalzen und 18 % Mineralölen.
HOLZSCHUTZ/PFLEGE	Mit Wasser reinigen, Flecken sofort abwaschen, bei Überdachung ggf. ölen	Reinigung mit handelsüblichem Reiniger, Flecken sofort entfernen	Einfache Reinigung mit Wasser/Seifenlauge, Flecken sofort entfernen

Beläge aus Stein

Aufwendiger zu verarbeiten als Dielen aus Holz oder Holzwerkstoffen sind Terrassenbeläge aus Beton- oder Natursteinen. Sie brauchen einen fachgerecht aufgebauten und sorgfältig verdichteten Untergrund. Dafür sind auf diese Weise errichtete Terrassen dauerhafter, belastbarer und brauchen weniger Pflege. Meist fällt nur eine regelmäßige Reinigung an, deren Häufigkeit sich ganz nach dem persönlichen Sauberkeitsempfinden richtet. Mit Schrubber und Wasser oder mit der umsichtigen Anwendung eines Hochdruckreinigers macht man eine Steinterrasse schnell fit für die Saison. Steinflächen sind in der Regel rutschsicher zu begehen, auch Splitter kann man sich daran nicht einziehen, wenn man barfuß läuft. Dafür sind sie bei kühlen Temperaturen nicht gerade fußwarm, nach längerem Sonnenschein können sie zuweilen recht heiß werden.

Natursteine wirken sehr nobel, fügen sich problemlos in die Natur ein, haben aber in der Regel auch ihren Preis. Da ein guter Teil davon aus Transportkosten besteht, fährt man oft spürbar günstiger, wenn man Natursteine aus benachbarten Regionen kauft.

Betonsteine dagegen zeichnen sich durch ihre enorme Vielfalt an Strukturen, Farben und Formaten aus. Hier lässt sich für jede Umgebung der passende Stein finden, erhältlich sind auch Produkte, die das Aussehen von Holzbohlen oder von Fliesen nachahmen. Zur Zeit geht der Trend bei Betonsteinen zu großen bis sehr großen Formaten. Damit belegte Flächen wirken ruhig und zeitlos schlicht.

Ein weiterer Kandidat für gepflasterte Terrassen ist Klinker. Pflasterklinker werden ähnlich wie Mauerziegel aus Tonerden gebrannt und zeigen vorwiegend warme Töne im Rot-Braun-Spektrum. Klinker sind sehr robust, frostfest, dauerhaft

DIE VIELFALT an Strukturen, Farben und Formaten ist schier unerschöpflich. Sie reicht von schlichtem Naturstein bis zum Holzbohlen-Imitat (oben).

Nobel und natürlich: ein Terrassenbelag aus Pflasterklinkern

farbecht und nahezu unbegrenzt haltbar. Auch hier ist der Pflegeaufwand gering. Was der nächste Regenguss nicht an Verschmutzungen fortschwemmt, lässt sich leicht von Hand abschrubben.

Mit der Zeit erhalten die Steine eine typische Patina, die viele Gartenbesitzer besonders schätzen. Wer nicht so lange warten mag, erhält auch Pflasterklinker im Antiklook: Die Oberfläche ist dann künstlich gealtert, die Kanten unregelmäßig gebrochen.
Ebenfalls gerne verlegt werden Pflasterklinker mit gesinterter Oberfläche. Sie wirken leicht glasartig und dadurch etwas vornehmer, können bei Nässe aber ein wenig glatt werden.

PFLASTERUNG – MATERIAL, PREISE, ANWENDUNG

	 **NATURSTEINE**	 **KLINKER**	 **BETONSTEINE**
Materialinfos	Granit, Porphyr, Grauwacke, Basalt oder Sandstein eignen sich sehr gut für die Verlegung im Garten. Sie sind mit groben und rutschhemmenden, geschliffenen, gebrochenen oder sandgestrahlten Oberflächen erhältlich. Einen Überblick verschaffen die Ausstellungen von Natursteinhändlern und von Landschaftsgärtnern.	Gebrannte Pflasterklinker aus gepressten Tonerden sind dauerhaft farbecht und lichtbeständig. Die Vielfalt der Farbtöne im Bereich des Rot- und Braunspektrums ist groß. Durch die Patina wird die Pflasterung im Laufe der Jahre von vielen Besitzern als immer schöner empfunden, deshalb gibt es auch künstlich gealterte Klinker im Antiklook zu kaufen.	Abhängig vom einzelnen Produkt können Betonsteine sehr preisgünstig sein, heutzutage sind sie auch sehr dauerhaft. Die Vielfalt an Formaten, Farben und Strukturen ist enorm. Manches Pflaster wirkt auf den ersten Blick wie Naturstein, Klinker oder auch Holz. Teilweise verändert sich die Steinfarbe bei Nässe stark gegenüber dem trockenen Zustand.
ca.-Preise*/m²	· Granit hellgrau, ca. 45 Euro/m² · Granit rötlich ca. 70 Euro/m² · Basalt ca. 58 Euro/m² · Porphyr ca. 80 Euro/m²	· Einfacher Pflasterklinker ca. 18 bis 30 Euro/m² · Torfbrandklinker ca. 35 Euro/m²	· Einfache Qualität ab ca. 10 Euro/m² · Versickerungsfähig ab ca. 25 Euro/m² · Mit Oberflächenschutz oder besonderer Optik ab. ca. 50 Euro/m²

* Die Angaben sind stets grobe Richtwerte, die Preise schwanken im Handel stark.

Pflege für Holz und Stein

Gleich nach dem Verlegen sind Holzdielen oft am schönsten. Mit regelmäßiger Reinigung und fachgerechter Holzpflege lässt sich dieser Zustand aber auch jahrelang erhalten. Eine Chance, den Pflegeaufwand etwas zu verringern, haben Sie schon beim Kauf der Dielen: Schmutz setzt sich besonders gerne in tiefen Rillen ab. Entscheiden Sie sich für glatte Dielen, haben Sie dieses Problem nicht und können die Terrasse auch leichter reinigen. Dafür werden diese Produkte bei Algenbewuchs glatter und wirken etwas eintöniger. Beim Säubern einer Holzterrasse sollten Sie mit dem Hochdruckreiniger vorsichtig sein. Zu hoher Wasserdruck kann Holzflächen aufrauen. WPC-Dielen reagieren weniger empfindlich, aber auch hier empfiehlt sich Vorsicht beim Einsatz. Nichts falsch machen können Sie mit einem Schrubber, Wasser und Ihrer Muskelkraft. Deren Wirkung können Sie gegebenenfalls mit spezialisierten Reinigungsmitteln unterstützen. Moose und Algen lassen sich beispielsweise mit einem Grünbelagsentferner beseitigen. Die so behandelte Terrasse sollte man anschließend mit dem passenden Holzöl wieder auffrischen. Das gibt dem Holz seinen ursprünglichen Farbton wieder zurück und schützt es außerdem vor schädlichen Witterungseinflüssen. Ein jährlicher Auftrag empfiehlt sich bei heimischen Hölzern, Tropenhölzer brauchen ihn nicht zwingend.

Terrassenbeläge aus Naturstein, Beton oder Klinkern sind deutlich pflegeleichter. Offenporige Gesteine und Beton können jedoch empfindlich auf Flecken reagieren. Sie sollten sie möglichst bald entfernen, denn dann ist die Reinigung am einfachsten.

Verschmutzte und algenbedeckte Terrassen aus Holz müssen gründlich mit dem Schrubber bearbeitet werden – in hartnäckigen Fällen mit Unterstützung durch den Hochdruckreiniger.

TIPP IMPRÄGNIERUNG

Bei vielen Betonsteinen ist eine Imprägnierung ab Werk erhältlich. Sie schützt die offenporige Oberfläche auch recht gut vor dem Eindringen von Verunreinigungen. Lassen Sie es trotzdem nicht darauf ankommen und wischen Sie verschüttetes Material möglichst sofort auf. Die Imprägnierung kann sich mit der Zeit abnutzen, und dann geht einiges von der Schutzwirkung verloren. Stellen sie das fest, wird es Zeit, die Imprägnierung zu erneuern.

AUFFRISCHEN: Die jährliche Pflegeaktion führt man bei Holzdielen in zwei Stufen durch: Zunächst tragen Sie nach Herstellervorschrift einen Entgrauer auf, der die Farbe des Holzes regeneriert. Anschließend wird die Terrasse mit dem passenden Öl versehen. Auch WPC-Dielen lassen sich auffrischen. Hierfür gibt es spezielle Reiniger, anschließend versiegelt eine Imprägnierung die Oberfläche.

FLECKEN BEHANDELN: Auch bei hartnäckigen Flecken gibt es Hilfe in Form spezieller Steinreiniger. Das Mittel wird zunächst mit der Sprühflasche auf die verschmutzte Stelle gebracht.

NACHARBEITEN: Anschließend wird der Reiniger mit einem Pinsel aufgeschäumt und wirkt dann ein. Nach der vom Hersteller empfohlenen Wirkzeit gründlich mit Wasser abspülen.

Terrassen, Wege und Zufahrten

PFLASTER LEGEN

Die Befestigung von Gartenflächen mit Pflastersteinen ist in Deutschland besonders beliebt. Und auch von Heimwerkern lassen sie sich fachgerecht verarbeiten. Wie das geht, lesen Sie auf den nächsten Seiten.

Naturstein, Betonstein und Klinker

Das Anlegen von gepflasterten Flächen rund ums Haus ist eine bewährte Methode, Terrassen, Wege oder Zufahrten zu befestigen. Pflastern muss nicht teuer sein, die Beläge sind pflegeleicht, und die Verarbeitung können auch Laien lernen.

Das benötigte Werkzeug ist nicht allzu umfangreich, vieles davon dürfte in einem normalen Heimwerker-Haushalt bereits vorhanden sein. Im Kasten unten finden Sie eine Übersicht. Wenn Sie eine größere Fläche in Angriff nehmen möchten, besorgen Sie sich zusätzlich noch ein Paar Knieschoner.

Auswählen sollten Sie die Steine nicht nur nach Preis und Optik, sondern auch nach der beabsichtigten Nutzung der Fläche. Eine Terrasse, auf der Tisch und Stühle wackelfrei stehen sollen, braucht beispielsweise ebene Platten oder Steine, eine Zufahrt, die mit dem Auto befahren wird, darf nicht allzu schmutzempfindlich sein.

Zur Auswahl stehen dann drei Gruppen von Pflastersteinen:

Natursteine werden in Steinbrüchen gewonnen und einzeln zugesägt. Diese Arbeit und die teils langen Transportwege des schwergewichtigen Materials bestimmen den Preis. Dafür erhält man mit jedem Stein ein Unikat. Farbe und Muster der einzelnen Stücke variieren und ergeben insgesamt auf der Fläche ein lebhaftes, dabei aber immer harmonisches Bild. Besonders natürlich wirkt der Belag, wenn man beim Verarbeiten Steine aus verschiedenen Gebinden mischt.

Das richtige Werkzeug

1 Spaten
2 Besen
3 Schaufel
4 Gummischieber
5 Gummihammer
6 Schubkarre, Gartenschlauch
7 Richtschnur, Zollstock, Zimmermannsbleistift, Rührquirl, Wasserwaage
8 Quast, Arbeitshandschuhe
9 Mörtelkübel, Eimer, Schwamm
10 Maurerkelle, Fugeisen
11 Gummistiefel

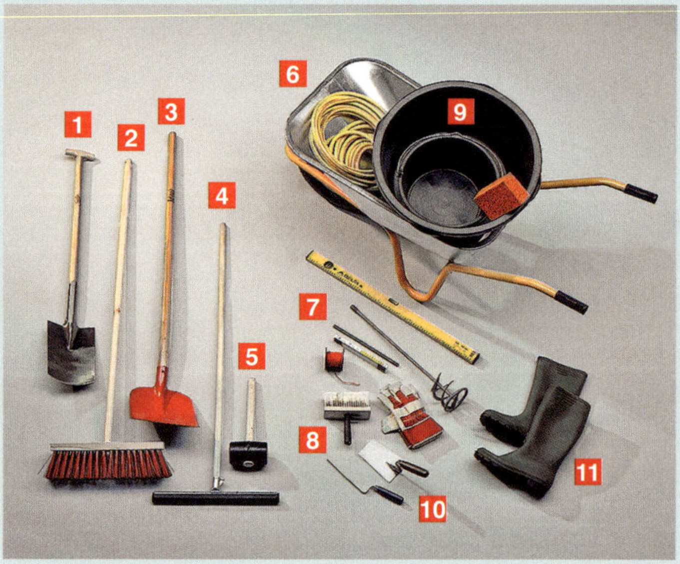

Betonsteine werden zwar künstlich hergestellt, können aber Natursteine oft täuschend echt nachbilden. Damit sind ihre Möglichkeiten aber noch nicht erschöpft: Wie im vorigen Kapitel bereits gezeigt, kann man beispielsweise

PFLASTERSTEINE UND ZIEGEL IM ÜBERBLICK

Material	Eigenschaften	Vor- und Nachteile
Natursteine 	Natursteine sind dauerhaft, farbecht und frostbeständig. Man erhält sie als Plattenware oder als kleinformatige Pflastersteine, die Oberflächen sind häufig bearbeitet. Pflaster aus Kleinformaten lässt sich leicht ausbessern, Großformate sind zügiger verlegt und schaffen ebenere Flächen.	⊞ Natürliche Optik, hochwertige, dauerhafte Beläge, wetterbeständiges Material ⊟ Helle, poröse Steinsorten wie Sandstein können recht schmutzempfindlich sein, Natursteine sind oft vergleichsweise teuer.
Klinker 	Pflasterklinker sind ebenfalls farbbeständig und lichtecht. Mit dem Alter bilden sie eine attraktive Patina. Die klassischen Pflasterklinker werden im Dünnformat produziert (DF= 52 x 115 x 240 mm).	⊞ Edle Optik, dauerhafte Beläge, wetterbeständiges Material, bei sorgfältiger Verlegung sehr ebene Flächen ⊟ Gesinterte Klinker mit leicht glänzender Oberfläche können bei Nässe glatt werden, das kleine Format macht Arbeit beim Verlegen.
Betonsteine 	Betonsteine gibt es in sehr zahlreichen Formaten, Farben, Formen und Oberflächenstrukturen. Sie sind oft günstig und recht dauerhaft. Auf den ersten Blick sind hochwertige Stücke kaum von Naturstein zu unterscheiden.	⊞ Durch die große Produktvielfalt universell einsetzbar, leicht verfügbar, sehr maßhaltig und damit einfach zu verlegen ⊟ Sehr günstige Steine wirken nicht immer hochwertig, zuweilen langweiliges Pflasterbild, teils schmutzempfindlich

SCHON GEWUSST? Durchlässige Flächen

In etlichen Gemeinden, in denen getrennte Kanäle für Abwasser und Regenwasser bestehen, werden Gebühren für die Regenwasserableitung nach Quadratmetern versiegelter Grundstücksfläche berechnet. Diese Gebühren kann man oft deutlich reduzieren, wenn man Pflaster verlegt, zwischen dessen Fugen der Niederschlag ungehindert im Boden versickern kann. Dazu eignen sich spezielle Drainagesteine, aber auch Rasengittersteine.

SELBSTREINIGEND: Mit Titanoxid beschichtete Steine bauen auch Schmutz ab.

Drainagepflaster mit durchlässigen Fugen lässt das Regenwasser versickern.

auch verblüffend naturgetreue Holznachbildungen kaufen. Da Betonsteine gegossen werden, lässt sich auch nahezu jede beliebige Form herstellen. Durch das Einfärben der Betonsubstanz auf der Sichtseite kann man ein breites Farbspektrum erzielen.

Bei **Pflasterklinkern** hingegen ist die Farbenvielfalt ein wenig eingeschränkt: Sie sind vorwiegend braun bis rot gefärbt. Dafür überzeugen die bei hohen Temperaturen gebrannten Steine mit ihrer Belastbarkeit und ihrer Widerstandsfähigkeit gegen Frost und andere Wettereinflüsse. Die Oberfläche von Klinkern ist meist feiner und dichter als die von Betonsteinen. Beim Verlegen machen die Klinker immer ein wenig mehr Mühe, da sie recht klein sind.

Pflasterflächen können sehr unterschiedlich wirken: **1** Voll im Trend liegen Großformate: Die damit belegten Flächen sind sehr eben, und auch große Terrassen wirken damit angenehm ruhig. **2** Diese Betonsteine bringen die urwüchsige Optik von natürlichem Schiefer mit. **3** Pflaster muss nicht nach Pflaster aussehen: Hier wurde die typische Riffelstruktur von Holzdielen nachempfunden.

TIPP Natursteinmatten

A Sehr aufwendig ist das Sortieren und Einpassen unregelmäßig geformter Natursteine – vorgefertigte Steinmatten erübrigen diese Mühe. **B** Die Steine werden mitsamt den Verlegenetzen in Natursteinmörtel gebettet und anschließend mit passender Fugenmasse verfugt.

Pflasterflächen richtig abstecken

Wer eine neu anzulegende Pflasterfläche exakt markiert, schafft damit die besten Voraussetzungen für ein optisch überzeugendes Ergebnis. Umgekehrt rächt es sich, wenn man schlampig arbeitet – das sieht man später immer.
Am einfachsten ist das Abstecken bei Wegen und Plätzen mit gerade verlaufenden Rändern. Hier müssen nur an den Eckpunkten Pflöcke eingeschlagen werden. Man versenkt sie zu etwa vier Fünfteln im Erdreich und spannt dazwischen Schnüre in Höhe der geplanten Pflasteroberfläche. Für alle Markierungen gilt: Setzen Sie die Pflöcke nicht zu nahe an den Belag, damit Sie Platz zum Arbeiten haben, und lassen Sie die Schnur nicht durchhängen. Ein Gefälle von 1 bis 2 Prozent wird beim Spannen der Schnüre gleich mit berücksichtigt.
Eine kreisförmige Begrenzung markiert man mit einem Schnurzirkel. Achten Sie darauf, dass sich die Schnur nicht um den Mittelpfosten wickelt, sonst wird der Radius immer kleiner.
Für geschwungene Wege wird zunächst eine gerade Mittelachse markiert. Im rechten Winkel zur Achse kann man nun die Grenzen rechts und links markieren. Der Abstand zwischen einander gegenüberliegenden Pflöcken bleibt dabei immer gleich. So schlängelt sich der Weg durch den Garten und wirkt doch gleichmäßig breit.

TIPP Flächen markieren

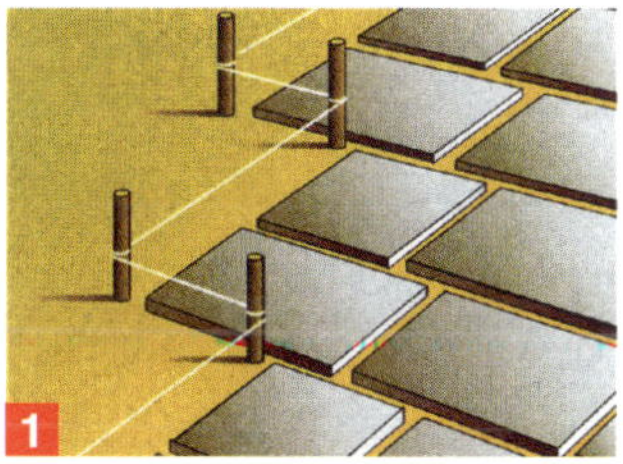

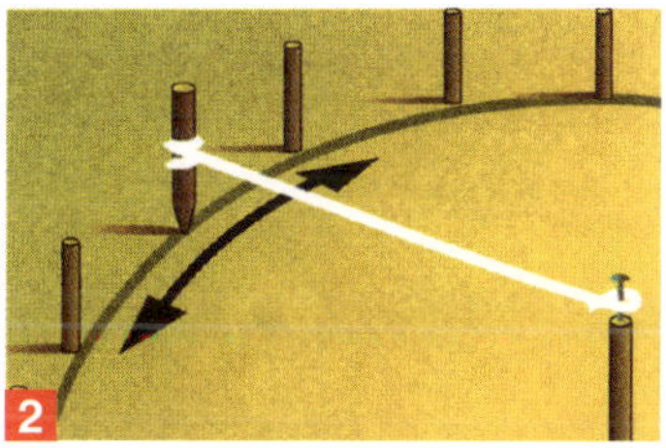

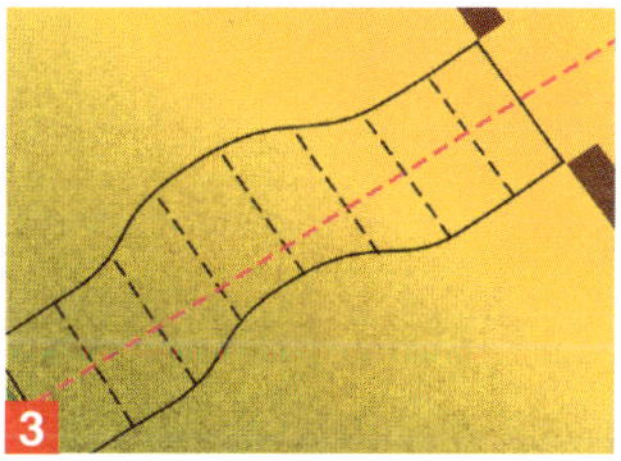

1 So stehen die Pflöcke an Flächen mit geraden Begrenzungslinien: Die Schnur verläuft in einem gleichmäßigen, nicht zu engen Abstand in Höhe der späteren Pflasterfläche. 2 Kreisförmige Ränder markiert man mit dem Schnurzirkel. Die Schnur muss in einer losen Schlaufe um den Mittelpfosten oder einen darin eingeschlagenen Nagel gleiten. Außerhalb der Markierung setzt man dann im gleichmäßigen Abstand relativ dicht beieinander Pflöcke. 3 Beim geschwungenen Weg werden rechtwinklig zur geraden Mittelachse Hilfslinien gezogen, an deren Enden man dann die Markierungspflöcke setzen kann.

Tragfähigen Unterbau anlegen

Der Untergrund muss bei einer Pflasterfläche tragfähig sein und Wasser durchlassen. Deshalb legt man eine Tragschicht aus Schotter oder Kies an und darüber ein Pflasterbett aus Sand oder Splitt. Wie dick die jeweiligen Schichten sein sollten, zeigt unsere Tabelle unten.
Das Gefälle von 1 bis 2 Prozent, das die Pflasteroberfläche später aufwenden muss, muss man bereits beim Ausschachten berücksichtigen – die Schichten des Unterbaus bleiben auf der gesamten Fläche gleich dick. Bei Auffahrten oder Terrassen verläuft das Gefälle vom Haus weg, bei Wegen zu den Seiten hin. Kann Regenwasser nicht in der Erde versickern, muss man außerdem eine Drainage anlegen (Kasten Seite 38). Die Drainage wird an das Hausabwasser angeschlossen, bei getrennten Kanälen an das Regenwassersystem. Ist der Boden sehr durchlässig, kann man Drainagerohre auch im Erdreich enden lassen. Das Wasser versickert dann dort.
Die äußeren Ränder der Pflasterung muss man einfassen, damit sie nicht wegsacken. Im Kasten rechts zeigen wir verschiedene Möglichkeiten, eine Randeinfassung anzulegen – welche man wählt, hängt von der Größe der Fläche, der Beanspruchung des Pflasters und den örtlichen Gegebenheiten ab.
Die keilförmige Rückenstütze stellt man bei allen Varianten aus Beton her. Hier eignet sich steif angemachter Beton B 15 mit einem Zuschlag der Körnung 0-32. Mischen Sie ihn im Verhältnis 1:6 von Zement und Kies an und rechnen Sie mit etwa 35 l Beton je laufendem Meter Rückenstütze. Nach dem Anfüllen des Betons formt man die Schräge mit der Glättkelle.

DIESE STÄRKEN BRAUCHT DER UNTERBAU

	Pflasterweg		Sitzplätze		Auffahrten	
Erdreich	lehmig	sandig	lehmig	sandig	lehmig	sandig
Unterbau	20-30 cm	15-20 cm	30-40 cm	20-30 cm	30-40 cm	20-40 cm
Sandbett	5 cm	5 cm	5-8 cm	5-8 cm	5 cm	5 cm

In der Tabelle oben finden Sie Werte für die Stärken von Tragschicht und Sandbett abhängig von der Belastung und der Beschaffenheit des Erdreichs. Danach können Sie auch das zu bewegende Erdvolumen berechnen. Die Zeichnung rechts zeigt beispielhaft einen Unterbau im Schnitt. Hier ist zusätzlich eine Frostschutzschicht eingebaut – sie empfiehlt sich besonders bei dichten Böden, in denen Wasser nur schwer versickert.

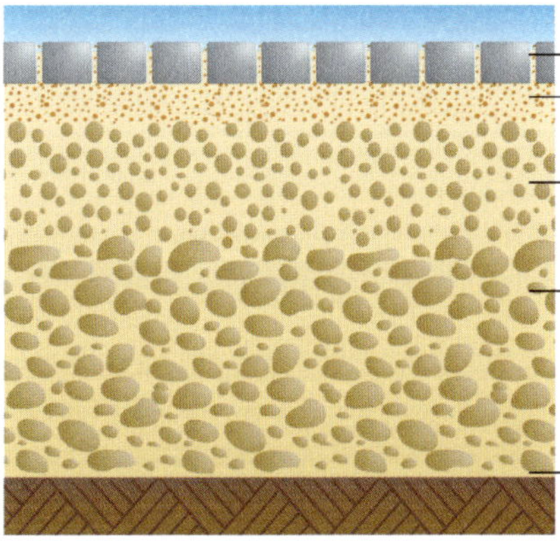

TIPP Randeinfassung

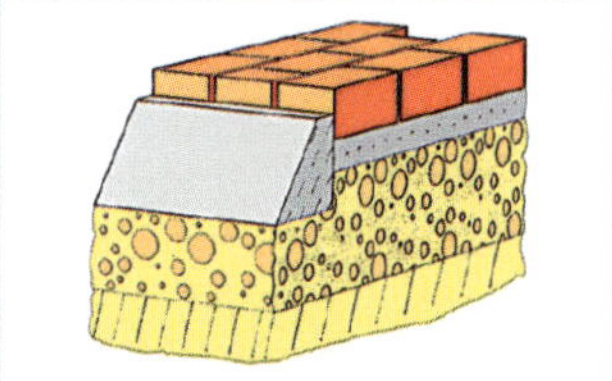

Für wenig belastete Gehwege, die in ebenem Gelände verlaufen, reicht solch eine Beton-Rückenstütze. Die Stütze reicht bis etwa 10 cm unter der Oberkante des Sandbetts.

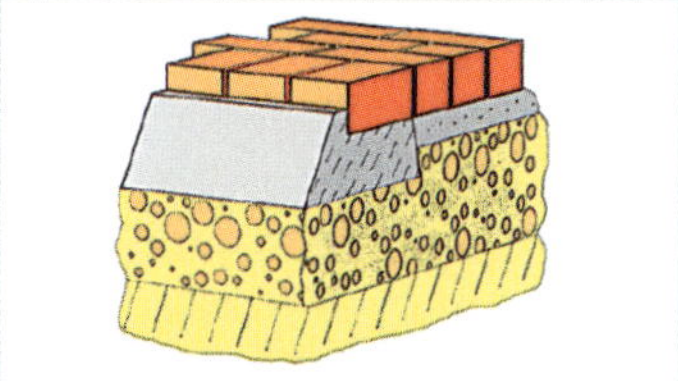

Auch bei mittlerer Belastung reicht die Stütze aus Beton, jedoch wird sie dann so breit angelegt, dass auch eine Steinreihe in Beton verlegt werden kann. Die Tiefe misst ebenfalls 10 cm.

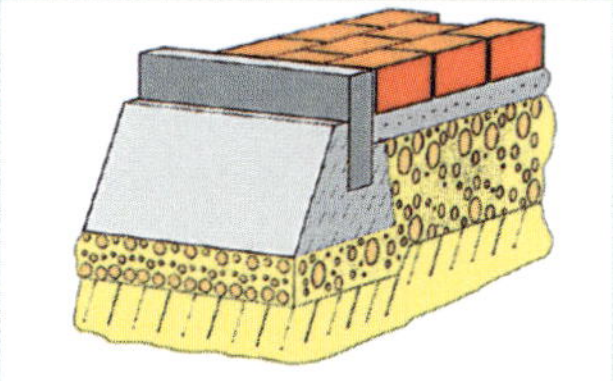

Bei Einfahrten bettet man zusätzlich Kantsteine aus Beton ein. Hier sind unterschiedliche Formate erhältlich, oft bieten die Hersteller auch spezielle Abschlusssteine an.

Pflastersteine und Platten legen

Auf der Fläche arbeitet man beim Verlegen immer in Gefällerichtung, auf Wegen verlaufen die Pflasterreihen quer zur Gehrichtung. Das Sandbett zieht man in Teilstücken eben ab und darf es anschließend nicht mehr betreten. Dann werden die Steine mit dem Pflasterhammer eingeklopft, bis sie noch zu einem Viertel über die Endhöhe hinausragen. Nach jeder dritten Reihe die Flucht kontrollieren. Zum Schluss kehrt man Sand in die Fugen und schlämmt ihn mit Wasser ein, danach bringt man das Pflaster mit Stampfer oder Rüttelplatte auf die Endhöhe. Nun noch zweimal Quarzsand einkehren und einschlämmen.

TIPP Abziehen und Höhe

Abziehen: Zum Abziehen der Sandschicht legt man zwei Auflager, etwa Metallrohre, in die grob verteilte Sandschicht, richtet sie aus und zieht den Sand mit einer geraden Latte in Richtung des Gefälles ab. Für das nächste Teilstück werden die Auflager erneut ausgerichtet.

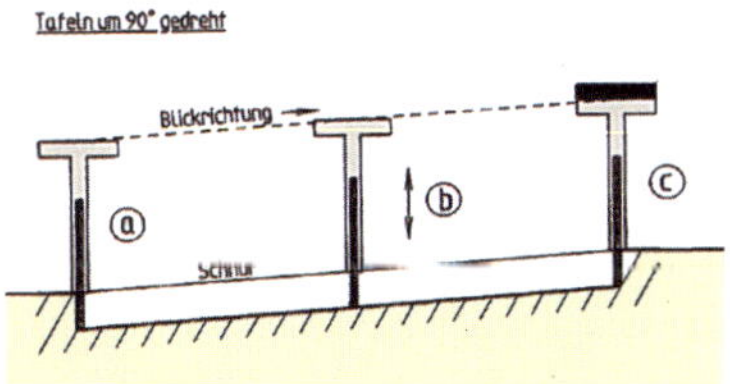

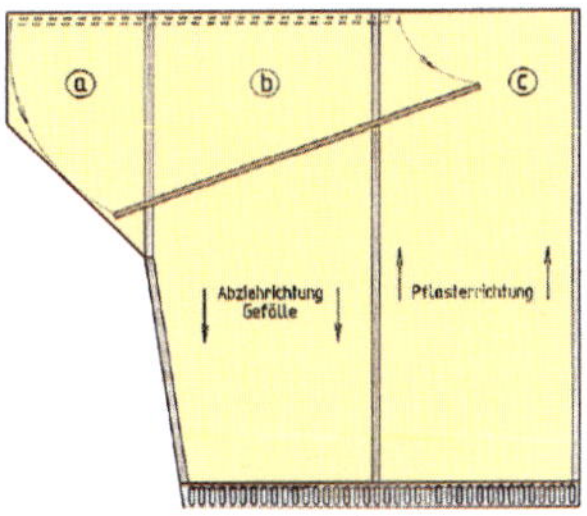

Höhe machen: Auf größeren Flächen ist es nicht ganz einfach, das Gefälle und die Belagshöhe zu markieren. Auf Strecken von mehr als 7 bis 8 m Länge hängt die Schnur zu sehr durch. Hier können selbstgemachte Peilhilfen (oben) das Spannen der Schnur erleichtern, da man ein Stück über dem Grund leichter visieren kann als direkt in Bodennähe.

Naturstein-Platten auf Beton

01 Alternative zum Sandbett: Hier bildet ein Betonfundament die Basis für den Belag.

02 Verlegt werden die Steine in Naturstein-Verlegemörtel.

03 Mörtelschlämme auf der Stein-Unterseite verbessert die Haftung.

04 Entlang einer Richtschnur werden die Platten ins Mörtelbett gesetzt.

05 Mit einem Gummihammer richtet man sie aus. Überschüssiger Mörtel wird sofort entfernt.

TIPP Drainage anlegen

Eine Drainage braucht man immer dort, wo Regenwasser nicht im Erdreich versickern kann. Auch wenn Wasser von einer gepflasterten Fläche Richtung Haus, Garage oder Straße läuft, muss es von einer Entwässerungsrinne aufgefangen werden. Diese Rinne verlegt man am tiefsten Punkt einer Fläche. Die Rinne selbst muss ein Gefälle zu dem Ende hin aufweisen, an dem das Wasser in die Kanalisation weitergeleitet wird. Gebettet wird die Rinne in etwa 10 cm dicken Beton.

Ins Pflaster integrierte Rinne. In der Grafik rechts der Geruchsverschluss, der das Aufsteigen übler Gerüche aus der Kanalisation verhindert.

Treppe aus Naturstein

01 Das Erdreich trägt man im Bereich der Stufen mit der Schaufel ab.

02 Nun wird Naturstein-Verlegemörtel angemischt. Ein Rührquirl in der Bohrmaschine hilft dabei.

03 Setzen Sie nun die Stufen ins erdfeuchte Mörtelbett und richten sie senkrecht aus.

04 Die Flächen zwischen den Trittebenen werden mit Mörtel ausgefüllt, dann Steine setzen.

05 Überschüssigen Mörtel mit der Kelle abnehmen, Reste mit dem Schwamm abwischen.

TIPP Flächen gestalten: Pflasterverbände

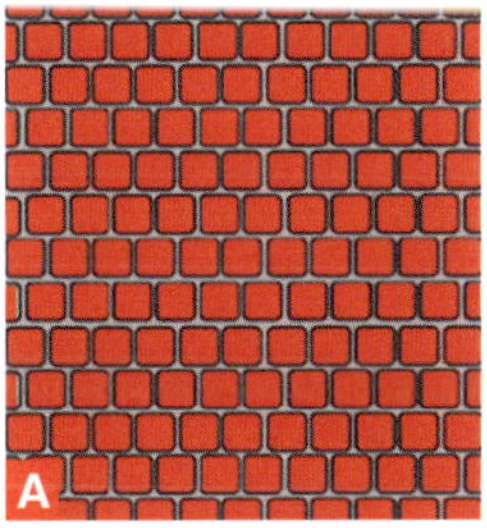

A

Größere Flächen profitieren von einer lebhafteren Anordnung: **A** *Reihenpflaster* mit versetzten Fugen ist die einfachste Form. **B** *Passeepflaster* oder *Polygonalpflaster* wird im 45°-Winkel verlegt. **C** *Reihenpflaster* mit versetzten Fugen, diesmal *diagonal* verlegt. **D** Einzelbögen beginnen beim *Schuppenbogenpflaster* auf dem Scheitelpunkt des vorhergehenden. **E** *Segmentbogenpflaster*: aus Kreissegmenten.

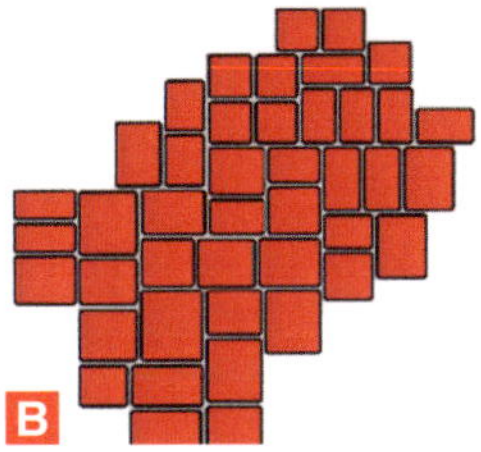

B

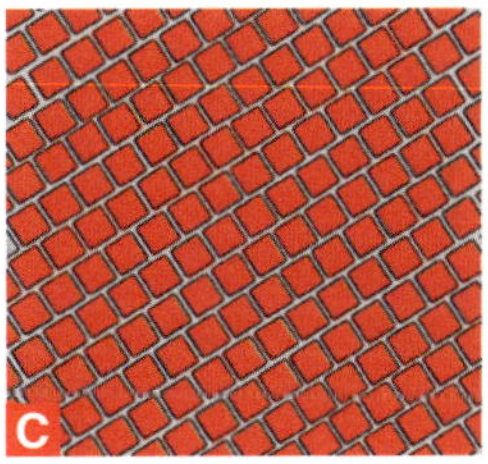

C

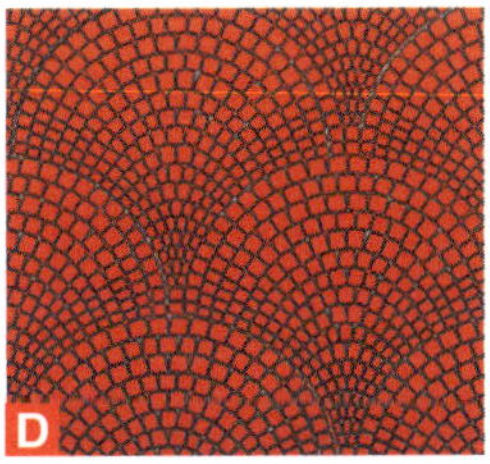

D

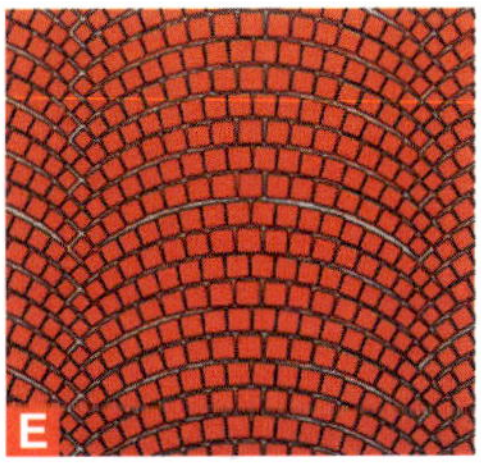

E

Einfahrt mit Betonsteinen belegen

01 Zunächst wird der Erdboden etwa 20 cm tief abgetragen und dann verdichtet.

02 Groben Schotter als Tragschicht und Splitt als Pflasterbett einfüllen und verdichten.

03 Nun wird der Splitt glatt abgezogen. Sand käme hier ebenfalls als Bett in Frage.

04 Mit 1 bis 2 Prozent Gefälle wird das Pflaster nun vom Haus aus verlegt.

05 Die rote Richtschnur rechts im Bild dient als Orientierungshilfe beim Verlegen.

06 In die Fugen wird trockener Splitt gefüllt, dann rüttelt man die Fläche ab.

07 Nach dem Verdichten wird noch einmal Splitt oder Sand in die Fugen geschlämmt.

TIPP Muster legen

Abgesehen von den klassischen Verbänden (S. 39) existieren weitere Methoden, Pflasterflächen interessant zu gestalten: **A** Polygonale Natursteinplatten – jeder Stein wird einzeln ausgesucht und eingepasst. **B** Klassische Quadersteine ermöglichen viele Muster, vom fugenversetzten Läufer- über den Blockverband bis zum Fischgrätmuster. **C** Schöne Kombination von großformatigen Beton- und kleinformatigen Natursteinen. **D** Klinker lassen sich sowohl flach als auch hochkant verlegen. Kombiniert man beides, lassen sich interessante Muster erzielen. **E** Mit Beton-Formsteinen ist heute auch von Laien zu bewältigen, was früher hohe Pflasterkunst war: Kreis- und Bogenpflaster. **F** Rasengittersteine lassen Wasser direkt versickern, sie brauchen weder Gefälle noch eine Entwässerung.

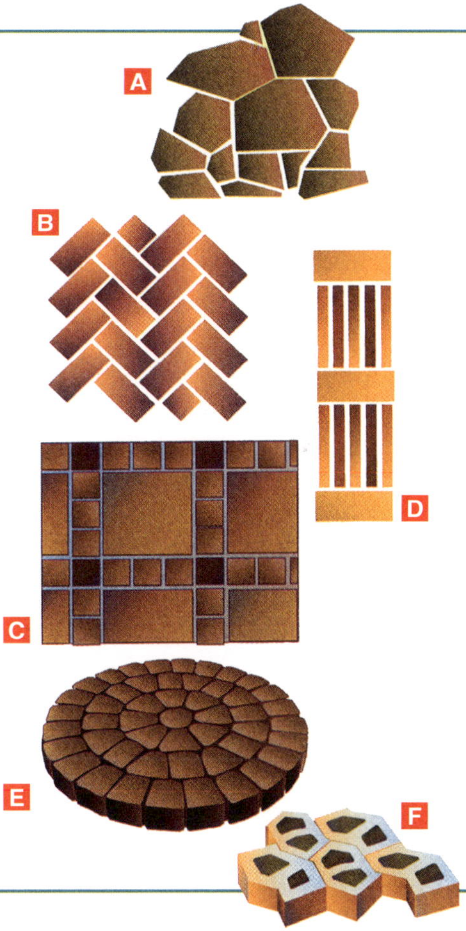

SCHON GEWUSST? Sicherheit mit Leuchtsteinen

LEUCHTSTEINE lassen sich als nächtliche Orientierungshilfe in Pflasterflächen integrieren. Sie brauchen weder eine Stromversorgung noch einen Stromspeicher.

LEUCHTKRISTALLE, die in die Steinoberfläche eingearbeitet sind, liefern hier das Licht. Tagsüber laden sie sich in der Sonne auf und geben das gespeicherte Licht nachts wieder ab.

Punkt-, Streifen- und Plattenfundament

FUNDA-MENTE

Bauwerke im Garten müssen sicher stehen – das garantiert ein Fundament. Wie Sie Punkt- und Streifenfundamente oder eine Fundamentplatte fachgerecht bauen, das zeigen wir auf den folgenden Seiten.

Betonfundamente

Fundamente bestehen heute meist aus Beton. Punkt-, Streifen- und Plattenfundamente werden daraus gegossen. Wie beständig diese Basis für Pfosten, Terrassen, Mauern oder Gartenhäuser ist, hängt von der Mischung des Betons ab. Kleine Mengen, etwa für ein einzelnes Punktfundament, kann man durchaus selbst ansetzen, doch für größere Projekte empfiehlt sich entweder die Verwendung einer Trockenmischung, der man nur noch Wasser zugeben muss, oder die Bestellung von Lieferbeton, der verarbeitungsfertig zur Baustelle transportiert wird. Diese Produkte sind immer richtig eingestellt und bieten eine verlässliche Qualität. Bei größeren Gebäuden sollte man die nötige Betongüte durch einen Statiker bestimmen lassen.

Doch zunächst zum kleinstmöglichen Fundament, dem Punktfundament: Es kann zum Aufstellen einer Wäschespinne ebenso dienen wie zum Befestigen eines Zaunpfostens. Hier sind die statischen Anforderungen sicher nicht allzu hoch, doch können Punktfundamente von Fall zu Fall auch beispielsweise in Reihen angeordnet werden, um etwa in schwierigem Gelände eine Terrasse zu gründen. Dann lohnt es sich, sowohl dem korrekten Anmischen des Betons genügend Aufmerksamkeit zu widmen als auch eine Schalung zu bauen, um eine gleichmäßige, einheitliche Optik zu gewährleisten. Wir zeigen den Bau eines Punktfundaments in der Bildfolge rechts, das Ergebnis konnten Sie schon im großen Foto auf

SCHON GEWUSST? Beton: Gruppen und Klassen

Beton wird immer aus drei Bestandteilen angemischt: Zement dient als Bindemittel, dazu kommen Zuschlagstoffe wie Schotter, Kies oder Sand, schließlich gibt man Wasser hinzu. Bringt man außerdem eine Armierung oder Bewehrung aus Stahlstäben oder -matten ein, entsteht der sogenannte Stahlbeton – er kann einwirkende Zugkräfte besser auffangen.

Beton wird nach seiner Festigkeit in Gruppen eingeteilt. Zur Gruppe 1 zählen die Festigkeitsklassen C 10 bis C 30, Gruppe 2 umfasst C 37 bis C 60, Gruppe 3 schließlich C 67 bis C 115. Je höher dabei die Zahl hinter dem C, desto höher ist die Druck- und Zugfestigkeit nach dem Aushärten. Eine weitere Klassifizierung beschreibt die Konsistenz – von F1 (steif) bis F6 (sehr fließfähig). Die größte Härte erreicht Beton, wenn man ihm beim Anmischen exakt die Menge Wasser zugibt, die der Zement zum Abbinden braucht. Ein Tipp: Wenn Sie den Zement einzeln kaufen, sind Sie mit den Sorten Portlandzement (PZ) oder Hochofenzement (HOZ) in der Regel am besten bedient.

Die Materialstärke des zu gießenden Teils bestimmt die Korngröße des Zuschlagstoffs – je dicker, desto gröber.

der vorigen Doppelseite bewundern.
Ist beim jeweiligen Projekt die Standfestigkeit auf Dauer entscheidend, sollten Sie Fundamente frostfrei gründen. Meist ist das mit einer Tiefe von mindestens 80 cm gewährleistet, je nach Lage und Klima können aber auch 100 bis 120 cm erforderlich sein.

Punktfundament

Fundament mit integriertem Pfostenanker für eine tragende Stütze

01 Mindestens 40 cm, für eine frostfreie Gründung mindestens 80 cm tief sollten Sie das Loch für das Fundament ausheben.

02 Die Schalung baut man aus rohen, etwa 25 mm dicken Brettern oder aus Schalungsplatten. Im Loch ausrichten.

03 Nun wird nach Herstellerangaben Trockenmörtel mit Wasser angerührt. Beim hier verwendeten Estrichbeton kamen …

04 … 3 Liter Wasser auf 25 kg Trockenmischung. Füllen Sie die homogen gerührte Masse in das Loch ein.

05 Den Pfostenanker hängt man mit Hilfslatten ein, der Beton wird durch Stampfen und Stochern verdichtet.

TIPP Pfostenschuh

Wie oben gezeigt, kann man gleich beim Gießen einen Pfostenanker in ein Fundament einbinden. Man kann aber auch nachträglich einen Pfostenschuh montieren: **A** Beton in die Schalung füllen und glattstreichen. **B** Den Pfostenschuh an das gehärtete Fundament halten, die Befestigungspunkte markieren und Löcher bohren. **C** Dann den Pfostenschuh aufsetzen und verschrauben.

A

B

C

Streifenfundament

Ein längliches Fundament wie dieses braucht man beispielsweise für eine Gartenmauer.

01 Über dem etwa 40 cm tief ausgehobenen Graben errichtet man für den sichtbaren Teil des Fundaments eine Schalung.

02 Nun wird der Beton angerührt. Hier haben wir eine Trockenmischung verwendet, der man nur noch Wasser zugibt.

03 Die Schalung wird zunächst wieder beiseite gestellt, den Graben füllt man bis zur Erdoberfläche mit Beton.

04 Die Masse wird zwischendurch immer wieder durch Stampfen mit einem schweren Gegenstand verdichtet.

05 Nun die Schalung wieder aufsetzen und Stahlstäbe als Bewehrung in den Beton legen.

06 Bis zur Oberkante der Schalung wird weiterer Beton eingefüllt, dann die Oberfläche bündig abgezogen.

07 Bis zum Härten schützt man den Beton mit Folie vor dem Austrocknen. Nach etwa sieben Tagen wird ausgeschalt.

08 Hier die kleine Sichtschutzmauer, die auf dem Streifenfundament errichtet wurde.

TIPP Beton mit der Schaufel anmischen

Beton für kleine Bauvorhaben können Sie noch selbst von Hand mischen. Das ist allerdings anstrengend und zeitraubend – ein Freifallmischer erleichtert die Arbeit sehr, und ab etwa drei Kubikmetern Beton lohnt es sich, die Masse fertig anliefern zu lassen. Wenn Sie von Hand mischen, dann vermengen Sie erst die Zuschlagstoffe miteinander. Anschließend wird der Zement zugegeben und das Ganze mehrfach durchgeschaufelt – dabei von unten außen in die Mitte arbeiten. Nun bildet man eine Mulde im Material und gibt etwa die Hälfte des benötigten Wassers zu. Wieder wird mehrfach gemischt und Wasser zugegeben, bis sich die Oberfläche mit der Schaufel glattstreichen lässt und der Beton steif steht und nicht zerläuft.

Stellen Sie Zement, Zuschlag, Wasser und Werkzeug bereit.

Zu vier Teilen Zuschlagstoff einen Teil Zement mischen.

In eine Mulde geben Sie etwa die Hälfte des Wassers.

Vom Rand her die Trockenmischung in die Mulde heben.

Beim weiteren Mischen stellt man die Konsistenz mit ...

... Wasser ein, bis die Streichprobe wie gewünscht gelingt.

TIPP Holzschalung

Schalungen kann man aus 25 mm dicken rohen Brettern bauen. Außen werden sie abgestützt, um den Druck des Betons abzufangen. 10 mm dicke Zwischenbretter halten bei Kantenlängen von mehr als 3 m eine Dehnungsfuge frei. Bei Streifenfundamenten oberhalb des Erdreichs muss die Schalung abgestützt und zusätzlich mit Zwingen gesichert werden.

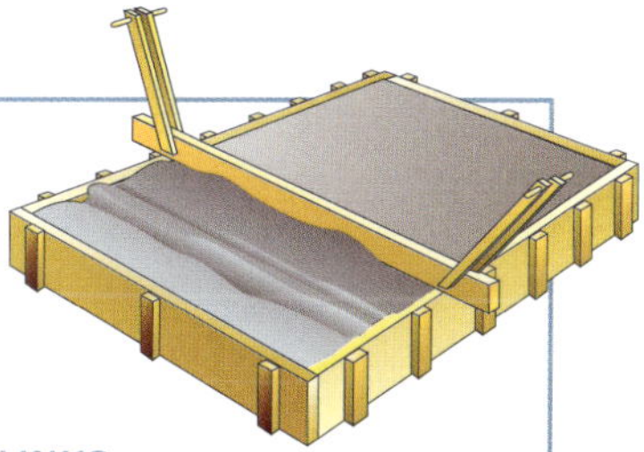
Über eine exakt waagerechte Schalung kann man die Betonfläche glatt abziehen.

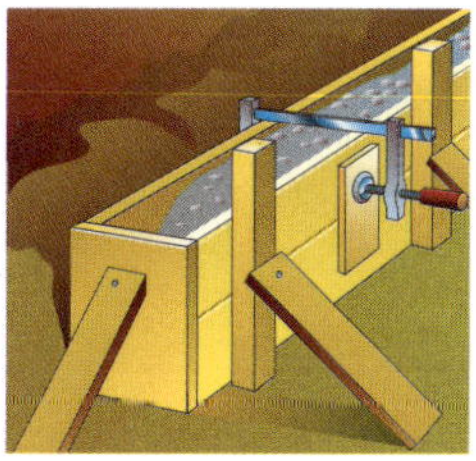

LINKS: Zwingen sichern die Schalung. RECHTS: Einfache Punktfundamente muss man nicht immer schalen.

Kleine Bodenplatte

Die Basis für einen Grill oder Pizzaofen

01 An den Ecken der geplanten Bodenplatte schlägt man angespitzte Pfähle in den Boden.

02 Graben Sie für die Fundamentplatte in etwa 40 cm tiefes Loch.

03 Wenn der Boden eben und waagerecht ist, dann ist die Grube gleichmäßig tief.

04 Kies und Sand werden als Sauberkeits- und Drainageschicht 20 cm dick eingefüllt.

05 Diese Schicht wird mit der Harke verteilt, mit dem Stampfer verdichtet und abgezogen.

06 Jetzt rundum eine Schalung aus Brettern anbringen und waagerecht ausrichten.

07 Weitere Pflöcke werden eingeschlagen und die Schalbretter mit Querstreben fixiert.

08 Den Beton erst trocken durchmischen, dann Wasser zugeben, bis eine steife Masse ...

09 ... entsteht. Man bringt sie bis zur halben Höhe ein und verteilt sie.

10 Den Beton grob abziehen und eine Baustahlmatte einlegen, dann weiteren Beton ...

11 ... anmischen und einfüllen. Zum Schluss wird die Fläche über die Schalung abgezogen.

12 Unebenheiten in der Fläche mit der Glättkelle und stoßenden Bewegungen ebnen.

13 Solch ein gemauerter Pizzaofen hat sein Gewicht. Auf dem selbst gegossenen Fundament steht er sicher und bleibt aufrecht.

TIPP Beton schützen

Beton härtet hydraulisch aus, braucht dafür also Wasser und darf während des Härtens nicht vorzeitig austrocknen. Im Sommer schützt man frischen Beton deshalb am besten mit einer Folie. Im Winter verträgt der Beton keine zu starke Kälte – die Temperaturen sollten in den ersten drei Tagen nicht unter 10 °C fallen. Bis zum Härten dauert es je nach Wetter 7 bis 30 Tage.

TIPP Richtig arbeiten mit dem Freifallmischer

- Das für die Stromversorgung verwendete Kabel muss wassergeschützt sein.
- Man beginnt mit kleinen Zement- und Sandmengen und ermittelt den Wasserbedarf.
- Schalten Sie die Maschine ein und geben Sie zuerst etwas weniger Wasser in die Trommel, als Sie voraussichtlich benötigen – bei zu viel Wasser gerät die Konsistenz sehr schnell zu flüssig.
- Nun gibt man das Bindemittel dazu, also den Zement. So bildet sich ein Bindemittelleim.
- Anschließend kommt der Zuschlagstoff hinzu, er wird wie Wasser und Zement genau in Raumteilen abgemessen.
- Jetzt zwei bis drei Minuten durchmischen.
- Ist die Mischung zu trocken, gibt man vorsichtig Wasser zu. Zu flüssigem Mörtel Bindemittel und Zuschlagstoff beigeben.
- Zement reizt die Haut und die Schleimhäute. Handschuhe und Schutzbrille tragen!

Fundament fürs Gartenhaus

Auch Platten für größere Bauwerke können Sie selbst gießen.

01 Das Fundament 10 cm größer als die Hausfläche markieren und 40 bis 80 cm tief ausheben.

02 Je nach gegrabener Tiefe und geplanter Fundamentstärke ein Kies-Sand-Gemisch einfüllen.

03 Das Gemisch abziehen und verdichten. Pflöcke markieren dabei das Höhenniveau.

04 Nun wird rundum eine Schalung aus Brettern errichtet und abgestützt.

05 Die Schalung muss waagerecht sein, damit man später den Beton darüber abziehen kann.

06 Wieder wird zunächst nur bis zur Mitte der Schalungshöhe Beton eingefüllt. Dann legt ...

07 ... man passend zugeschnittene Stahlmatten als Bewehrung ein und füllt weiteren Beton auf.

08 Über die Schalung wird der Beton abgezogen, Feinarbeiten erledigt hier ein Reibebrett.

09 Die fertig gegossene Platte. Sie braucht zum Aushärten mindestens zwei Wochen.

10 Auf der Fundamentplatte kann man dann das Gartenhaus oder den Pavillon errichten.

Gedämmte Platte

Das Fundament für einen beheizten Wintergarten braucht einen Wärmeschutz.

01 Nach dem mindestens 40 cm tiefen Ausheben wird 10 cm dick Kies und Sand eingefüllt.

02 Fertige Hartschaumelemente vom Wintergartenhersteller werden mit Keilen verbunden.

03 Zuschnitte erledigt der Winkelschleifer oder auch eine Handsäge.

04 Die äußeren Elemente werden auf die Kies-Sand-Schicht gesetzt und genau ausgerichtet.

05 Auch die erste Lage Hartschaumplatten wird ins Sandbett gelegt.

06 Die zweite Lage folgt jeweils mit 8 cm Versatz zu den Platten darunter.

07 Die Bewehrung aus Stahlmatten wird auf Distanzklötzen montiert.

08 Mit der Betonpumpe wird der Lieferbeton direkt auf die Platte gegossen.

09 Nach dem Aushärten der Platte kann der Wintergarten errichtet werden. Dank der ...

10 ... isolierenden Hartschaumschicht halten sich die Wärmeverluste in Grenzen.

SCHON GEWUSST? Fundamente fertig kaufen

Dort, wo sonst einfache Punktfundamente zum Einsatz kommen, kann man häufig auch fertige Fundamentsteine aus Beton verwenden. Sie sind für einige Euro pro Stück im Baustoffhandel oder in Baumärkten erhältlich. Damit sind sie zwar teurer als selbst gegossene Fundamente, die Arbeits- und Zeitersparnis ist aber immens. Wie beim klassischen Fundament sollte man die Löcher für die Steine so ausheben, dass sie möglichst knapp hineinpassen und von nur wenig weichem Erdreich umgeben sind. Praktisch übrigens: Die Fundamentsteine besitzen auf der Oberseite eine Öffnung, in die man passende Pfostenschuhe einbetonieren kann.

FERTIGFUNDAMENTE aus dem Baumarkt werden einfach im Boden eingegraben.

MAXI
LADER

Stauraum für Gartengeräte

GARTEN-HÄUSER

Nahezu alles, was man im Garten an Werkzeugen und Gerätschaften braucht, lässt sich bequem und leicht zugänglich im selbst gebauten Gartenhaus unterbringen.

Auswahl

In sehr vielen Gärten steht solch ein Holzhäuschen – auf kleinen wie auf großen Grundstücken. Entsprechend vielfältig ist die Auswahl an Gartenhäusern auch bei den Bausätzen für die Selbstmontage.
Mit 10 bis 15 Jahren sind die Häuschen recht langlebig, man sollte sich also gründlich überlegen, was man braucht.
Beschränkungen dabei können sich aus den Ortssatzungen der Städte und Gemeinden ergeben – nicht jedes Bauwerk im

TIPP Genug Platz für den Liefer-Lkw

Gartenhaus-Bausätze werden in der Regel „frei Bordsteinkante“ geliefert: Ein Gabelstapler hebt die Materialpaletten vom Lkw und setzt sie nach Wunsch in der Einfahrt oder im Vorgarten ab. Sorgen Sie zum Liefertermin dafür, dass der Lastwagen vor dem Grundstück halten kann und dass er freie Zufahrt hat. Der Transport des Bausatzes auf dem Grundstück ist dann Ihre Sache.
Sobald Sie Zeit für den Aufbau haben, packen Sie das Material aus, streichen es gegebenenfalls schon mit einem Witterungsschutz und lagern nach dem Trocknen die sortierten Stücke in der Nähe des Aufbauorts.
Auch wenn sie dort nur über Nacht lagern, sollten Sie das Holz mit einer stabilen Plane oder Folie gegen aufsteigende Feuchtigkeit aus dem Erdreich schützen.

Garten ist genehmigungsfrei. Wird eine Statik gebraucht, gibt es die meist vom Hersteller des Bausatzes. Holen Sie außerdem die Zustimmung der Nachbarn ein, um späteren Streit zu vermeiden.
Nun müssen Sie überlegen, wie viel Platz zur Verfügung steht und welchem Zweck das Haus dienen soll. Reine Werkzeugschuppen sind oft schlicht konstruiert und schnell aufgebaut. Suchen Sie eher eine Hütte, die bei schlechtem Wetter eine Sitzgelegenheit bietet, oder einen offenen Pavillon, dann wird das Angebot auch stilistisch vielfältiger. Oft kann man auch Basismodelle mit Optionen wie zusätzlichen Fenstern oder einer anderen Dachform kreativ verändern.

SCHWEDENROT setzt im Garten einen klaren Akzent, auch wenn der Gartenschuppen selbst mit seinem einfachen Grundriss sehr schlicht konstruiert ist.

OHNE BAUSATZ geht's natürlich auch, wenn man Erfahrung in der Holzbearbeitung mitbringt. Dieser Geräteschrank mit Tonnendach ist individuell gebaut.

ACHTECKIG ist dieser schmucke Pavillon. Sein Fundament haben wir auf S. 49 gezeigt.

Grundlage

Der Pavillon oder das Gartenhaus braucht in jedem Fall eine stabile Grundlage – also ein Streifenfundament, eine Fundamentplatte oder eine mit Gehwegplatten befestigte Fläche. Wie man Fundamente anlegt, haben wir Ihnen im vorangehenden Kapitel gezeigt. Hier gibt es nun eine Besonderheit: Die Stellfläche für das Häuschen wird als Platte betoniert, zusätzlich wird davor eine Pflasterfläche als kleine Terrasse angelegt.
Das Pflaster sollte ein leichtes Gefälle vom Haus weg aufweisen, die Fundamentplatte muss dagegen absolut waagerecht sein, damit sich später keine Schäden am Haus ergeben. Sollten durch einen Schiefstand Wände aufklaffen oder Türen und Fenster nicht richtig schließen, greift keine Herstellergarantie.

Da hier einiges an Erde bewegt werden muss, kann es sich lohnen, mit einem Minibagger zu arbeiten. Ihn kann man beim Werkzeug- oder Baumaschinenverleih mieten und erhält dort auch eine Einweisung.

Fundamentplatte
Betonfundament und Terrasse

01 Die Fläche zunächst abstecken, dann ausheben – hier mit dem Minibagger.

02 Als Einfassung dienen Betonsteine im Zementbett, Kies oder Schotter als Drainage.

03 Die Schotterschicht wird mit dem Rüttler verdichtet und anschließend abgezogen.

04 Eine 10 cm dicke Schicht Fertigbeton wird mit einer Baustahlmatte bewehrt.

05 Nach dem Abziehen härtet die Platte abgedeckt aus. Die Terrasse wird gepflastert.

06 Den Holzboden der Hütte schützen überlappende Bitumenbahnen vor Feuchtigkeit.

Gartenhaus aufbauen

Wenn der Wunschbausatz gefunden und geliefert ist und wenn das Fundament steht, geht es an den Aufbau. Nehmen Sie sich in jedem Fall die Zeit, die mitgelieferte Aufbauanleitung gründlich zu lesen. Es gibt zwar etliche Heimwerker, die das nur ungern tun, und oft ist die Konstruktion auch selbsterklärend, trotzdem gibt es immer wieder Besonderheiten beim Bau, und häufig hängt eine Hersteller-Garantie auch davon ab, dass das Haus korrekt aufgebaut wurde.
Arbeiten Sie nach Möglichkeit beim Aufbau zu zweit. Schwere Teile lassen sich dann einfacher bewegen, und die Montage fällt leichter, wenn jemand festhält.

Aufbau

Typische Arbeitsfolge für Gartenhaus-Bausätze

01 Die druckimprägnierten Bodenbalken rechtwinklig auf dem …

02 … Fundament verlegen, mit Nut-und-Feder-Dielen beplanken.

03 Vorgefertigte Elemente miteinander und dem Boden verbinden.

04 Giebelelemente werden an den Wänden verschraubt, dann die Dachpfetten platziert.

05 Hier werden Oberlichter mit Polystyrolscheiben am Haus verschraubt.

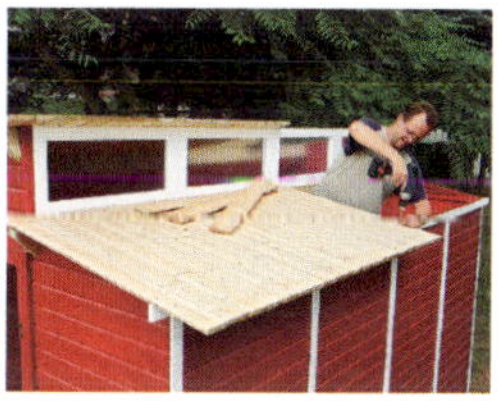

06 Dachplanken aus Holz anschrauben – dabei von der Mitte zu den Seiten hin arbeiten.

07 Wetterschutz bieten mehrere aufgenagelte Lagen Dachpappe.

08 Nach der Montage und dem Einhängen der Türen ist der Bau komplett.

Fassaden-Sanierung

Gartenhäuser halten lange, aber nicht ewig. Ist Ihr Schuppen vom Zahn der Zeit angenagt, müssen Sie ihn nicht komplett ersetzen. Wenn beispielsweise vor allem die Wetterseite ihre besten Jahre hinter sich hat, kann man sie dank der modularen Konstruktion der Bausätze recht gut austauschen.

Der Vorteil gegenüber dem Abriss und dem Neubau: Die Sanierung wird oft günstiger, und Sie können sicher sein, dass die Abmessungen des Fundaments nach wie vor genau passen – ein neues Haus zum Fundament zu finden, ist nicht ganz einfach.

Je nachdem, wie das Haus konstruiert ist, genügt es in einigen Fällen, eine vorhandene Ständerkonstruktion neu zu beplanken. Ist das nicht möglich, lässt sich aber auch eine komplette Wand oder mehrere neu anfertigen. Wir zeigen im Bild unten und rechts oben die wichtigsten Arbeitsschritte und geben Anregungen für die Gestaltung der Fassade.

DER RAHMEN besteht aus massiven Kanthölzern, die miteinander verschraubt werden. Zur Stabilisierung dient eine Diagonalverstrebung.

DIE BEPLANKUNG erfolgt im einfachsten Fall mit Nut-und-Feder-Brettern, die man mit Schrauben auf dem Rahmen fixiert.

RUSTIKAL wirkt eine Boden-Deckel-Schalung. Die Kernseite des Holzes muss nach außen zeigen.

ELEGANT: Rhombus-Profile, die von der Rückseite aus mit einer Siebdruckplatte verschraubt sind.

Ordnung halten

Unübersichtlich wird es im Gartenhaus meist nicht durch große Geräte wie den Rasenmäher oder die Motorsäge, sondern durch die Vielzahl von Handwerkzeugen und Kleinteilen. Hat man sie ordentlich aufbewahrt, ist schon viel gewonnen. Viele große Gartenwerkzeug-Hersteller und einige Anbieter aus dem Eisenwarenbereich haben entsprechende Ordnungssysteme im Angebot. Die Werkzeuge sind damit an der Wand gut erreichbar angebracht, und der Boden bleibt frei.
Mit ein wenig Geschick kann man sich einen Werkzeughalter auch selbst bauen – ein Beispiel zeigt das Foto links unten.

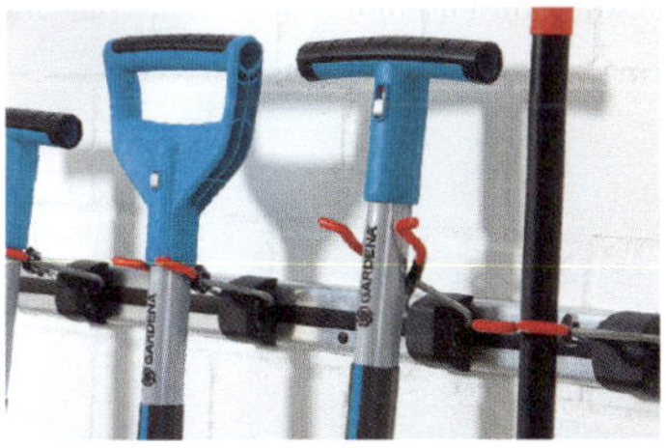

Ordnungssysteme können Werkzeuge kompakt auf engem Raum unterbringen (ganz oben) oder bei ausreichendem Platz mit bequemen Abständen (oben).

Praktisch sind unterschiedlich geformte Halter und Haken, die verschiedene Gerätschaften leicht entnehmbar bereithalten.

Regenwasser ableiten

Was beim großen Wohnhaus recht ist, das ist auch beim Gartenhäuschen nur billig: eine funktionierende Dachentwässerung. Regenrinnen und Fallrohre leiten das Wasser in einen Sickerschacht oder die Kanalisation, damit es nicht über die Hauswände läuft oder das Fundament unterspült. Noch praktischer ist es, wenn man den Niederschlag in einer nicht zu kleinen Regentonne sammelt – das spart bares Geld für Gießwasser.
Speziell für Gartenhäuser gibt es Regenrinnen mit kleinerem Querschnitt zu kaufen. Besonders heimwerkerfreundlich sind dabei Systeme, die sich einfach zusammenstecken lassen und weder verklebt noch verlötet werden müssen.
Bei vielen Bausatz-Gartenhäusern muss man außerdem erst einmal eine Möglichkeit schaffen, Halter für die Regenrinne anzubringen. Meist ist das mit einer zusätzlichen Halteleiste an der Traufseite, also der unteren Kante der Dachfläche, recht problemlos zu erledigen.
Bei der Montage der Rinnenhalter ist auf ein leichtes, aber stetiges Gefälle zu achten, das das Wasser zum Fallrohr leitet. In der Regel kommt man mit einem Gefälle von 2 bis 3 Zentimetern pro Meter aus. Möchte man eine Regentonne füllen, baut man im einfachsten Fall eine Klappe in das Fallrohr ein, die in geöffnetem Zustand das Wasser in die Tonne laufen lässt. Dabei muss man allerdings immer daran denken, je nach Füllstand die Klappe per Hand zu betätigen. Einfacher hat man es mit einem automatischen Regensammler, der die Tonnen nur bis zu einem festgelegten Niveau befüllt. Mehr dazu lesen Sie im Kasten rechts unten.

An der zusätzlich montierten Halteleiste lassen sich die Rinnenhalter einfach verschrauben.

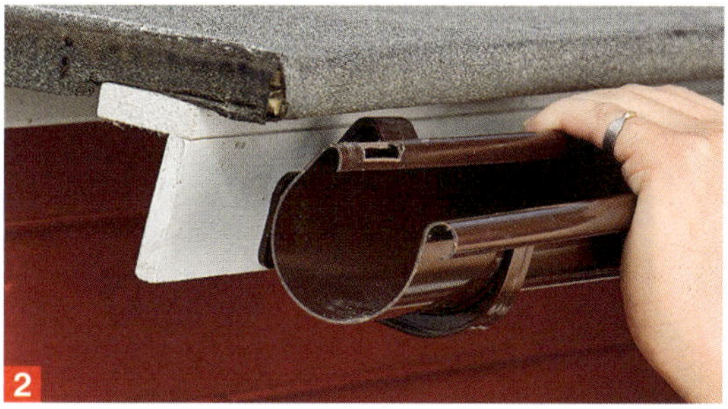

Flexible Rinnen werden für die Montage zusammengedrückt und schnappen in Haltenasen ein.

Mit einer Stichsäge wird das Loch für den Fallrohrstutzen an der gewünschten Stelle ausgesägt.

Winkel- und Eckstücke führen das Fallrohr zur Hauswand und dann nach unten.

TIPP Regensammler einbauen

Besitzt man einen Regensammler, dann kann auch bei vergesslichen Gartenfreunden die Regentonne nicht überlaufen. Durch die Montage in der richtigen Höhe wird das gewünschte Wasserniveau in der Tonne bestimmt. Ist das erreicht, fließt weiterer Regen direkt in die Kanalisation oder versickert. Außerdem verhindert der Sammler, dass Schmutz und Blätter in die Tonne gelangen.

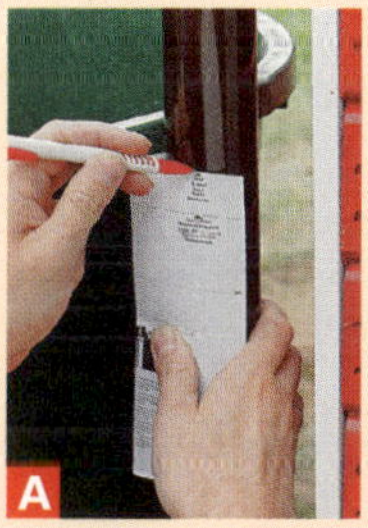

Die exakte Einbauhöhe lässt sich leicht anhand einer Schablone festlegen. Mit ihrer Hilfe werden die Schnittlinien am Fallrohr markiert, das anschließend dort durchtrennt wird.

Hier wird deutlich, wie der Regensammler das Wasserniveau der Regentonne bestimmt: Steigt der Wasserspiegel über die Höhe des Schlauchansatzes am Sammler, dann läuft das Wasser in das Fallrohr zurück.

BOSCH

Einfriedung und Sichtschutz

ZÄUNE BAUEN

Manche Zäune sind rein dekorativ und unterstreichen den Charakter von Haus und Garten. Andere Zäune bieten echte Sicherheit gegen ungebetene Gäste. Ganz gleich, welche Art Zaun Sie bauen möchten – wir zeigen Materialien und Grundtechniken.

Material und Verarbeitung

Nach der Funktion Ihres Zauns richten sich unter anderem die Wahl des Materials und die Verankerung im Boden. Ein Sichtschutzzaun von 170 bis 190 cm Höhe ist schon durch die größere Hebelwirkung und die stärker einwirkende Windlast höheren Belastungen ausgesetzt als eine Einfriedung mit 100 bis 140 cm Höhe.
Hier muss also sowohl ein jeweils zum beabsichtigten Zweck passendes Material als auch eine hinreichend stabile Verankerung gewählt werden. Im einfachsten Fall genügt zum Verankern eine Bodenhülse, die man in den Untergrund schlägt. Häufiger wird man allerdings Betonsockel oder Punktfundamente gießen oder auch Fertigfundamente setzen und darauf Pfostenhalter befestigen. Die wichtigsten Vertreter dieser Halterungen finden Sie in der Tabelle unten. Natürlich lassen sich Pfosten auch direkt einbetonieren. Diese Variante sollte man aber nur wählen, wenn das Pfostenmaterial sehr widerstandsfähig gegen Feuchtigkeit ist.
Bei den Materialien für den Zaunbau haben Sie die Wahl zwischen Holz, verschiedenen Metallen und Kunststoff. Eine Tabelle mit den wesentlichen Eigenschaften sowie den Vor- und Nachteilen finden Sie nach dem Umblättern. Ein weiteres Produkt zum

STÜTZENSCHUHE UND PFOSTENANKER IM ÜBERBLICK

	Einschlag-Bodenhülse	**U-Schuh mit Dolle**	**U-Schuh mit Dolle, seitenverstellbar**	**U-Schuh mit Wulst zum Aufschrauben**	**Stützenschuhe, L-Form**
Material, Abmessungen	Feuerverzinkter Stahl, 750 oder 900 mm lang. Für Balken der Größe 70 x 70 mm oder 90 x 90 mm. Eine Einschlaghilfe gehört dazu.	Feuerverzinkter Stahl mit Riffeldolle (Ø 20 mm); in U-Form für Pfosten ab 70 mm Dicke, auch in L-Form erhältlich (70 mm).	Verzinkter Stahl, mit Riffeldolle (Ø 20 mm); die U-Form ist für Pfosten von 60 bis 140 mm Dicke geeignet.	Feuerverzinkter Stahl, auch in Edelstahl erhältlich; lieferbar für Balken von 70 x 70 mm bis 120 x 120 mm.	Feuerverzinkter Stahl, mit Langloch am Boden für genaues Ausrichten. Für verschiedene Pfostenmaße und Höhen erhältlich.
Verwendung	Die Hülse zum Einschlagen ist eher für leicht belastete Konstruktionen wie etwa Rankgitter gedacht.	Stützenschuh zum Einbetonieren; für leicht bis mäßig belastete Konstruktionen wie Carports oder Pergolen geeignet.	Anker zum Einbetonieren; lässt sich stufenlos an alle Balkenformate zwischen 60 und 140 mm anpassen.	Schuh zum Aufschrauben auf einen Betonsockel. Der Wulst bestimmt den Abstand des Balkens zum Boden.	Schuh zum Aufschrauben auf einen Betonsockel. Eine unauffällige Lösung, jedoch nur für eine leichte Belastung ausgelegt.

Bau von Einfriedungen sind Gabionen, also Gitterkörbe, die mit Steinen gefüllt werden. Sie bieten ähnliche Eigenschaften wie eine Mauer, sind aber bei weitem einfacher zu errichten – deshalb haben wir sie hier mit aufgenommen. Eine Anleitung zum Bau eines Gabionenzauns finden Sie am Ende dieses Kapitels. Zuvor zeigen wir Ihnen an typischen Beispielen, wie man einen klassischen Holzzaun mit oder ohne Pforte errichtet und wie man einen Metallgitterzaun aufbaut.

Bodenhülse

Zum Setzen brauchen Sie nur einen Vorschlaghammer und das mitgelieferte Einschlagwerkzeug.

1 Setzen Sie das zugehörige Einschlagwerkzeug in die Hülse und treiben Sie sie mit kräftigen Schlägen in den Boden.

2 Überprüfen Sie dabei mehrfach die Ausrichtung der Hülse. Das geht am besten mit eingesetztem Pfosten.

	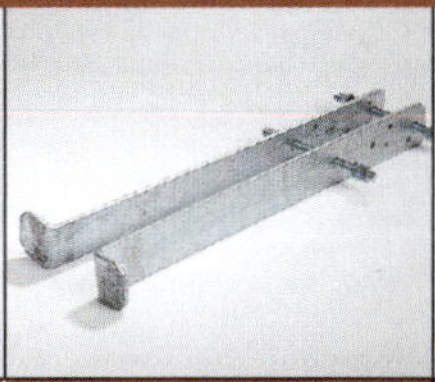		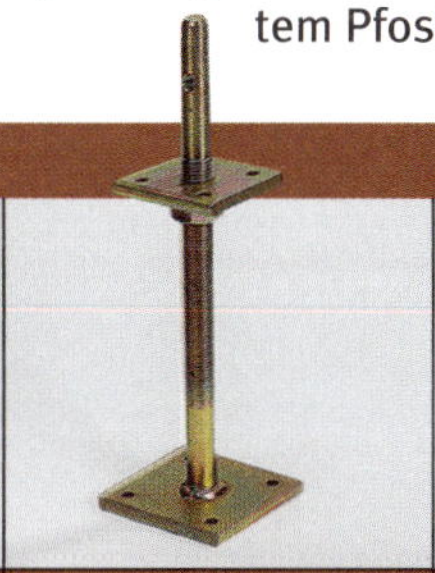	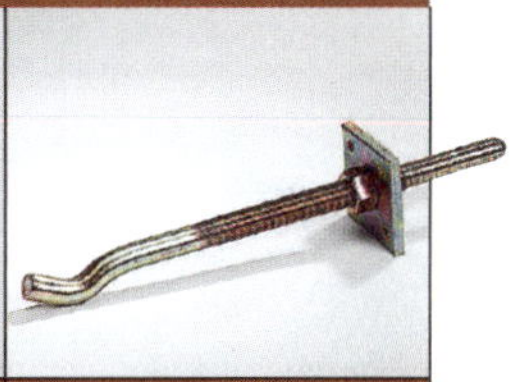
Schwerer Stützenschuh mit Aufschraublaschen	**Verstellbarer Schwerlast-Betonanker**	**Höhenverstellbarer Stützenschuh**	**Höhenverstellbarer Stützenschuh mit Dolle**	**Höhenverstellbarer Stützenschuh mit Dolle**
Feuerverzinkter Stahl, auch in Edelstahl erhältlich; lieferbar für Balken von 70 bis 115 mm Dicke.	Feuerverzinkter Stahl, verstellbar bis 140 mm Balkenbreite; den Anker mit eingeschraubten Gewindebolzen einbetonieren und ausrichten.	Verzinkter Stahl; Mindesteinbauhöhe 130 mm, bis maximal 60 mm höhenverstellbar; eignet sich nur für waagerecht aufliegende Balken.	Verzinkter Stahl; mit durchgehender Dolle, für Balken ab 80 x 80 mm; höhenverstellbar um bis zu 100 mm auf maximal 220 mm.	Verzinkter Stahl; mit durchgehender Dolle, für Balken ab 80 x 80 mm; höhenverstellbar um bis zu 100 mm.
Schuh zum Aufschrauben auf einen Betonsockel. Mit langen Pfostenschenkeln vor allem für Zaunanlagen geeignet, kann mit schon montiertem Pfosten aufgeschraubt werden.	Anker zum Einbetonieren; für Zaunhöhen bis 2 m und andere schwere Holzkonstruktionen geeignet; hohe Pfostensicherheit dank durchgehender Gewindestangen.	Schuh zum Aufschrauben auf einen Betonsockel. Ideal für Bodenkonstruktionen, Podeste und Terrassen. Ausrichten auch nach dem Aufschrauben möglich, ohne die Stütze zu lösen.	Schuh zum Aufschrauben auf einen Betonsockel; die Dolle liegt dabei im Balken. Ideal für Konstruktionen, die nivelliert werden müssen; mit Kontermutter zum Feststellen.	Schuh zum Einbetonieren; die Dolle liegt dabei im Balken. Ideal für Konstruktionen, die nivelliert werden müssen; mit Kontermutter zum Feststellen.

Schuh mit Dolle

In ein Fundament einbetonieren

Verstellbaren Schuh ggf. auf den Pfosten einstellen, dann den Pfosten vorbohren und verschrauben.

Den Pfosten samt Schuh mit Hilfslatten im Fundamentloch ausrichten, mit Zwingen fixieren.

Nun können Sie den Beton anmischen und ins Loch füllen. Lassen Sie ihn mindestens zwei Tage lang aushärten.

Stützenschuh

Auf ein Fundament schrauben

Das Loch ausheben und oben eine Schalung waagerecht einsetzen.

Füllen Sie den angemischten Beton ein und glätten Sie die Oberfläche. Nach zwei Tagen ...

... kann man den Stützenschuh mit Dübeln auf dem Punktfundament befestigen.

ZAUNMATERIALIEN IM ÜBERBLICK

MATERIAL	Holz	Aluminium	Edelstahl	Metall (Maschendraht)	Kunststoff
Eigenschaften	Holz ist ein natürlich gewachsener Rohstoff, oft werden heimische Fichte oder Kiefer (kesseldruckimprägniert) oder Lärche verwendet.	Das reine Leichtmetall bildet eine Oxidschicht und ist dann sehr korrosionsbeständig.	Mit hohem Chromanteil zeigt Edelstahl eine gute Beständigkeit gegen Wasser, Luftfeuchtigkeit, schwache Säuren und Laugen.	Dünne Drähte aus Stahl oder Aluminium sind zu Maschen verflochten.	Das synthetisch erzeugte Material (PVC) ist sehr leicht.
Vorteile	⊞ natürliche, warme Optik ⊞ oft preisgünstig	⊞ viele Farben und Formen ⊞ sehr geringer Pflegeaufwand ⊞ sehr witterungsbeständig, formstabil, farb- und lichtecht	⊞ hochwertige Optik ⊞ sehr witterungsbeständig und formstabil	⊞ preisgünstig ⊞ schnell aufgestellt ⊞ sehr witterungsbeständig ⊞ sehr leicht zu reinigen	⊞ viele Farben ⊞ einfacher Aufbau ⊞ witterungsbeständig ⊞ pflegeleicht
Nachteile	⊟ unbehandelt kaum witterungsfest ⊟ muss regelmäßig mit Ölen gepflegt oder neu gestrichen werden	⊟ relativ teuer	⊟ sehr teuer ⊟ sollte einmal jährlich mit einem speziellen Pflegemittel gereinigt werden	⊟ vor allem zweckmäßig, optisch weniger ansprechend	⊟ optisch nicht ganz so ansprechend wie z. B. Aluminium

Holzzaun

Ein einfacher, klassischer Lattenzaun wird mit Hilfe von Einschlag-Bodenhülsen aufgestellt.

01 Den Zaunverlauf mit einer Schnur markieren und die Hülsen bereitlegen.

02 Das Einschlagen ist einfacher, wenn man mit einer kräftigen Eisenstange vorbohrt.

03 Eine Einschlaghilfe oder einen Holzklotz einsetzen und die Hülsen in den Boden treiben.

04 Den genauen Sitz kontrolliert man mit der Wasserwaage.

05 Längen Sie die Pfosten mit dem Fuchsschwanz auf das gewünschte Maß ab.

06 Die Pfosten mit passendem Holzöl bestreichen und in die Bodenhülse setzen.

07 Darin wird das Kantholz genau ausgerichtet und dann mit Schrauben fixiert.

08 Sind alle Pfosten an Ort und Stelle, befestigt man die Querriegel mit Schrauben daran.

09 An den Querriegeln die Zaunlatten anbringen – immer mit nichtrostenden Schrauben.

10 Die schräge Abdeckung lässt Wasser ablaufen und dient dem konstruktiven Holzschutz.

Holzzaun mit Pforte

Hier ein Bausatz aus Douglasie, der sich besonders schnell und einfach aufbauen lässt.

01 Die neuen Zaunelemente werden zur Probe am Aufstellort ausgelegt.

02 Eine Richtschnur zwischen zwei Pflöcken markiert den Zaunverlauf.

03 Erst mit einem langen Bohrer vorbohren, dann Schraubanker in den Boden drehen.

04 So sind bei diesem System die Pfosten mit den Ankern verbunden.

05 Man setzt den Pfosten auf den Bodenanker und fixiert ihn mit dem Schraubbolzen.

06 Die Höhen der Querriegel werden markiert, dann schraubt man dort die Zaunhalter an.

07 Nun werden die Zaunelemente aufgestellt. Sie müssen zunächst mit Kanthölzern ...

08 ... abgestützt und fixiert werden, dann werden sie mit den Zaunhaltern verschraubt.

09 An der Pforte werden die Torbänder aus verzinktem Stahl befestigt.

10 Die Gegenstücke schraubt man an den Pfosten und hängt die Pforte ein. Als Verschluss ...

11 ... dient eine Torfalle. Erst das Fallenteil am Tor fixieren, dann das Gegenstück am Pfosten.

Gitterzaun

Die Montage eines Metallgitterzauns samt Gartentor mit einem gängigen Clipsystem.

01 Den Zaunverlauf markieren. Dann die Pfostenpositionen festlegen und eine Richtschnur ...

02 ... spannen. Für die Pfosten 30 x 30 cm große, am besten 80 cm tiefe Löcher ausheben.

03 Das erste Element mit Pfosten, Gitter und Montagebügeln.

04 Die Montagebügel fixieren die Gitter an den Pfosten.

05 In die ersten Löcher 10 cm hoch Beton füllen, das Element einsetzen und ausrichten.

06 Die Pfosten werden ausgerichtet und mit Latten gestützt, dann wird Beton aufgefüllt.

07 Das nächste Element aus einem Pfosten und einem Gitter folgt im markierten Zaunverlauf.

08 Das Gitter befestigt man mit den Montageclips am Pfosten des zuvor gesetzten Elements.

09 Muss ein Gitter gekürzt werden, misst man die Länge genau aus.

10 Über einem alten Kantholz lässt sich das Gitter mit dem Winkelschleifer durchtrennen.

11 Die Schnittstellen schützt man mit Lackspray in der passenden Farbe vor Rost.

12 Vor dem Einbau des Gartentors legt man alle zugehörigen Teile geordnet bereit.

13 Den Schließzylinder montieren, die Scharnierhülse auf der gewünschten Seite einschlagen.

14 Die Kunststoff-Falle fürs Schloss am entsprechenden Torpfosten befestigen.

15 Auch für die Torpfosten werden Fundamentlöcher gegraben, die Pfosten einbetoniert.

16 Genaues Ausrichten mit der Wasserwaage garantiert die spätere einwandfreie Funktion.

17 Die Torbänder werden einfach durch die Pfosten gesteckt und verschraubt.

18 Nun kann man das vorbereitete Gartentor einsetzen.

19 Die Torbänder bei Bedarf nachjustieren, dann mit zwei Maulschlüsseln festziehen.

Gabionenzaun

Auch die Grenzbefestigung aus Drahtgitterkörben muss mit Pfosten stabilisiert werden.

01 Das Material liegt bereit: Drahtgitter und Pfosten aus verzinktem Stahl.

02 Mit Hilfe von C-Klammern und einer Setzzange verbindet man die Gitter-Elemente.

03 Die Fundamentlöcher werden hier mit einem Erdbohrer ausgehoben (Werkzeugverleih).

04 Fertigbeton einfüllen, Pfosten einsetzen und ausrichten, dann den Beton bewässern.

05 Für jeden Korb wird ein Pfosten gesetzt, in diesem Fall mit 100 cm Abstand.

06 Die teils schon vormontierten Gabionen werden um die Pfosten herum aufgebaut.

07 Auch hier müssen Sie prüfen, ob die Körbe gerade und in der Waage stehen.

08 Auch wenn es Zeit kostet: Für ein ausgewogenes Bild am besten Stein für Stein einfüllen.

09 Spannanker zwischen den Gabionenflächen verhindern das Ausbeulen der Körbe.

10 Als Sichtschutz in der Gartenecke machen sich Gabionen ebenso gut wie an der Grundstücksgrenze.

AUSSEN
Dauerschutz-Lasur
Langzeit-Wetterschutz
für Holz in extremer Bewitterung
2 in 1
Kiefer
6 JAHRE
Bis zu 6 Jahre Wetterschutz
Tropft nicht
UV-Schutz
Filmbildend

Für Gartenmöbel, Zäune und Holzbauten

HOLZ-SCHUTZ

Tisch und Stuhl, Carport und Schaukelgerüst – vieles im Garten besteht aus Holz. Damit Möbel und Bauwerke nicht allzu bald dem Zahn der Zeit zum Opfer fallen, müssen sie geschützt werden. Das ist zum einen chemisch möglich, zum anderen auch durch die richtige Konstruktion.

Schutz vor Wind und Wetter

Objekte aus Holz, die im Freien stehen, sind immer der Witterung ausgesetzt, Wasser, Temperaturschwankungen und Licht machen dem Naturbaustoff zu schaffen. Vor allem die UV-Anteile im Sonnenlicht können durch das Zersetzen des Holzklebers Lignin Schaden anrichten (Kasten rechts).

Ein kurzer Schauer schadet nicht, wenn das Holz schnell wieder abtrocknet. Auf Dauer setzt sich aber eine Kette zerstörender Einflüsse in Gang, die frühzeitig gestoppt werden muss:

- Zunächst zersetzt UV-Licht den Holzkleber Lignin, das Holz vergraut und versprödet.
- Staunässe schadet dem Holz zusätzlich, es fault.
- Vorwiegend Nadelhölzer werden vom Bläuepilz befallen (an bläulichen Flecken zu erkennen). Das Pilzmyzel dringt in die Zellzwischenräume, saugt Wasser ins Holz und sprengt die Fasern auseinander.
- Andere Pilze wie Porlinge und Schwämme zersetzen das Holz aktiv oder ernähren sich wie die Fäulnispilze sogar von Holzfasern.
- Auch die Larven von Hausbock und Nagekäfer können sich durch das Holz fressen.

Die Folgen eines Schädlingsbefalls:

- Verfärbungen machen Holzbauteile und Holzbauten unansehnlich.
- Spröde Hölzer splittern leichter und bergen Verletzungsgefahren.
- Faules oder morsches Holz verliert an Tragkraft und kann brechen.

Den Basisschutz bietet bei unbehandelten Hölzern im Garten immer eine Grundierung: Ihre Wirkstoffe dringen ins Holz ein und verhindern dort das Gedeihen von Bläuepilzen. Zugleich haftet

TIPP BASISAUSSTATTUNG WERKZEUG

Mit diesen Werkzeugen führen Sie die meisten Holzschutzarbeiten aus:

1 Schleifpapier verschiedener Körnung zum Glätten des Holzes.
2 Schwamm und Wasserschale zum Entfernen von Schleifstaub.
3 Handschuhe als Schutz für die Haut.
4 Fusselfreie Stoffballen zum Einarbeiten von Öl.
5 Pinsel und Rollen für den Auftrag von Lasuren und Lacken.

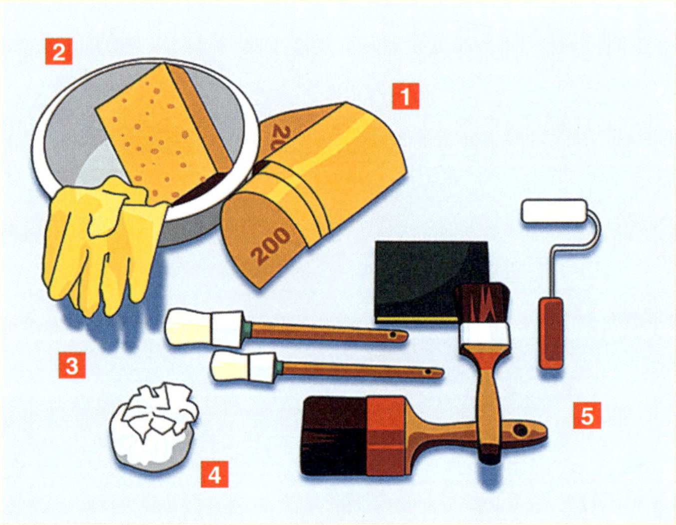

der Deckanstrich auf der Grundierung besser, ganz gleich ob Dünnschichtlasur, Dickschichtlasur oder deckende pigmentierte Lacke. Gute Ergebnisse beim Anstrich von Holz erzielen Sie so:

- Eine Folie auslegen, Holzoberfläche säubern.
- Vorschleifen und den Schleifstaub entfernen.
- Die Grundierung oder einen grundierenden Voranstrich auftragen.
- Zwischenschleifen, dann Endanstrich aufbringen, bei Bedarf mehrfach.

SCHON GEWUSST? Holzkleber Lignin

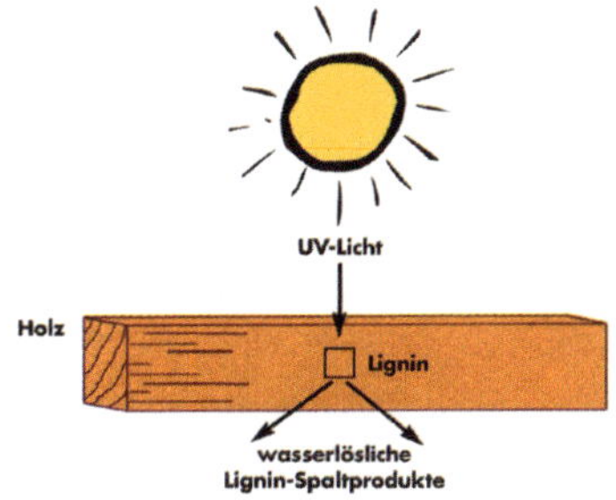

Lignin lässt die Zellen verholzen, UV-Licht zerstört diesen Bio-Klebstoff:

- Ligninbestandteile werden aufgespalten und vom Regen ausgewaschen.
- Das Holz dunkelt nach und wird grau, spröde und rissig,
- Beschichtungen verlieren ihre Haftung,
- Schädlinge dringen ins Holz ein.

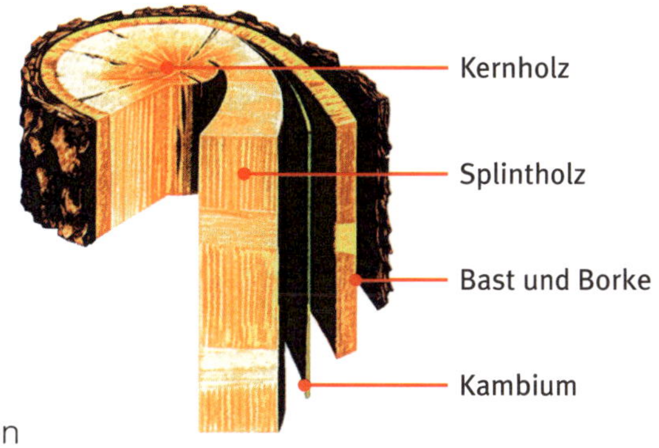

Als Baumaterial werden die verholzten Bestandteile des Baums verwendet: der Splint und das harte Kernholz

Konstruktiver Holzschutz

Schon beim Planen und Konstruieren kann man darauf achten, dass Holz nicht dauerhaft der Nässe ausgesetzt ist. Die Übersicht auf der nächsten Seite zeigt einige Beispiele dafür, wie sich dieser konstruktive Holzschutz in der Praxis realisieren lässt. Hinter den vorgestellten Einzelmaßnahmen stehen einige allgemeine Grundprinzipien:

- Bauen Sie so, dass Sie Niederschlag möglichst weitgehend vom Bauteil fernhalten.
- Wasser sollte leicht vom Bauwerk ablaufen können. Neben Schrägen sind dafür auch Tropfkanten wichtig.
- Stirnholzflächen sollte man entweder abdecken oder besonders gründlich versiegeln.
- Bauteile aus Holz müssen ausreichend hinterlüftet werden, damit sich dahinter keine Feuchtigkeit staut und Hohlräume schnell abtrocknen.
- Bauteile, die das Erdreich direkt berühren, sollte man weder aus Holz bauen noch mit Holz verkleiden. Holz muss immer Abstand zum Untergrund halten.

LÖSUNGEN FÜR DEN KONSTRUKTIVEN HOLZSCHUTZ

	GUT	SCHLECHT
Dachüberstand	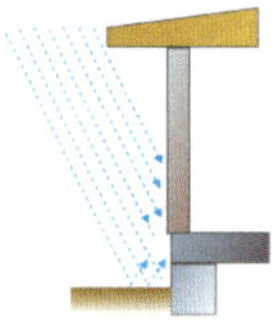 Weite Dachüberstände schützen große Teile der Fassade vor Regenwasser und UV-Licht.	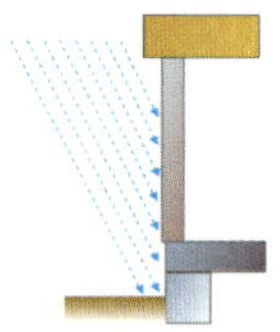 Zu knappe Vorsprünge halten nur wenige Wettereinflüsse von der Wand fern.
Pfostenkopf	 Schräge Pfosten oder solche mit Abdeckungen (auch aus Metall) lassen Wasser rasch ablaufen.	 Bleibt Wasser auf dem ungeschützten Stirnholz stehen, zieht es tief dort ein.
Schalungsabschluss	 Von einer scharfen Tropfkante läuft das Wasser problemlos ab.	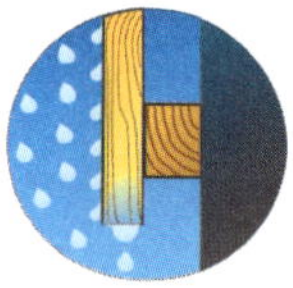 Ist das Ende stumpf, bleiben dort leicht Tropfen hängen, die ins Holz gesogen werden.
Pfostenfuß	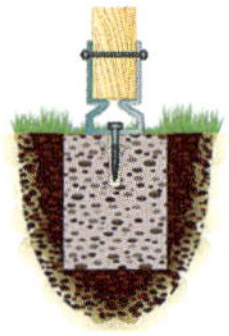 Dauerhaften Kontakt mit der feuchten Erde verhindern Pfostenschuhe und -anker.	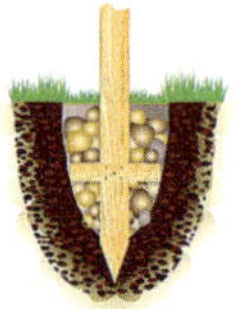 Wird Holz direkt in die Erde gebracht oder einbetoniert, dann fault es leicht.
Schalungsrichtung	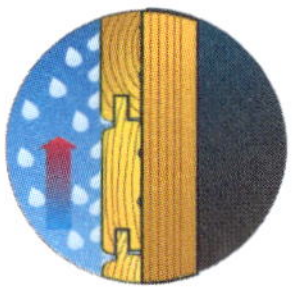 Bei Profilholzwänden zeigen die Nuten der Elemente nach unten, Wasser tropft sauber ab.	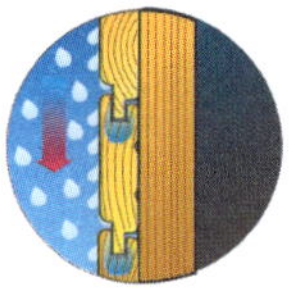 Arbeitet man umgekehrt, läuft das Wasser in die Nuten und trocknet dort nur sehr langsam ab.

TIPP Wann streicht man neu?

Zuweilen gibt es Zweifel, ob ein Schutzanstrich noch intakt und wirksam ist. Abgesehen von klaren Anzeichen wie Rissen, Abplatzungen oder blinden Stellen kann man sich am Zweck des Anstrichs orientieren: Er soll verhindern, dass Wasser ins Holz eindringt. Perlt also Regen von der gestrichenen Oberfläche ab, dann erfüllt sie noch ihre Funktion, ist also intakt. Bildet das Wasser dagegen Pfützen, dann lässt die Wirkung der Schutzbeschichtung nach, eine Nachbehandlung steht an.

Chemischer Holzschutz

Zuverlässig schützen chemische Wirkstoffe gegen Pilze und Insekten. Produkte, die als Holzschutzmittel bezeichnet werden, enthalten stets solche Wirkstoffe. Wenn man Holz selbst mit bioziden Mitteln streicht, sollte man darauf achten, dass der wirkstoffhaltige Anstrich direkt aufs Holz kommt, etwa als Grundierung. Der Deckanstrich ist dann wirkstofffrei, so werden Biozide nicht ausgewaschen.

VON HAND AUFGETRAGENER ANSTRICH
Pilz-/insektentötende Stoffe (blau) dringen etwa 10 mm tief ins Holz ein. Darüber liegt eine pigmentierte Deckschicht.

TAUCHIMPRÄGNIERT
Durch Saugwirkung dringen die Biozide ca. 15 mm tief ins Holz.

DRUCKIMPRÄGNIERT
Mit Druck dringt der Holzschutz bis ins Innere des Holzes.

SCHON GEWUSST? Physikalischer Holzschutz

PIGMENTIERTE LASUREN

Wie weiter vorn beschrieben, zerstört der schädliche UV-Anteil des Sonnenlichts das Lignin im Holz – es wird rissig.

Abhilfe schaffen pigmentierte Anstriche. Die Pigmente halten das UV-Licht auf, seine Energie wird zu Wärme. Speziallasuren reflektieren auch UV-Anteile im Licht.

FILMBILDENDE LASUREN

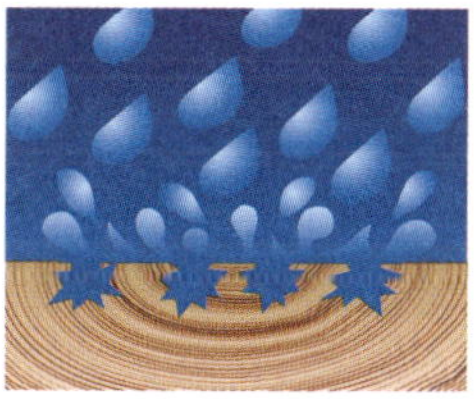

Wenn Regenwasser ins Holz eindringt, kann es Lignin auswaschen und das Bauteil spröde und rau werden lassen.

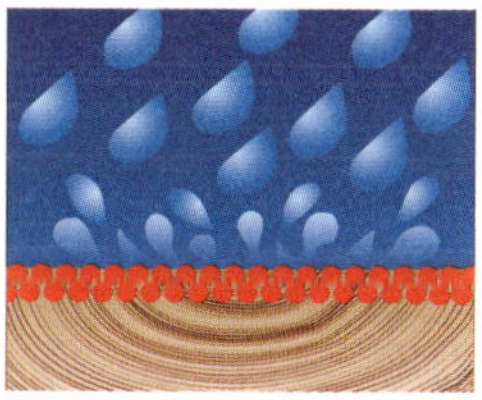

Verwendet man einen sogenannten filmbildenden Anstrich, dann legt sich eine wasserabweisende Schicht auf das Holz, an der das Wasser abperlt.

Holz am Balkon sanieren

Man kann für Holzkonstruktionen im Freien die besonders ölhaltigen Tropenhölzer wie Bangkirai oder auch Teak verwenden. Diese Hölzer widerstehen auch ohne besonderen Schutz den Wettereinflüssen lange Zeit. Das ist allerdings meist auch die mit Abstand teuerste Lösung. Heimische Harthölzer wie Eiche, die ebenfalls eine recht gute Beständigkeit zeigen, sind den meisten Gartenbesitzern auch noch zu kostspielig.
Häufiger werden deshalb preisgünstige Weichhölzer wie Fichte, Tanne oder Kiefer gekauft. Den Schutz gegen die Witterung übernimmt ein Anstrich.
Solch ein Anstrich hält nicht ewig, früher oder später muss er erneuert werden. Wie man dabei vorgeht, richtet sich nach dem verwendeten Anstrichmittel. Eine rissige Dickschichtlasur muss restlos abgetragen werden, bei einer Dünnschichtlasur genügt in der Regel das Anschleifen. Bei dieser Balkonverkleidung bestand der Altanstrich aus einer Dickschichtlasur, die ein wenig vernachlässigt war und deshalb komplett entfernt wurde. Für den Neuanstrich kam wieder eine Dickschichtlasur zum Einsatz, denn auf direkt bewitterten Flächen hält sie länger als eine Dünnschichtlasur.
Die Rissbildung kann man durch regelmäßiges Nachlasieren verhindern. Ist die Lasur intakt, genügt auch hier das Anschleifen vor dem Überstreichen.
Deckende Lacke müssen übrigens meist abgeschliffen werden, weil die Schicht auf dem Holz schnell zu dick wird.

01 Rissiger Lack, Algen auf der Unterseite – hier steht eine Sanierung dringend an.

02 An den Rissen eingedrungenes Wasser lässt das Holz bereits vergrauen.

03 Ehe man die Bretter demontiert, beschriftet man sie. Das macht das Anbringen einfacher.

04 Die Bretter werden entfernt. Der Balkon muss während der Sanierung gesperrt werden.

05 Mit einem Exzenterschleifer lässt sich die alte Lasur restlos vom Holz entfernen.

06 Nach dem Entstauben wird eine Grundierung auf das rohe Holz aufgetragen.

07 Nun zweimal mit pigmentierter Dickschichtlasur streichen, dann kann man die Bretter wieder am Balkon anbringen.

TIPP Anstrich: dick oder dünn?

Unter einer Dünnschichtlasur wirkt das Holz besonders natürlich, ist aber auch weniger geschützt. Dickschichtlasuren halten etwa zweimal so lange, die Maserung ist darunter noch erkennbar. Deckende Lacke verbergen die Maserung vollständig, schützen aber auch am längsten.

Ganz oben: Unter Lasuren bleibt die Maserung sichtbar. Oben: Lacke verdecken das Holz.

Fenster neu lasieren

1 Beim Abschleifen von Fenstern ist ein Dreieckschleifer nützlich – er kommt auch in die Ecken. Anschließend entstauben.

2 Die Scheiben werden mit Fensterklebeband gegen Ausrutscher geschützt, auf die Fensterbank kommt Zeitungspapier.

3 Nun wird Dickschichtlasur neu aufgetragen. Achten Sie dabei vor allem auf gleichmäßiges Arbeiten.

TIPP Tropfenfrei streichen

Über Kopf anzustreichen ist ohnehin anstrengend genug. Da muss nicht auch noch Farbe am Pinsel herablaufen. Für Arbeiten an Decken sollten Sie deshalb nach tropffreien Anstrichen schauen. Diese Produkte sind thixotrop eingestellt. Das bedeutet: In der Dose und am Pinsel sind sie cremeartig pastös, erst bei der Bewegung auf dem Holz werden sie flüssig und lassen sich wie gewohnt verstreichen.

ANSTRICHMITTEL FÜR HOLZ IM ÜBERBLICK

LACK	LASUR	ÖL	WACHS	WACHSLASUR
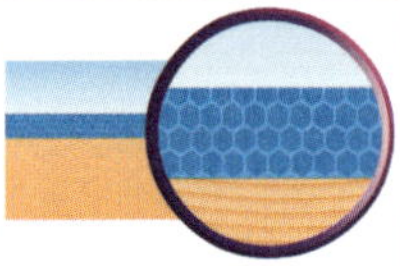	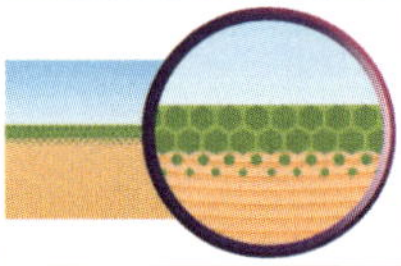	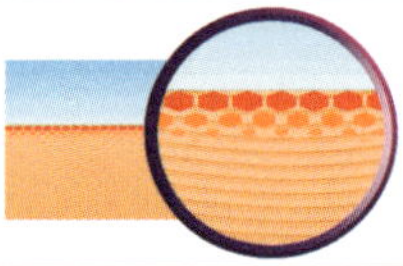	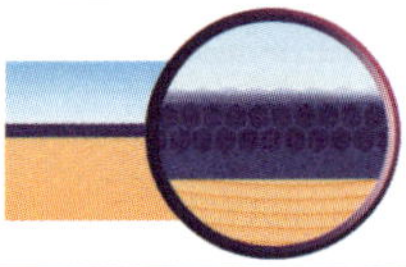	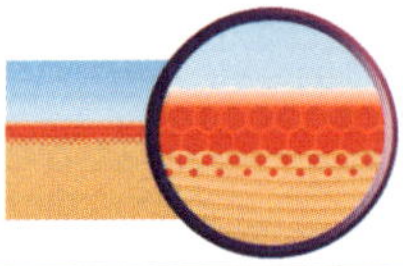
Anwendungsbereiche				
Stark beanspruchtes Holz, mechanisch belastete Bauteile innen und außen. Kaschieren minderwertiger Holzarten.	Wenig bis mäßig mechanisch beanspruchtes Holz innen und außen. Auf Fensterrahmen und Türen mit stärkerer Schichtbildung als Dickschichtlasur.	Stark beanspruchte Möbeloberflächen, mechanisch belastete Bauteile innen. Im Außenbereich für dauerhafte Harthölzer geeignet.	Wenig beanspruchte Möbeloberflächen, Wandverkleidungen und Decken innen. *Außen nicht nutzbar!*	Wenig bis mäßig beanspruchte Holzoberflächen innen. *Außen nicht nutzbar!*
Eigenschaften				
[+] Bildet einen festen Film auf der Oberfläche [+] Kratzfest, beständig gegen Reinigungsmittel [–] Sehr aufwendig zu renovieren (ganz abschleifen)	[+] Zieht teilweise ins Holz ein, haftet dadurch gut [+] Geringe Schichtbildung, einfach zu renovieren [–] Nur mäßig stabil gegen Abrieb und Reinigungsmittel	[+] Härtet in den Holzporen, Struktur bleibt sichtbar, mechanisch hoch belastbar. [–] Mäßig verschleißfest, häufiger Neuauftrag nötig	[+] Das natürliche Erscheinungsbild des Holzes bleibt weitgehend erhalten [–] Nicht verschleißfest, wenig Schutz gegen Verschmutzung	[+] Das natürliche Erscheinungsbild des Holzes bleibt weitgehend erhalten, schmutzabweisend [–] Nur mäßig stabil gegen Abrieb und Reinigungsmittel
Auftrag				
Unebenheiten schleifen und spachteln. Haftung mit feinem Schliff verbessern, ggf. grundieren. Mehrfacher Auftrag mit Pinsel, Rolle oder Spritzgerät.	Nach dem Anschleifen mehrfach streichen oder spritzen. Bei der Renovierung ist nur leichtes Anschleifen vor dem Neuanstrich erforderlich.	Auftrag mit Pinsel oder Ballen, nicht eingezogenes Öl muss nach 20 Minuten mit einem Lappen abgenommen werden, Trockenzeit 12 Stunden	Auftrag mit hartem Pinsel oder Ballen, danach mit Tuch oder Wachsbürste einarbeiten und polieren. Renovieren ist nur mit Wachsprodukten möglich.	Auftrag mit weichem Pinsel, auch auf gewachsten Flächen. Der Glanz der Oberfläche wird durch Polieren mit Tuch oder Wachsbürste verbessert.

Holz außen pflegen

Von Natur aus wetterbeständige Hölzer verwittern nur langsam, vergrauen aber durch das UV-Licht und werden unansehnlich. Ob es sich um Teakmöbel oder eine Bangkirai-Terrasse handelt – Harthölzer im Freien sollten regelmäßig gepflegt werden. Der typische Zeitpunkt dafür liegt kurz vor dem Saisonstart. Nach dem Entgrauen oder dem Entfernen von Algen sollte das Holz neu geölt werden. Dafür empfiehlt sich passend zur Holzart pigmentiertes Öl, das die ursprüngliche Holzfarbe wieder zur Geltung bringt.

Gartenmöbel

Möbel aus Hartholz auffrischen und neu ölen

01 Spezielle Pflegeprodukte, sogenannte Entgrauer, frischen die Holzfarbe wieder auf.

02 Nach Gebrauchsanleitung anwenden, dann kurz trocknen lassen und Öl auftragen.

Terrasse

Bangkirai-Terrasse von Algen befreien, entgrauen und neu ölen

01 Mit einem harten Besen befreit man die Holzterrasse von Blättern und losem Schmutz.

02 Algenbelag lässt sich mit einem Grünbelagsentferner beseitigen.

03 Anschließend bringt der Entgrauer auch hier die natürliche Holzfarbe zurück.

04 Die Rückstände mit der Bürste und viel Wasser abwaschen, trocknen lassen und neu ölen.

TIPP Sprühsysteme für große Flächen

Wasserlösliche Lasuren lassen sich mit einem einfachen Drucksprüher auftragen. Er braucht keinen Strom und wird mit Wasser gereinigt.

Hier wird mit Hilfe von Luftdruck gesprüht. Der Luftstrom reißt dabei die Farbpartikel mit und verteilt sie auf der Fläche. Ein zweiter Luftstrom umhüllt den Sprühstrahl und begrenzt dadurch den feinen Sprühnebel.

Bei einer Airless-Sprühpistole gibt es keinen Luftstrom. Hier presst eine Kolbenpumpe das jeweilige Anstrichmittel durch die Düse. Der Auftrag damit ist grober, dafür braucht man kein Gerät, das einen Luftstrom erzeugt.

Oberflächen mit Öl behandeln

Möbel innen, aber auch Harthölzer außen kann man mit Öl behandeln. Das Öl zieht ins Holz ein und kristallisiert dort. Das ergibt widerstandsfähige Oberflächen, die dennoch natürlich wirken. Wie man das Öl aufträgt, zeigen wir unten an einem Möbelstück in der Werkstatt. Wichtig ist das Abnehmen des Überschusses nach einiger Zeit, denn dieses nicht eingezogene Öl wird sonst später unangenehm klebrig. Einen Haken hat dieser eigentlich ideale Oberflächenschutz leider doch: Er sollte einmal jährlich erneuert werden.

01 Vor dem Auffrischen einer bereits geölten Fläche schleift man sie mit 180er Papier an.

02 Das Öl wird satt und gleichmäßig mit dem Pinsel aufgetragen, dann zieht es ein.

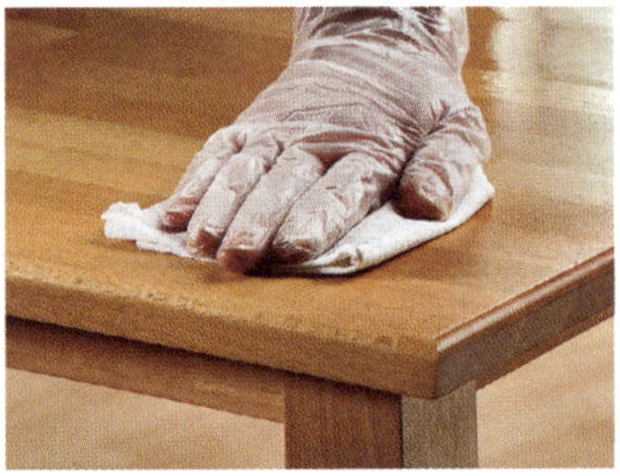

03 Nach etwa 15 bis 20 Minuten nimmt man die nicht eingezogenen Reste mit einem Tuch ab.

Oberflächen lackieren

Nicht jedes Holz ist so vorzeigbar, dass man es mit Öl oder einer teilweise transparenten Lasur behandeln kann. Und wenn Holzbauteile – etwa an einem Spielgerüst für Kinder – leuchtend bunt werden sollen, lässt sich das mit einem deckenden Lack am einfachsten bewerkstelligen. Lacke bilden eine strapazierfähige Oberfläche, lassen sich allerdings nicht so einfach überarbeiten wie etwa eine Dickschichtlasur. Wenn sie abzublättern beginnen, müssen sie vollständig abgeschliffen werden.

Doch zunächst zum Auftrag, den wir für die Bildfolge unten an einer Musterplatte in der Werkstatt demonstriert haben. Für eine möglichst ansehnliche Oberfläche sind zwei Dinge wichtig: Zum einen muss vor dem Anstrich und vor dem Auftrag jeder weiteren Lackschicht die Oberfläche fein geschliffen und anschließend sorgfältig entstaubt werden. Zum anderen dürfen Lackschichten nicht zu dick sein: lieber mehrmals dünn streichen als einmal dick – dann wird der Anstrich gleichmäßiger.

01 Im ersten Schritt wird mit Schleifpapier und Schleifklotz die Oberfläche geglättet. Dabei kann man Schleifpapier der Körnung 180 verwenden.

02 Nach dem Entstauben können Sie die erste Lackschicht auftragen. Kanten streicht man mit dem Pinsel, die Fläche komfortabler mit der Rolle.

03 Nach dem Trocknen der ersten Schicht folgt ein feiner Zwischenschliff. Körnung 220 ist hier eine gute Wahl, der Materialabtrag bleibt gering.

04 Wieder wird entstaubt, dann folgt die zweite Lackschicht. Bei Bedarf kann das mit einem weiteren Zwischenschliff wiederholt werden.

GARDENA

Handgeführte Gartengeräte

WERK-
ZEUG

Für viele Arbeiten im Garten gibt es heute elektrische oder benzinbetriebene Geräte. Etliche Aufgaben lassen sich aber mit dem typischen Handwerkzeug des Gärtners schneller und einfacher erledigen: Schere, Säge, Rechen oder Spaten werden nicht so bald aus der Mode kommen.

Praktische Helfer

Auch wenn viele Handwerkzeuge für den Garten seit Jahrzehnten oder gar Jahrhunderten die gleichen Grundfunktionen zeigen, gibt es auch heute noch Weiterentwicklungen und Verbesserungen im Detail. Ob sich technische Innovationen bewähren oder nur auf den ersten Blick sinnvoll wirken, zeigt sich oft erst im praktischen Einsatz. Doch bei Handwerkzeugen lassen sich oft schon mit einfachen Versuchen im Baumarkt oder Gartencenter Schwachstellen ermitteln oder die Eignung für den geplanten Einsatzzweck überprüfen. In diesem Kapitel finden Sie deshalb Hinweise zur Auswahl und zur Bewertung von Gartenwerkzeugen, die aus der langjährigen Erfahrung mit der Durchführung von Werkzeugtests und aus der Anwendung im Gartenalltag stammen. Hinzu kommen technische Informationen und Tipps zu Anwendung und Pflege.

TIPP Werkzeug in die Hand nehmen

Mit Tests lassen sich Materialeigenschaften und Funktionen überprüfen. Ob man mit einem bestimmten Handwerkzeug zurechtkommt, hängt aber auch ganz entscheidend davon ab, wie gut es in der Hand liegt – und das kann nur jeder für sich entscheiden. Der letzte persönliche Test vor dem Kauf besteht also in einer Griffprobe. Ein Werkzeug, das gut in der Hand liegt und dadurch eine problemlose Kraftübertragung gewährleistet, wird sich eher im Alltag bewähren als eins, das von vornherein im wörtlichen Sinn unhandlich wirkt. Einige Markenhersteller bieten deshalb auch unterschiedlich große Griffe an. Dieses Angebot sollte man nutzen.

Gartenscheren

Eine handliche Schere für Schnitt- und Pflegearbeiten braucht jeder Hobbygärtner. Die Auswahl ist sehr groß, lässt sich aber an Hand einzelner Eigenschaften (rechte Seite) schon recht gut eingrenzen. Wenn Sie die Schere häufig verwenden, lohnt sich in jedem Fall der Griff zu einem gängigen Markenwerkzeug, denn hier können Sie auch später noch mit der Verfügbarkeit von Ersatzteilen rechnen.
Die Griffgröße sollte zur Hand passen (Kasten oben) und die Griffe sollten sich nicht zu weit öffnen.
Ob die Schneidklinge beschichtet sein soll, ist Geschmackssache: Beschichtete Klingen gleiten leichter durchs Material, lassen sich aber nicht selbst nachschärfen.

A

KLASSISCH ODER MODERN?
Die traditionelle Bauform **A** bietet einen erwägenswerten Vorteil: Alle Teile lassen sich für Pflege, Reparatur oder Austausch leicht demontieren. Moderne Konstruktionen können dagegen häufig mit einem höheren Anwendungskomfort punkten. So besitzen sie meist rutschfeste Zwei-Komponenten-Griffe **B** und erreichen mit beschichteten Klingen **C** eine höhere Schnittkraft.

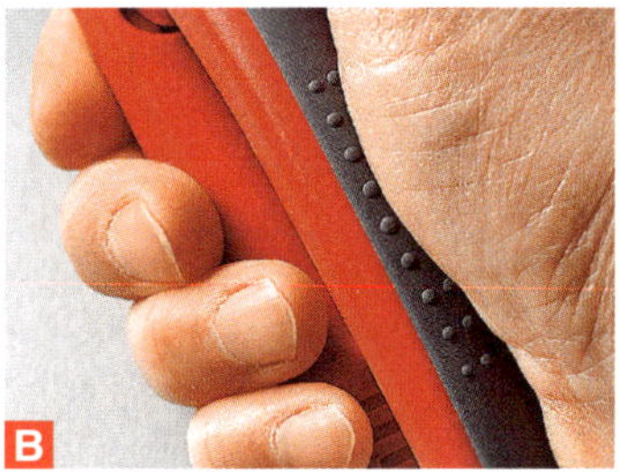

Technische Merkmale

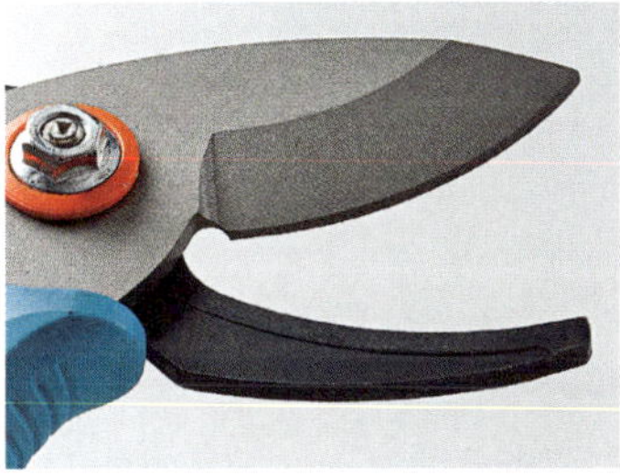

BYPASS: Hier gleiten die Klingen aneinander vorbei. Für einen guten Schnitt ist Präzision nötig.

ÜBERSETZUNG Getriebe können für mehr Kraftentfaltung sorgen.

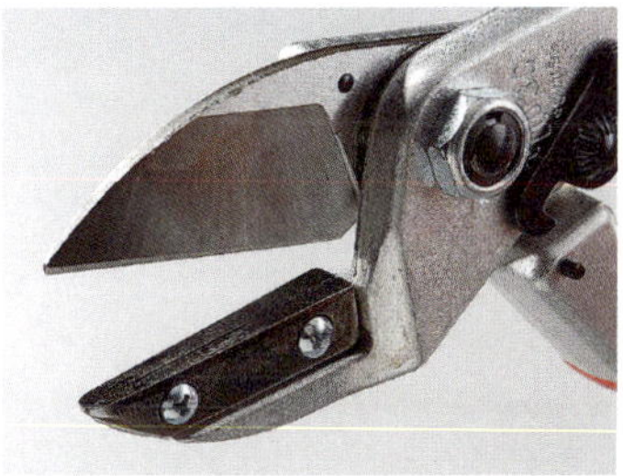

AMBOSS: Bei diesem Typ stützt der Amboss das Schnittgut, die Klinge kappt es.

TIPP Papier schneiden

Kurzer Test vor dem Kauf: Nehmen Sie einen Notizzettel mit in den Laden und schneiden hinein. Wenn das funktioniert, sind die Klingen der Bypass-Schere präzise hergestellt und justiert. Legt sich das Papier zwischen die Klingen, hat die Schere oft zu viel Spiel – Probleme mit faserigem Holz sind dann programmiert.

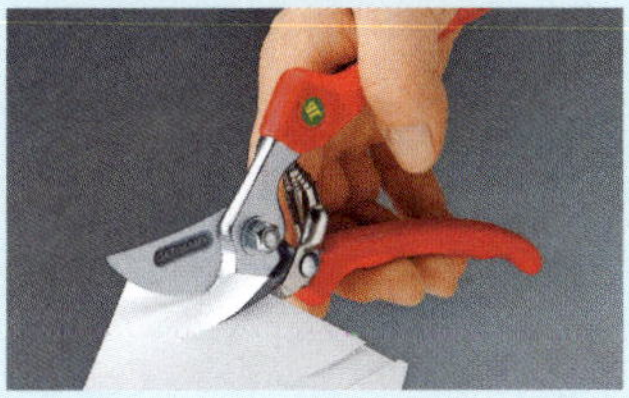

VERSTELLBAR: Auch Scheren für verschiedene Handgrößen gibt es – in jedem Fall vor dem Kauf ausprobieren!

Astscheren

Sie sind die großen Schwestern der kleinen Gartenscheren und dienen vor allem dazu, bei Pflegemaßnahmen an Gehölzen grünes, also lebendes Holz zu schneiden. Eine Astschere mit glattem Schnittverlauf ist in dieser Disziplin einer Säge überlegen.
Ob sich eine Astschere für Ihre Zwecke eignet, hängt meist davon ab, welche Aststärken sie durchtrennen kann. Als Faustregel kann man davon ausgehen, dass das, was in das Maul der Schere passt, auch durchtrennt werden kann. Dafür ist allerdings dann auch einiges an Krafteinsatz nötig. Viele Astscheren helfen da mit Getrieben oder mit Hebelübersetzungen nach. Das funktioniert auch gut, allerdings erkauft man den leichteren Schnitt damit, dass die Betätigungswege länger werden oder dass man mehrfach zudrücken muss.

GUMMIERT: Dämpfende Griffe mildern den beim Zusammenprall der Schneiden entstehenden Schlag ab.

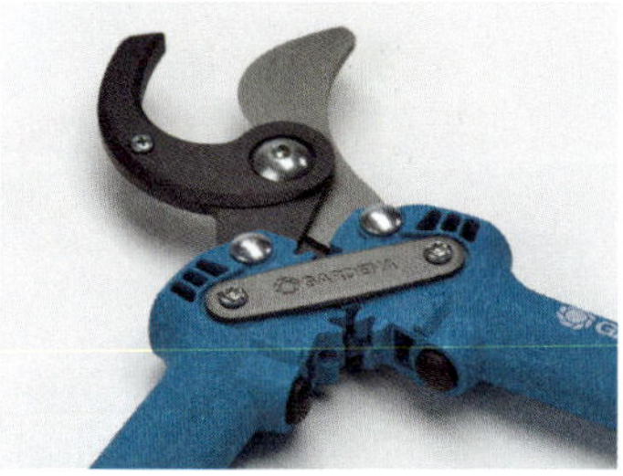

GETRIEBE: Das Schneidwerk trennt mit mehr Kraft, dafür wird der Betätigungsweg länger.

PRALLSCHUTZ: Auch Puffer wie diese dämpfen den Zusammenprall der Klingen beim Schnitt und entlasten so die Arme.

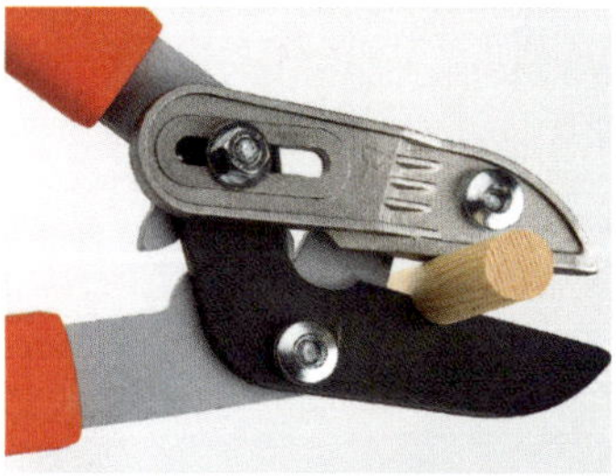

HEBELKRAFT: Eine Hebelmechanik kann ebenfalls mehr Kraft beim Schnitt bereitstellen.

MECHANIK: Dieser bewegliche Hebel verteilt den Schnitt auf mehrere Betätigungen.

TELESKOP: Sind die Griffe verstellbar, erreicht man auch weiter entfernte Äste. Dafür muss man die Scherengriffe dann aber auch weiter öffnen.

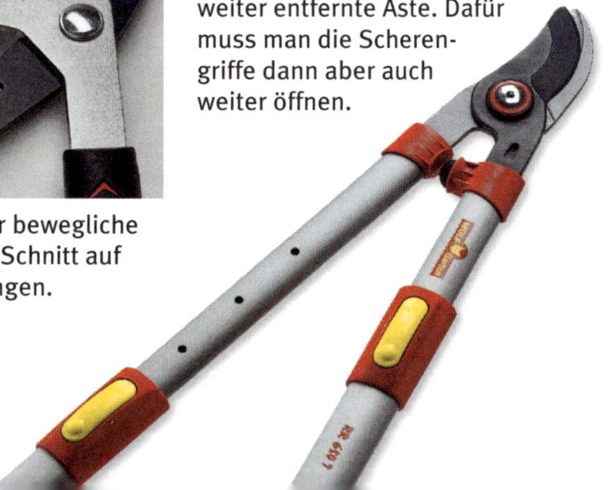

Bäume schneiden

Statt mit der Astschere auf die Leiter zu steigen, kann man auch mit einer Baumschere Äste in mehreren Metern Höhe kappen. Die Reichweite entspricht in der Regel der Länge des Haltestiels plus 1,5 Meter – das ist im Schnitt die Greifhöhe, die Sie selbst als Person beisteuern.
Der eigentliche Scherenbereich sollte bei der Baumschere möglichst schmal sein, damit man im Geäst gut manövrieren kann. Die Führungsstange sollte aus demselben Grund sehr stabil sein, denn eine wacklige Stange lässt sich schlecht zielgenau dirigieren.
Günstig ist es, wenn sich die Schneidmechanik vom Griff aus bedienen lässt.
Die Betätigung über ein separates Seil gerät oft etwas umständlich.

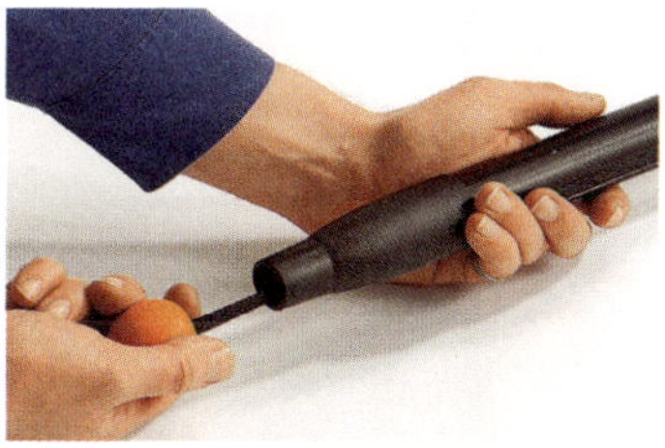

LÄNGENGEWINN: Mehr Reichweite bringt die Betätigung von unten statt seitlich.

ÜBERTRAGUNG: Der Kettenzug macht eine kompakte Konstruktion des Schneidkopfs möglich.

UMLENKEN: Mit Umlenkrollen für ein Betätigungsseil wird die Schnittkraft erhöht.

SPERRIG: Die Kehrseite einer raumgreifenden Seilmechanik: Die Schere verfängt sich leicht.

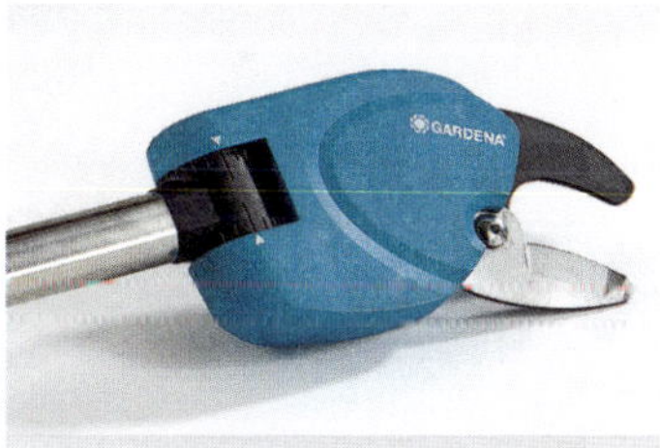

GEKAPSELT: Weniger Probleme macht ein geschlossenes Gehäuse.

VERSTELLBAR: Der Winkel der Schere zum Stiel lässt sich in manchen Fällen vorwählen.

TIPP Schneller Tausch

Säge statt Schere – mit Wechselsystemen kein Problem.

Für das Kappen dickerer Äste erlauben viele Baumscheren das Ankoppeln einer zusätzlichen Säge. Dann wird die Gesamtkonstruktion mit zwei Werkzeugen aber sehr sperrig. Einfacher kommt man hier mit einem Wechselstiel-System zum Ziel, bei dem man die Schere kurzerhand gegen die Säge tauscht.

Spaten

Ein Spaten muss im Garten einiges aushalten, deshalb lohnt es sich, beim Kauf auf solide Qualität zu achten. Sinnvoll ist etwa ein geschmiedetes Blatt, das auch die stärkere Belastung beim Hebeln in schwerem Boden nicht übelnimmt.
Ist der Spaten häufiger dem Wetter ausgesetzt, etwa weil er draußen gelagert wird, ist ein Metallschaft eine gute Wahl.
Beim Griff können Sie sich zwischen dem klassischen T-Griff und dem ergonomischeren D-Griff entscheiden. Letzterer erleichtert bei mit Erde beladenem Blatt die Handhabung.

TIPP Material schonen!

Gute Spaten sind stabil – Blatt und Stiel sollten rund 100 Kilogramm Belastung aushalten. Dieser Bereich ist allerdings schnell überschritten, wenn man das Gartenwerkzeug zum Hebeln zweckentfremdet, beispielsweise beim Ausgraben von Baumwurzeln oder größeren Steinen. Wenn in solch einem Fall der Stiel des Spatens bricht – das geschieht meist unmittelbar oberhalb der Tülle –, ist meist ein Neukauf fällig, denn das Neueinstielen eines Spatenblatts ist nicht trivial und gelingt selten so dauerhaft wie zuvor.
Statt mit dem Spaten zu hebeln (Foto unten links), schaffen Sie damit lediglich Platz (rechtes Foto) und verwenden dann eine kräftige Eisenstange als Hebel.

TÜLLE: Eine hochgezogene, solide Verbindung zum Stiel verschafft Markenwerkzeugen ihre hohe Stabilität.

GRIFF: D-Griffe (links) lassen sich bequemer handhaben als T-Griffe (rechts), sind aber teurer.

LACK: Lackierte Griffe sind haltbarer, mit feuchten Händen aber schlechter zu packen.

BILLIG: Wirkt die Fertigung schon zweifelhaft wie hier die nachlässig geschweißte Tülle, lassen Sie den Spaten im Laden.

Bodenpflege

Rechen, Hacke oder Dreizack zeigen Qualität, wenn die Metallteile solide gefertigt sind und sich nicht verbiegen lassen. Außerdem soll die Verbindung zum Stiel stabil sein. Das entscheidet über die Lebensdauer des Werkzeugs.
Für die Gebrauchstauglichkeit ist die Länge des Stiels wichtig: Er muss so lang sein, dass Sie auch mit geradem Rücken noch entferntere Beetbereiche bearbeiten können. Bei Hacke und Grubber sollte der senkrecht gestellte Stiel mindestens bis Schulterhöhe reichen – ein wenig mehr ist noch besser.

GRUNDBESTAND: Mit Hacke, Dreizack, Harke und Kombihacke lassen sich die wichtigsten Arbeiten im Beet ausführen.

STIEL: Eine Lackierung macht Stiele unempfindlicher, dafür lassen sie sich schwerer halten.

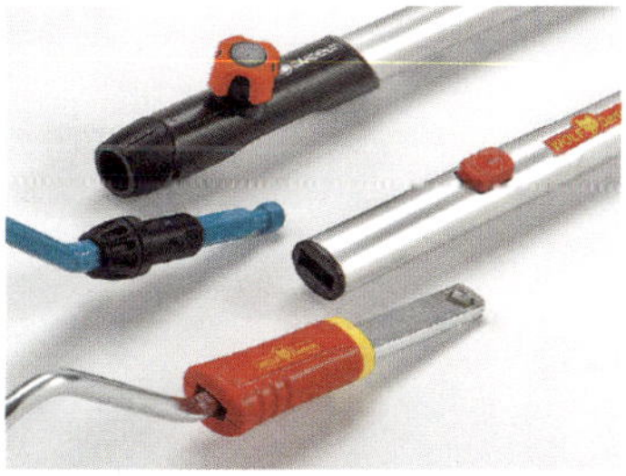

SYSTEM: Ist wenig Platz im Schuppen, dann lohnt sich die Mehrausgabe für Wechselstiele.

WINKEL: Der Winkel der Zinken entscheidet über die Funktion einer Harke – links der günstigere Winkel.

SICHER: Schwindet das Holz mit der Zeit, kann eine Sicherungsschraube nachgestellt werden, ein Nagel nicht.

Graspflege

Rasenmäher ohne Motor sind sehr selten geworden – den handbetriebenen Werkzeugen bleiben daher vor allem die Detailarbeit an Gehölzen entlang oder an Rasenkanten als Aufgabengebiet. Dort können klassische Grasscheren allerdings oft ordentlicher arbeiten als ein Elektrotrimmer. Der präzise Schnitt lässt die Rasenkante ordentlicher wirken, durch das glatte Abtrennen besteht eine geringere Gefahr, dass die Halmspitzen vergilben. Notwendig ist dafür allerdings eine präzise Mechanik. Wie bei der Gartenschere können Sie die Genauigkeit auch hier mit einem Stück Papier testen. Grasscheren mit beschichteten Klingen bleiben sauberer und länger scharf.

TIPP Unkraut entfernen

Löwenzahn und andere tief wurzelnde Unkräuter im Rasen ärgern viele Hobbygärtner. Für deren Entfernung gibt es zahlreiche mehr oder weniger sinnvolle Werkzeuge am Markt, die nicht alle halten, was sie versprechen. Erfolg hatten wir mit solch einem Unkrautstecher, der mit drei verdrillten Spießen an der Spitze den Löwenzahn packt.

Einstechen und drehen – der Löwenzahn ist raus.

Hübsch: Die Schere nach historischem Vorbild sieht gut aus, ist aber etwas unpraktisch.

Genau: Die Schere mit beschichteter Klinge bleibt lange scharf und ist leicht zu reinigen.

Mit einer feststehenden und einer beweglichen Klinge lassen sich Rasenkanten stutzen.

Komfortabel: Eine fernbediente Schere am langen Stiel ersetzt in kleinen Gärten den Trimmer.

Gute Pflege erhält die Funktion

Manche Gebrauchsspuren stören nur optisch und sind leicht zu beseitigen. So lassen sich Spuren von Flugrost mit etwas Schleifpapier schnell entfernen. Auch einige Wartungsarbeiten sind rasch erledigt: Besitzt ein Werkzeug bewegliche Teile, macht man sie mit etwa Sprühöl leichtgängiger und prüft dabei auch den Sitz der Schrauben. Etwas anspruchsvoller ist das Schleifen schneidender Werkzeuge. Ihre Funktion hängt von der Schärfe ab, deshalb sollte man sich jeweils zu Saisonbeginn darum kümmern. Im einfachsten Fall schärfen Sie Klingen mit einem Abziehstein nach, der mit Wasser oder Öl benetzt ist. Erst wird damit die abgeschrägte Klingenseite geschärft, danach zieht man auf der flachen Seite den entstandenen Grat ab. Sehr stumpfe Klingen müssen vorher mit dem Schleifstein bearbeitet werden. Die Klinge darf dabei nicht zu heiß werden. Vermeiden Sie großen Druck, arbeiten Sie in Etappen und kühlen Sie die Klinge immer wieder im Wasserbad.

ROSTSPUREN: Flugrost ist mit Stahlwolle oder Schleifpapier schnell beseitigt. Das Metall danach leicht einölen.

ABZIEHEN: Der Abziehstein – je nach Typ mit Wasser oder Öl benetzt – stellt die ursprüngliche Schärfe wieder her.

SCHLEIFEN: Bereits sehr stumpfes Werkzeug mit wenig Druck und ausreichenden Abkühlphasen am Schleifstein bearbeiten.

FEINARBEIT: Am Schleifstein entstehen Grate, die man nach dem Schliff mit dem Abziehstein entfernt.

Gartenschere warten

Gut, wenn sich die Schere komplett zerlegen lässt und Ersatzteile einzeln nachkaufbar sind. Meist ist das nur bei ...

... Markenprodukten der Fall. Zum Nachschärfen wird die Klinge ausgebaut und mit dem Abziehstein bearbeitet.

Während des Zusammenbaus fettet man gleich die Mechanik nach – hier mit einem Fett aus dem Fahrradzubehör.

Für Form- und Pflegeschnitte

HECKEN-SCHEREN

Jede Hecke muss hin und wieder geschnitten werden. Sonst wächst sie ihrem Besitzer rasch über den Kopf, wird ungleichmäßig und entwickelt nicht das gewünschte dichte Blattwerk. Womit Sie am besten arbeiten und wie Sie beim Schneiden vorgehen, das lesen Sie in diesem Kapitel.

Heckenscheren mit Motor

Welchen Antrieb wählen?

BENZIN

Heckenscheren mit Benzinmotor sind bei Profis ausgesprochen beliebt. Sie brauchen keine Steckdosen oder Ladegeräte, sondern sind an jedem Ort einsatzfähig. Mit ihrer hohen Leistung können Benzin-Heckenscheren auch dickere Äste trennen und lange Schneidwerke antreiben – das erlaubt einen kräftigen Rückschnitt in kurzer Zeit. Ab und an ist dafür eine Wartung nötig – Reinigung, Luftfilter- und Zündkerzenwechsel gehören dazu. Und: Nur die Benzingeräte erzeugen Abgase.

⊞ LEISTUNGSSTARK: Benzinmotoren stellen ein hohes Drehmoment bereit und schneiden problemlos auch kräftig gewachsene Hecken.
⊞ UNABHÄNGIG: In einem Zug können auch ausgedehnte Hecken fernab jeder Steckdose geschnitten werden.
⊞ EINSATZBEREIT: Benzinheckenscheren können auch nach längerer Arbeitspause sofort den Betrieb aufnehmen.

⊟ LAUT: Heckenschneiden während der Mittagszeit? Dafür ist der Benzinmotor zu laut.
⊟ PFLEGEAUFWAND: Eine regelmäßige Wartung brauchen Benzinheckenscheren wie alle anderen kraftstoffbetriebenen Gartengeräte.

ELEKTRO

Beim Kauf einer Heckenschere mit Elektromotor sollte man gleich ein ausreichend dimensioniertes Verlängerungskabel anschaffen, denn das braucht man unbedingt. Hängt die Schere erst einmal am Strom, ist sie sofort einsatzbereit und lässt sich durch ihr geringes Gewicht leicht führen. Dabei muss man allerdings immer das Kabel im Auge behalten und ständig nachführen. Hohe Leistungsreserven gibt es hier nicht, deshalb sollte man den Schnitt langer, hoher Hecken eher ruhig angehen.

⊞ LEICHT: Weder Benzinvorrat noch Stromspeicher sind an Bord, das macht Elektroscheren leicht.
⊞ LEISE: Meist sind Getriebe und Schneidwerk deutlicher zu hören als der Elektromotor.
⊞ WARTUNGSARM: Lediglich das Schneidwerk sollte regelmäßig gereinigt und geölt werden, weitere Wartungsarbeiten fallen nicht an.

⊟ STROMLEITUNG: Das notwendige Kabel kann hinderlich sein und begrenzt den Aktionsradius.
⊟ WENIG RESERVE: Der Elektromotor hat meist wenig Luft nach oben, seine Leistungsreserven sind begrenzt.

AKKU

Ohne Kabel überall arbeiten und das ohne lästiges Motorengeräusch – Akku-Heckenscheren vereinen zwei Vorzüge von benzinbetriebenen und kabelgebundenen Werkzeugen. Allerdings muss während der Arbeit auch das Akkugewicht bewegt werden, und der Energievorrat ist nicht so schnell wieder befüllt wie ein Benzintank. Ein Zweitakku und ein Ladegerät sollten dabei sein, solange man keinen der noch sehr teuren Hochkapazitätsakkus einsetzt.

⊞ UNABHÄNGIG: Solange der Akku durchhält, kann man ganz unabhängig von der Stromversorgung arbeiten.
⊞ LEISE: Akkuheckenscheren sind ähnlich leise wie die kabelgebundenen Elektroscheren, der Motor ist vergleichsweise dezent zu hören.
⊞ WARTUNGSARM: Lithium-Ionen-Akkus benötigen keine besonderen Pflegemaßnahmen.

⊟ LAUFZEIT: Oft ist mit einem Akku nur höchstens eine Stunde lang Betrieb möglich. Höhere Kapazitäten gehen schnell ins Geld.
⊟ GEWICHT: Mit eingesetztem Akku sind die Geräte schwerer als kabelgebundene Elektroscheren.

Sicherheit an erster Stelle!

Mit einer elektrischen Heckenschere wird man sich kaum selbst in die Finger schneiden – beide Hände müssen einen Schalter betätigen, damit sie startet. Gefährdet sind allerdings Kinder und Haustiere – halten Sie mit dem Schneidwerk deshalb Abstand. Schützen sollten Sie Ihre Ohren. Selbst das Betriebsgeräusch der vergleichsweise leisen Elektrogeräte ist auf die Dauer zu laut. Statt eines großen Ohrenschutzes (Foto unten) genügt auch ein Paar bequemer und preiswerter Ohrenstöpsel.
Handschuhe und Schutzbrille sind ebenfalls sinnvoll. Zurückschnappende Zweige geraten schnell in die Augen oder schlagen auf die Finger, und an Dornenhecken sticht man sich leicht.
Mit einer elektrischen Heckenschere sollten Sie nicht bei Regen oder in feuchter Umgebung arbeiten – Wasser und Strom vertragen sich denkbar schlecht.

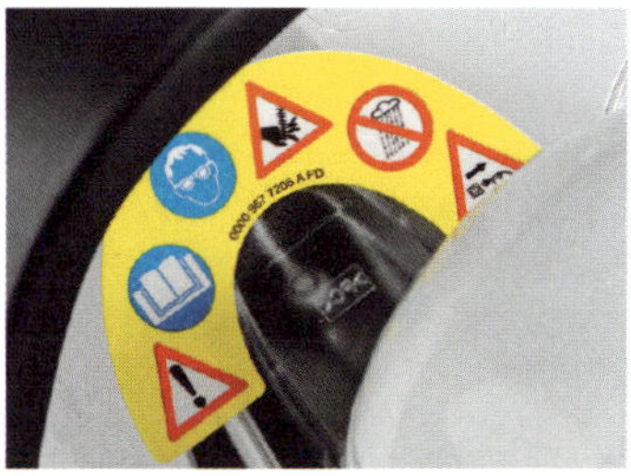

PIKTOGRAMME mit Hinweisen zur sicheren Bedienung finden sich in der Regel auch direkt auf der Maschine.

GRUNDAUSSTATTUNG: Eng anliegende Kleidung, Augen- und Gehörschutz zählen dazu.

Zurückschnellende Zweige oder herausragende Zweige können ins Auge gehen. Die Schutzbrille **A** bewahrt vor Unfällen und ist auch über einer Brille tragbar. Vor den Folgen lauter Betriebsgeräusche schützen Ohrstöpsel oder ein solcher Gehörschutz **B**. Handschuhe **C** verhindern Verletzungen an Dornen oder kräftigeren Ästen. Eng anliegende Kleidung kann sich nicht im Schneidwerk verfangen.

TIPP Kabel gekappt?

Gerät das Kabel ins Messer, ist der Schaden meist nicht allzu hoch – eine neue Verlängerung wird fällig. Doch seien Sie vorsichtig: Da nicht feststeht, dass die Sicherung ausgelöst hat, berühren Sie die Schadstelle auf keinen Fall. Ziehen Sie erst die Leitung aus der Steckdose und markieren Sie sie, damit sie nicht versehentlich wieder benutzt wird.

Vorbereiten zum Start

Benzinmotoren an tragbaren Gartengeräten sind meist Zweitakter. Diese Motoren werden nicht getrennt geschmiert, sondern das Öl wird dem Benzin beigegeben – in der Regel 1 Teil Öl auf 50 Teile Benzin. Portionspackungen Zweitaktöl, die mit einem 5-Liter-Kanister Benzin genau das richtige Mischungsverhältnis herstellen, sind besonders praktisch. Alternativ ist auch fertig gemischter Sonderkraftstoff erhältlich, der mit geringeren Emissionen verbrennt.
Übrigens vertragen die meisten Gartengeräte heute auch Benzin E10 als Mischungsgrundlage. Bei älteren Geräten oder in Zweifelsfällen sprechen Sie den Hersteller an!

Hier eine Portionspackung Zweitaktöl, das mit ganz normalem Benzin von der Tankstelle vermischt wird.

Der sogenannte Purger fördert bei Bedarf auf Knopfdruck den Kraftstoff bis in den Motor.

Abhängig vom Motor die Einstellung für den Kaltstart vorwählen und die Zündung einschalten.

Betätigen Sie nun das Starterseil in langen Zügen, bis der Motor anspringt. Anschließend den Gashebel betätigen.

Ergonomische Technik

Vor allem beim häufigen Schnitt langer Hecken macht sich eine ergonomische Ausstattung elektrischer Heckenscheren positiv bemerkbar. Probieren Sie vor dem Kauf aus, wie gut sich die Schere bei seitlich gehaltenem Gerät führen lässt, also für den Schnitt der Heckenflanken. Auch eine Möglichkeit, das Gerät in vorgestreckter Haltung zu bedienen, macht die Arbeit angenehmer.

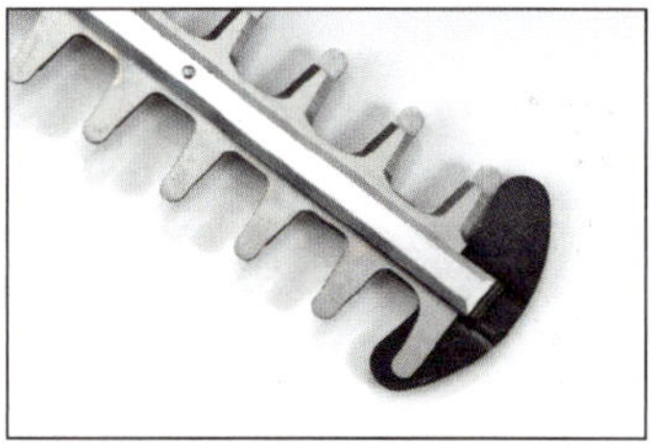

Den Schnitt an Kanten erleichtert ein Anstoßschutz – er vermeidet Rückschläge.

Der drehbare Betätigungsgriff passt sich unterschiedlichen Arbeitshaltungen an.

Ein zusätzlicher Schalter erlaubt auch das Arbeiten mit lang vorgestreckter Maschine.

Besser schneiden

Wer beim Schneiden systematisch vorgeht und ein paar kleine Tricks anwendet, kommt schneller und einfacher ans Ziel.
Vor Beginn der Arbeiten sollten Sie die Kontur der Hecke festlegen, die Sie erreichen möchten. Eine auffällig gefärbte Schnur, die knapp unterhalb der geplanten Krone gespannt wird, dient dann bei der Arbeit als Orientierungslinie. Schneiden Sie mit einer Elektromaschine, dann führen Sie das Verlängerungskabel von hinten an den Arbeitsbereich. Legen Sie die Leitung in Schlaufen bereit, dann können Sie sie leichter nachführen. Auch die Zugentlastung an der Heckenschere sollte man nutzen und das Kabel dort einhängen.
An der Hecke schneidet man zuerst die Seitenflanken und arbeitet dabei in langen Zügen von oben nach unten. Nach dem Schnitt der Flanken ist die Krone leichter zugänglich. Die Hecke sollte übrigens unten etwas breiter als oben sein, dann gelangt einfallendes Licht in alle Bereiche der Flanken. Wäre es umgekehrt, würde sich die Hecke selbst beschatten – welke oder kahle Stellen könnten die Folge sein.

TIPP Wuchszone

Wird eine Hecke nicht regelmäßig gepflegt, darf man bei einem Schnitt das Versäumte nicht aufholen wollen. Arbeiten Sie dann nur im Wuchsbereich und schneiden Sie nicht zu weit in das ältere Holz hinein. Hier können sonst dauerhaft kahle Stellen entstehen, da die Pflanzen dort nicht mehr austreiben – das gilt vor allem an den Flanken.
Allerdings reagieren die Heckenpflanzen unterschiedlich empfindlich auf zu starke Schnitte. Langsam wachsende Thujen oder Buchsbaum nehmen sie eher übel als Eibe oder Hainbuche.

1

EINE MARKIERUNG knapp unterhalb der Krone erleichtert den gleichmäßigen Schnitt.

2

DAS KABEL führt man bei elektrischen Heckenscheren immer von hinten nach.

3

DIE FLANKE wird zuerst bearbeitet, die Maschine führt man dabei von unten nach oben.

4

DIE KRONE erreicht man anschließend besser, sie kann nun präzise gekappt werden.

5

HOHE HECKEN lassen sich komfortabel und sicher mit einem kleinen Gerüst bearbeiten.

6

ZUM SCHLUSS wird das Schnittgut zusammengerecht – zwischendurch lohnt sich das nicht.

Maschinen pflegen

Heckenscheren brauchen wenig Pflege – bei Geräten mit Elektromotor muss nur das Schneidwerk nach dem Einsatz gereinigt und geölt werden. Benzinmotoren dagegen muss man warten (Kasten unten). Werden die Messer allmählich stumpf und lässt die Schneidleistung nach, müssen die Schneiden nachgeschärft oder ersetzt werden, sonst droht die Überlastung von Motor und Getriebe. Das Schärfen oder Wechseln von Klingen sollte ein Fachhändler übernehmen, der Motorist. Bei gelegentlichem Gebrauch sind diese Arbeiten aber erst nach mehreren Jahren fällig.

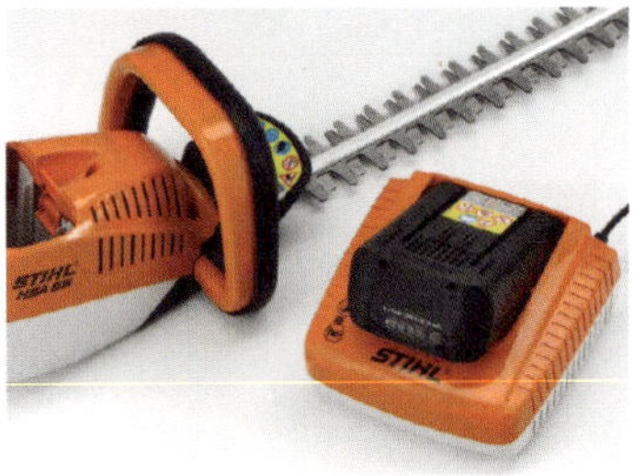

Akkuscheren werden nach jedem Einsatz aufgeladen. Am besten kühl lagern.

Der mitgelieferte Köcher schützt nach dem Einölen das Messerwerk und die Umgebung.

Mit einer nicht zu weichen Bürste entfernt man Rückstände von den Messern.

Anschließend ölt man den Messerbalken – mit Sprühöl ist das schnell erledigt.

TIPP Warten von Benzingeräten

Auch wenn die Benzin-Heckenschere seltener genutzt wird, sollte man einmal im Jahr die Zündkerze reinigen und ihren Elektrodenabstand prüfen – in der Gebrauchsanleitung des Geräts steht, wie das gemacht wird.
Lässt die Leistung des Motors nach, sollten Sie nach dem Luftfilter sehen und ihn reinigen oder ersetzen. Einen Filter aus Schaumstoff kann man in Seifenwasser reinigen. Dann spült man ihn mit klarem Wasser aus und lässt ihn vor dem Einbau trocknen. Lamellenfilter oder Filter

Unter einer Abdeckung befindet sich der Luftfilter.

aus Filz darf man nicht auswaschen. Sie werden ausgeklopft oder ausgeblasen, besser noch ersetzt.
Vor der Winterpause oder wenn die Maschine aus anderen Gründen länger als drei Monate ungenutzt bleibt, wird der Tank vorsichtig entleert – denken Sie daran, dass Benzin feuergefährlich ist. Anschließend lässt man den Motor bis zum Stillstand leerlaufen.
Vor dem Einlagern wird das Schneidwerk ebenso gereinigt wie die gesamte Maschine. Vergessen Sie dabei auch die Zylinder-Rippen nicht.
Anschließend ölt man die Messer leicht ein, stülpt den Messerköcher darüber und lagert das Gerät trocken.
Falls Sie die Wartung nicht selbst durchführen möchten, übernimmt ein Fachhändler diese Arbeit gegen Entgelt.

Hand-Heckenscheren

Sie können Ihre Hecken natürlich auch mit einer Handschere kürzen. Bei kleinen Hecken oder einzelnen Sträuchern kann das sogar praktischer sein, bei großblättrigen Heckenpflanzen wirkt das Schnittbild sauberer.
Beim Kauf einer Hand-Heckenschere sollten Sie darauf achten, dass sich das Verbindungsgelenk nachstellen lässt, damit auch nach einem Schliff gute Ergebnisse zu erzielen sind. Wie immer bei Handwerkzeugen prüft man auch bei einer Heckenschere vor dem Kauf, ob sie gut in der Hand liegt.
Wer mehr Kraft braucht, kann eine Schere mit Getriebe wählen, nimmt dann aber auch einen längeren Betätigungsweg in Kauf.

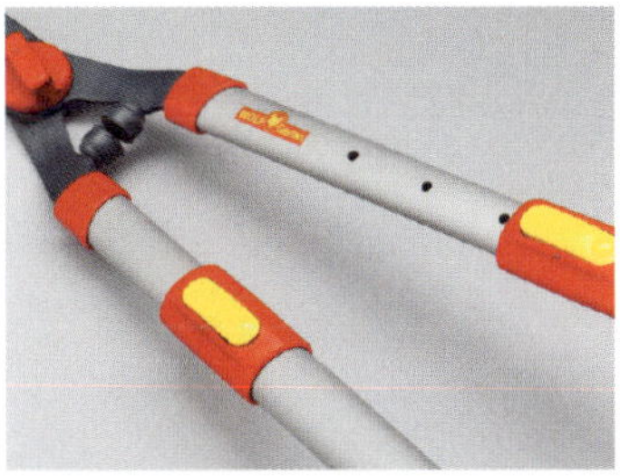

VERLÄNGERT: Mit Teleskopgriffen reicht man weiter, muss beim Schneiden allerdings auch die Arme ausladender bewegen.

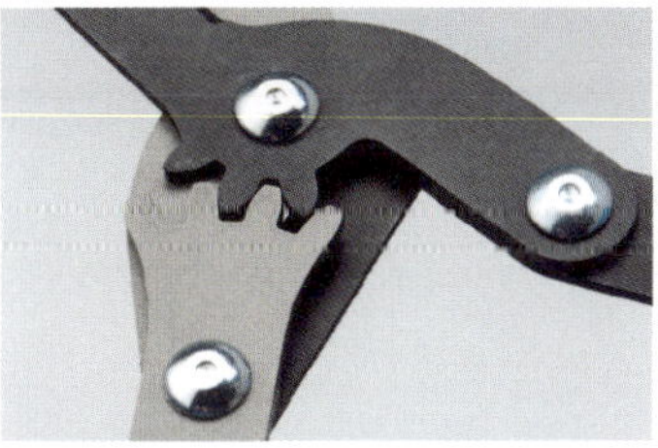

Ein Zahnradgetriebe spart Kraft beim Schneiden. Die Armbewegungen müssen allerdings ...

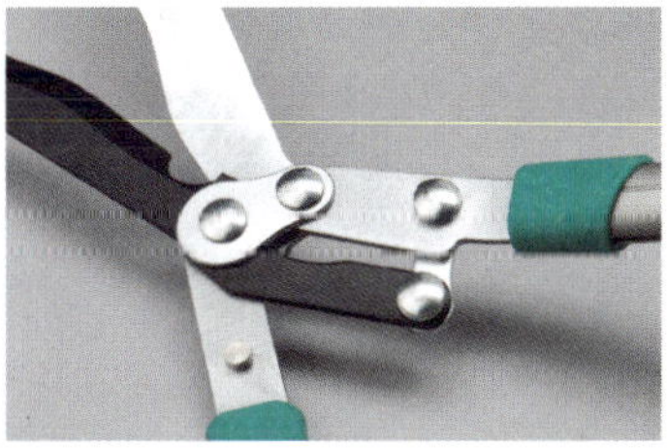

... ausladender werden. Das Gleiche gilt für solch ein Hebel-Gestänge.

Mit den Zähnen an der Klinge soll der Schnitt dickerer Äste leichterfallen.

Puffer fangen den Stoß beim Zusammenprall der Klingen ab.

WELLENSCHLIFF steigert die Schneidleistung der Schere

JUSTIER-SCHRAUBE macht ein Nachstellen der Klingenverbindung möglich

PUFFER dämpfen den Prall der Schere

HEBEL: Je länger der Hebelarm, desto kräftiger der Schnitt

HANDSCHEREN eignen sich gut für großblättrige Hecken. Hier ein Modell mit Wellenschliff

Leistungsfähig: Heckenschneider

Bei einem kurzen Stück Hecke an der Vorgartengrenze wird man sicher mit einer herkömmlichen Heckenschere auskommen. Wer allerdings besonders viele Heckenmeter zu pflegen hat, dürfte einen neugierigen Blick ins Profilager werfen, wo sogenannte Heckenschneider schon länger eingesetzt werden. Hier ist der Motor über einen langen Schaft mit dem Schneidwerk verbunden. Durch diese Bauart sind Heckenschneider sehr gut ausbalanciert und lassen sich angenehm handhaben. Wichtiger noch: Das in verschiedenen Winkeln verstellbare Schneidwerk lässt sich an die jeweilige Aufgabe optimal anpassen. Heckenkronen können ohne Verrenkungen geschnitten werden, niedrige Hecken lassen sich problemlos im Stehen kürzen, Heckenflanken bequemer schneiden.

Schneiden ohne Bücken – das geht auch bei niedrigen Hecken.

Über die Verbindungsstange, den Schaft, wird die Kraft vom Motor an das Schneidwerk übertragen.

Schneidwerk und Motor sind in Balance, das Gewicht hält ein Gurt am Körper.

Die Heckenschneider sind zwar schwerer als herkömmliche Heckenscheren, das Gewicht kann jedoch per Gurt mit dem Körper getragen werden, und die Balance zwischen Motor und Schneidwerk entlastet zusätzlich. Beim Kauf eines Heckenschneiders kann man sich aus einer Art Baukasten bedienen: Schaftlängen sind bis 2 m erhältlich, unterschiedlich große Schneidwerke stehen zur Verfügung, und man kann zwischen Benzin- und Elektroantrieb wählen.

In weiten Schwenkbewegungen lassen sich auch die Flanken hoher Hecken bequem kürzen.

Mit abgewinkeltem Schneidwerk erreicht man die Krone problemlos vom Boden aus.

Husqvarna

Baumpflege und Brennholzgewinnung

KETTEN-SÄGEN

Kamine und Öfen für Stückholz werden immer beliebter und damit steigt auch das Interesse an der Gewinnung von Brennholz in Eigenregie. Dafür ist eine Kettensäge das Werkzeug der Wahl. Auch bei der Baumpflege im Garten macht sie sich nützlich.

Kettensägen und Sägeketten

Schnelle Schnitte in grünem Holz – sie gehören zu den Einsatzschwerpunkten einer Kettensäge. Wenn die Kette sich auf dem schmalen Schwert in Bewegung setzt, erreichen die darauf angebrachten Schneidglieder rasch eine Geschwindigkeit von mehr als 100 Stundenkilometern. Das Holz hat dem wenig entgegenzusetzen – die Späne fliegen im hohen Bogen davon. Dass der rasche Arbeitsfortschritt meist nicht mit hoher Präzision einhergeht, versteht sich von selbst. Deshalb werden Kettensägen – abgesehen von Anwendungen bei Zimmermannsarbeiten und beim Schnitzen urtümlicher Skulpturen – vor allem zum Fällen und Zerteilen von Bäumen eingesetzt.

Betrachtet man das Arbeitsprinzip genauer, dann sieht man, dass die Sägekette eigentlich nicht schneidet, sondern hobelt. Das erkennt man schon an den Sägeresten: feinen, sauber abgetragenen Holzschnitzeln.
Verantwortlich dafür sind die Schneidglieder, die in die Kette integriert sind. Die übrigen Glieder ähneln

SCHNEIDGLIED: Der Nocken (rechts) läuft beim Sägen voraus und begrenzt die Spanabnahme der Schneide (links).

SCHARFE KLINGEN ragen aus der sich schnell bewegenden Kette und hobeln die Holzfasern ab. Die entstehenden Späne werden von nachfolgenden Nocken aus dem Schnittkanal geräumt. Der Tiefenbegrenzer (Bild oben) verhindert dabei das zu schnelle, unkontrollierte Eindringen ins Holz.

sehr stark denen einer Fahrradkette mit ihren charakteristischen Nieten und Rollen.

Exakter Schliff

Aus den Schneidgliedern ragen in einem präzisen Winkel die Hobelschneiden heraus. Ein vorauslaufender Nocken begrenzt die Spandicke. Eine gut geschliffene Sägekette arbeitet sich schon mit dem Eigengewicht der Maschine ins Holz. Druck ist hier völlig überflüssig.
Er hilft auch dann wenig, wenn die Schneiden stumpf geworden sind – die Säge schneidet in dem Fall einfach nicht mehr, sondern die Kette muss erst nachgeschärft werden.

Diese Arbeit ist nicht trivial: Jedes Schneidglied muss einzeln im richtigen Winkel geschärft werden. Anders als professionelle Forstarbeiter, die über das nötige Know-how und Werkzeug verfügen und auch einen entsprechend häufigen Bedarf haben, sollte man das Schärfen deshalb einem Fachbetrieb überlassen.

TIPP Kette schmieren

Die Sägekette gleitet endlos über die Außenkante der Sägeschiene. Dabei greifen nach unten herausragende Zahnglieder in eine umlaufende Nut der Schiene. Um angesichts der sehr hohen Kettengeschwindigkeit eine starke Erhitzung der beteiligten Komponenten zu verhindern, muss die Kette geschmiert werden. Das setzt die Reibung herab und damit auch die Erwärmung.
Die Schmierung der Kette erfolgt kontinuierlich: Eine Ölpumpe befördert das Sägekettenöl tröpfchenweise aus einem Vorratsbehälter auf die Kette. Das geschieht möglichst sparsam – aufgetragen wird nur die Menge, die einen einwandfreien Lauf der Kette garantiert.

Neben den Ölkosten hat das vor allem Umweltschutzgründe: Das Öl gelangt beim Schneiden in kleinen Mengen auf das Holz und in die Natur.
Wer seine Kettensäge häufig nutzt, kann auch Bio-Kettenöl verwenden. Mehr dazu finden Sie im Kasten auf Seite 112.
Ganz unabhängig von der verwendeten Ölsorte sollte man aber immer den Vorratsbehälter kontrollieren und bei Bedarf rechtzeitig Öl nachfüllen. Außerdem wird am besten nach jedem Start kontrolliert, ob die Schmierung noch einwandfrei funktioniert. Wie das schnell und unkompliziert geht, zeigen wir auf Seite 109 unten im Bild.

KETTENSÄGENÖL sorgt dafür, dass die Kettenglieder möglichst reibungsarm über die Sägeschiene gleiten.

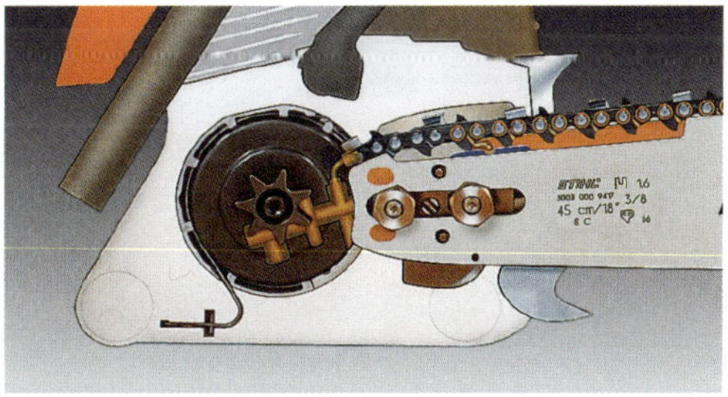

DIE ÖLPUMPE fördert das Kettenöl aus dem Vorratsbehälter und bringt es direkt an die laufende Sägekette.

Sicherheit beim Sägen

Selbst langjährige Erfahrung und intensive Schulungen schützen nicht vor einem Moment der Unaufmerksamkeit. Deshalb arbeiten Profis grundsätzlich mit Schutzausrüstung. Halten Sie es ebenso, auch wenn nur kurz ein paar Schnitte ausgeführt werden sollen. Das hängt auch nicht davon ab, ob Sie mit einer Benzin- oder Elektrosäge arbeiten – beide arbeiten aggressiv genug, um schwere Verletzungen zu verursachen.
Sehr wichtig ist unter anderem eine Schnittschutzhose. Darin sind lange Spezialfasern eingearbeitet. Schneidet die Säge in den Stoff, dann verfangen die Fasern sich in den Zähnen und bringen die Kette in Sekundenbruchteilen zum Stillstand, ehe es zu schweren Verletzungen kommt. Die übrige Kleidung sollte robust sein und eng anliegen. Feste Handschuhe und Schuhe, eine Brille und ein Gehörschutz komplettieren die Ausrüstung. Im Wald gehört auch ein Helm dazu. Und: Arbeiten Sie nie allein, damit jemand im Notfall Hilfe holen kann.

Auch solch ein stabiler Sägebock zählt zu den Hilfen, die die Arbeit erleichtern und sichere Bedingungen dafür schaffen.

TIPP Rundumschutz im Set

Die hohe Geschwindigkeit, mit der Kettensägen arbeiten, lässt Späne fliegen und erzeugt ein sehr lautes Geräusch. Ein Augenschutz und ein Gehörschutz bewahren Sie vor den möglichen Folgen. Beides zusammen gibt es auch als praktischen Kombinationsschutz ab rund 20 Euro. Wer im Wald arbeitet, muss zudem mit Gefahren durch herabfallende Äste rechnen. Dagegen schützt ein Helm, den es ebenfalls als Bestandteil von Kombisets gibt – den Dreifachschutz erhält man ab etwa 40 Euro.

SÄGEHELM
Einen Helm braucht man bei Fällarbeiten im Wald.

GEHÖRSCHUTZ
Das laute Geräusch der Kettensäge schadet dem Gehör. Deshalb sollte man immer mit Gehörschutz arbeiten.

AUGENSCHUTZ
Solch ein Visier wird im Vergleich zur Brille meist als bequemer empfunden.

Für Gelegenheitssäger eine Alternative zur Schnittschutzhose: Beinlinge, die die vordere Beinpartie bedecken und über der Hose getragen werden.

KOPFSCHUTZ
Schutz für Augen und Ohren muss sein, im Wald braucht man auch einen Helm.

FESTE KLEIDUNG
Feste, eng anliegende Kleidung bleibt nicht so leicht hängen.

HANDSCHUHE
Mit festen Arbeitshandschuhen verhindern Sie Hautverletzungen.

SCHNITTSCHUTZHOSE
Die eingearbeiteten langen Fasern stoppen die Sägekette.

FESTE SCHUHE
Auch Arbeitsschuhe sind mit Schnittschutzfasern im Obermaterial erhältlich.

Vorbereiten und starten

Vor dem Start der Kettensäge sollten die grundlegenden Funktionen ebenso wie der Zustand der Säge geprüft werden. Der erste Blick gilt der Kette: Sie muss scharf sein. Ansonsten muss sie getauscht werden. Üben Sie diese Arbeit zuvor einmal in Ruhe, denn auch während des Einsatzes werden Ketten schnell stumpf, wenn man mit laufender Maschine versehentlich in Erdkontakt gerät oder in verschmutztes Holz schneidet. Erfahrene Anwender halten deshalb bei längeren Einsätzen immer ein bis zwei scharfe Ersatzketten bereit.
Prüfen Sie außerdem den Füllstand des Kettenöls und prüfen Sie die Funktion der Schmierung (Foto). Bei Benzinkettensäge muss natürlich auch ausreichend Kraftstoff vorhanden sein. In aller Regel ist das Zweitaktgemisch aus Öl und Benzin im Verhältnis 1:50. Sie können es als gebrauchsfertigen Spezialkraftstoff kaufen, der schadstoffärmer verbrennt und länger lagerfähig ist. Man kann das Gemisch aber auch aus Zweitaktöl und Benzin von der Tankstelle selbst herstellen.

Kettenschmierung prüfen: Die Säge mit Vollgas über Papier oder Holz halten. Auf dem Untergrund muss eine Ölspur zu erkennen sein.

Startvorbereitung

So machen Sie Ihre Kettensäge einsatzbereit.

01 Säge, Schwert und Kette müssen genau zueinander passen.

02 Die Kette fädelt man auf die Schiene, dann nach Einsetzen der Schiene auch in den Antrieb.

03 Der Kettendeckel wird geschlossen und die Sägekette gespannt. Dazu dient bei ...

04 ... werkzeuglosen Geräten ein Spannhebel, sonst das mitgelieferte Kombiwerkzeug.

05 Zweitaktergemisch wird vorsichtig in den Tank gefüllt.

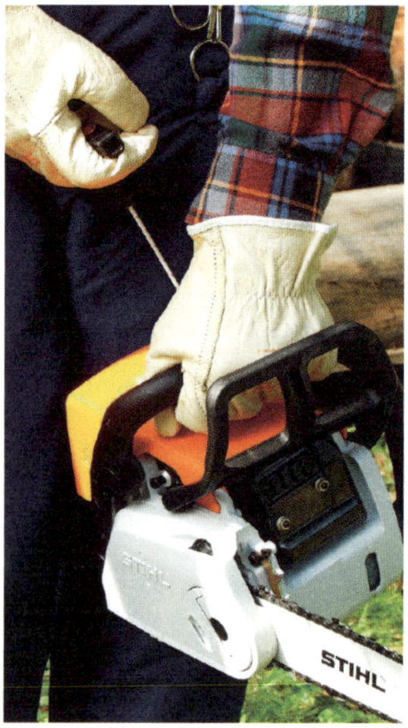

06 Bei eingelegter Kettenbremse starten Sie den Motor mit einem Seilzug.

07 Erst wenn der Motor läuft, löst man die Kettenbremse und sägt dann immer mit Vollgas.

Richtig sägen

Lassen Sie bei der Arbeit mit der Kettensäge die Maschine schneiden – Sie sollen sie nur kontrollieren und führen. Wie zu Beginn des Kapitels bereits angemerkt: Druck führt nicht zu schnellerem Fortschritt, und er hilft auch nicht bei stumpfen Schneiden. Eine stumpfe Kette muss sofort gewechselt werden. Sie schneidet nicht mehr und stellt auch ein Sicherheitsrisiko dar.

Wenn Sie bereits geschlagenes Holz zerkleinern, fixieren Sie das gerade bearbeitete Stück jeweils auf einem Sägebock – wenn es in Hüfthöhe liegt, können Sie am bequemsten arbeiten. Die sicherste Arbeitsposition nehmen Sie ein, wenn Sie schräg hinter der Säge stehen. Die gedachte Verlängerung der Säge-

schiene zeigt dann knapp an Ihrem Körper vorbei. So sind Sie auch geschützt, wenn die Kette einmal reißt. Gesägt wird grundsätzlich mit Vollgas – die Maschine muss vor dem Eintauchen ins Holz auf Touren sein und so auch während des gesamten Schnittvorgangs durchlaufen. Befinden sich vorne am Gehäuse Fangzähne, können Sie es damit am Holz abstützen und die Zähne beim Durchsägen wie ein Scharnier verwenden – das erleichtert das Führen der Säge.
Bei der Arbeit an gefällten Bäumen muss man jede Erdberührung vermeiden. Die Zähne werden dabei sofort stumpf. Bei allen Arbeiten sollte man es vermeiden, bei laufender Kette mit der oberen Sägespitze das Holz zu berühren. Dort ist die Gefahr eines Rückschlags besonders groß. Das heißt aber nicht, dass man – etwa beim Entasten eines Stamms – nicht auch mit dem oberen Bereich der Schiene arbeiten darf.

So stehen Sie beim Sägen am sichersten vor dem Holz, das aufgebockt oder mit Klemmhilfen fixiert ist.

TIPP Freistehenden Baum fällen

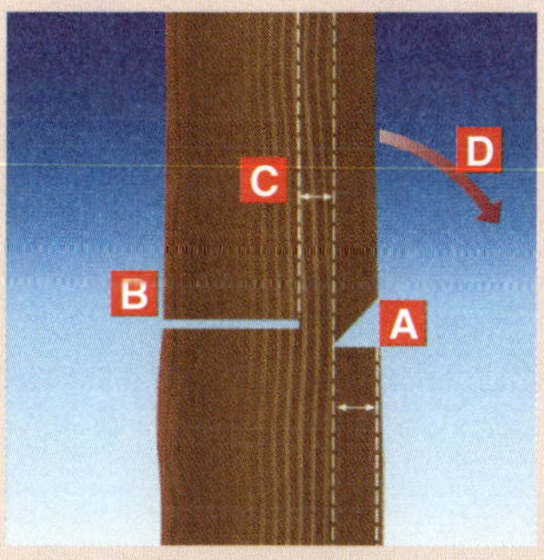

Einen Baum sollten Sie nur dann selbst fällen, wenn er frei steht und beim Fallen weder Gebäude noch andere Dinge von Wert beschädigen kann. Größere Bäume oder solche, die neben Gebäuden oder anderen Bäumen stehen, sollte eine Fachfirma fällen.

Niemand darf die Umgebung des zu fällenden Baums betreten. Sobald der Baum sich zu neigen beginnt, entfernen Sie sich selbst schräg gegen die Fallrichtung nach hinten.

Im ersten Schritt schneiden Sie in den Stamm eine Fällkerbe **A** ein. Ihre Tiefe entspricht etwa einem Fünftel des Baumdurchmessers. Anschließend können Sie den eigentlichen Fällschnitt **B** ausführen – ein wenig oberhalb der Kerbe auf der entgegengesetzten Stammseite. Zwischen Kerbe und Schnitt muss in jedem Fall eine Bruchkante **C** verbleiben, die als Scharnier den kontrollierten Fall **D** des Baums in die geplante Richtung sicherstellt.

Kettensäge warten

Für Privatanwender, die ihre Säge nur hin und wieder nutzen, sind Wartung und Pflege bei Benzinkettensägen eine übersichtliche Sache.
In erster Linie sollten sie dafür sorgen, dass die verwendeten Sägeketten immer scharf sind.
Wird mit der Säge längere Zeit nicht gearbeitet, sollte man das Sägekettenöl ablassen. Sonst können nach und nach über die Kettenschmierung kleine Mengen austreten und die Maschine verschmutzen.
Nach jedem Einsatz sollten Sie die Kettensäge reinigen. Halten Sie vor allem den Kettenantrieb und den Laufweg der Kette im Inneren des Gehäuses sauber.
Einmal im Jahr wird die Zündkerze überprüft. Bei der Gelegenheit säubert oder ersetzt man auch den Luftfilter.
Sind Einstellarbeiten nötig, überlässt man sie am besten einem Fachhändler. Motoristen sind in der Regel auf die Wartung von Kettensägen verschiedener Hersteller eingerichtet.

Lässt die Leistung der Maschine nach, kann ein zugesetzter Luftfilter die Ursache sein. Reinigen Sie ihn bei Bedarf oder tauschen Sie ihn aus.

Vor allem im Antriebsbereich setzen sich gerne Sägespäne fest. Am besten reinigt man diese Stellen nach jedem Einsatz.

TIPP Welches Öl?

Beim Sägen gelangen immer kleine Mengen Sägekettenöl in die Umwelt. Die Verschmutzung mit Mineralöl kann man vermeiden, wenn man Bio-Kettenöl verwendet, das biologisch abbaubar ist. Vorsicht ist allerdings bei längeren Stillstandsphasen angebracht. Dann können Kette und Antrieb durch den Schmierstoff verharzen, mit etwas Pech führt das zu teuren Schäden am Gerät. Gelegenheitsanwender sind deshalb mit konventionellem Öl besser bedient.

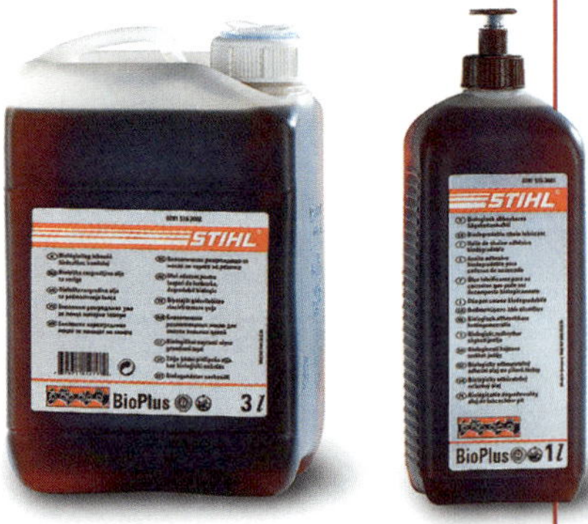

Elektrische Kettensägen

TIPP Wartung und Sicherheit

Der Elektromotor muss nicht gewartet werden, aber der Kettenantrieb verlangt einige Aufmerksamkeit. Da Elektrogeräte prinzipbedingt etwas langsamer laufen, muss der Antriebsbereich möglichst sauber gehalten werden, damit dort kein Schmutz die Kette bremst. Wie beim Benzinmodell muss auch hier immer ausreichend Kettenöl vorhanden sein. Eine Besonderheit bei elektrischen Sägen: Benutzen Sie sie nicht in feuchter Umgebung und stellen Sie bei Regen die Arbeit ein. Die Verletzungsgefahr ist dagegen die gleiche wie bei Benzinkettensägen und übrigens auch bei Akkumodellen. Betreiben Sie deshalb auch Elektrosägen nie ohne Schutzausrüstung.

Bei Elektrosägen sind werkzeuglose Kettenspanner Stand der Technik.

Nicht immer ist der Öldeckel unverlierbar wie hier. Deshalb Vorsicht beim Nachfüllen!

Laufrichtung und Gefahrenbereich sind hier deutlich markiert – achten Sie darauf.

Die Kettenspannung ist auch bei Elektrosägen wichtig und muss kontrolliert werden.

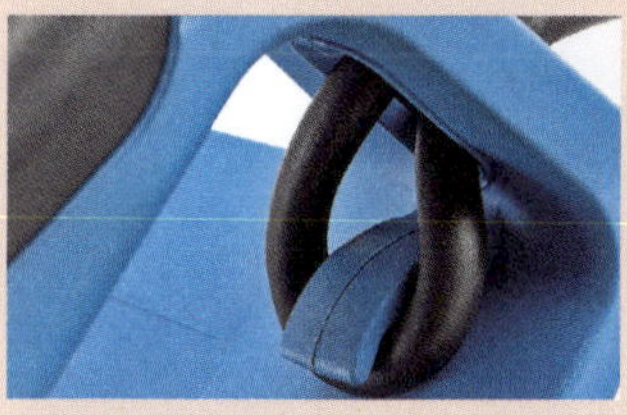

Das Versorgungskabel sollten Sie immer in eine vorhandene Zugentlastung einhängen.

Als Piktogramme sind wichtige Sicherheitshinweise an der Maschine angebracht.

Wer nur in der Umgebung des Hauses sägen möchte, wo Steckdosen leicht erreichbar sind, wird auch über die Anschaffung einer Elektro-Kettensäge nachdenken. Diese Geräte sind etwas leistungsschwächer als Benzinsägen, dafür kleiner, leichter, leiser und völlig abgasfrei.

Bei der Arbeit mit der Elektrokettensäge empfiehlt sich die Verwendung einer Verlängerung mit möglichst großem Leitungsquerschnitt, der für den Strombedarf des Antriebs ausreicht.

Nicht aufs Glatteis führen lassen darf man sich von der Kettenbremse. Anders als beim Benzingerät startet die Elektrosäge nur dann, wenn die Sicherheitseinrichtung in der richtigen Position ist.

Sägekettenöl muss regelmäßig kontrolliert und bei Bedarf nachgefüllt werden.

Akku-Kettensägen

Mit den leistungsfähigen Lithium-Ionen-Akkus hat auch bei den Elektro-Kettensägen das kabellose Zeitalter Einzug gehalten. Vom niedlichen Aussehen kleinerer Modelle wie der hier gezeigten Akkusäge darf man sich nicht täuschen lassen: Auch Akkusägen bewältigen etliche Trennschnitte – und ihre Ketten verlangen nach den gleichen Sicherheitsmaßnahmen wie die großen Brüder mit Benzintank oder Anschlusskabel.

Akku-Kettensägen sind standardmäßig oft mit einer relativ kurzen Sägeschiene ausgestattet. Das begrenzt den Einsatzbereich bereits recht gut auf die Aufgaben, die dem Antrieb und seiner Leistung angemessen sind.

Ein weiterer begrenzender Faktor ist die Kapazität des verwendeten Akkus. Möchte man etwa ausgedehnte Pflegearbeiten in entlegenen Winkeln eines Gartens in Angriff nehmen, empfiehlt sich die Mitnahme eines Ersatzakkus. Alternativ kann man auch in (teure) Akkus hoher Kapazität investieren. Diese Ausgabe lohnt aber meist nur dann, wenn man auf lange Laufzeiten angewiesen ist.

Bei diesem Gerät ist der besonders rückschlaggefährdete Bereich an der Spitze mit einer Verkleidung geschützt.

Immerhin eine Schubkarre voll Brennholz konnte hier mit einer Akkuladung auf die richtige Ofenlänge gebracht werden.

Weitere Geräte mit Sägeketten

Das Arbeitsprinzip einer Kettensäge, nämlich ohne Betätigungskräfte Holz zu schneiden, macht sich auch bei anderen Werkzeuggattungen nützlich. Noch relativ eng mit der Kettensäge verwandt ist der Hochentaster. Hier ist eine Verlängerungsstange zwischen Motor und Sägekette angebracht, so dass man vom Boden aus Baumkronen bearbeiten kann. Diese Trennung von Antrieb und eigentlichem Werkzeug erinnert ein wenig an die Heckenschneider aus dem vorigen Kapitel. Für Privatanwender stellt der Hochentaster die einzige Möglichkeit dar, in diesem Bereich mit der Kette zu sägen, denn die Arbeit mit handgeführten Kettensägen von einer Leiter aus ist ihm aus guten Gründen nicht erlaubt.

Eine andere Zielgruppe nimmt die Alligatorsäge ins Visier: Hier ist die Kette so in ein zangenförmiges Gehäuse integriert, dass auch in der Nähe eine sichere Anwendung ohne Schutzkleidung möglich wird. Die Finger bleiben ebenfalls heil, denn zum Betätigen braucht man beide Hände an den Griffen – dafür ist durch die Gehäuseform die Schnittkapazität begrenzt.

INFO Hoch hinaus und fest im Griff

Während der Anwender mit beiden Beinen auf dem Boden steht, trennt der Hochentaster auch weiter oben Zweige vom Stamm. Der Antrieb befindet sich am unteren Ende der Stange. Bei der Arbeit mit dem Gerät kann es kaum zu Schnittverletzungen kommen, Schutzbrille und Helm empfehlen sich aber.

Im Maul der Alligatorsäge läuft die Kette und trennt alles, was der Anwender damit packt. Dieses Gerät ist auch für Gartenfreunde geeignet, die vor einer Kettensäge zu großen Respekt empfinden, um sich damit wohlzufühlen, denn durch die Kapselung der Kette ist man vor Verletzungen weitgehend sicher.

Sammeln, zerteilen und lagern

KAMIN-HOLZ

Wer einen Kaminofen oder einen offenen Kamin betreibt, wird früher oder später damit liebäugeln, selbst Brennholz im Wald zu gewinnen. Auch im Garten gefällte Bäume eignen sich oft als Material. Wie man beim Ernten und Zerlegen vorgeht und was man dafür braucht, das zeigen wir in diesem Kapitel.

Holz und Werkzeug

Schon beim Sammeln und Zerlegen von Holz wird es Kaminbesitzern von der Arbeit warm, vor dem brennenden Feuer dann ein zweites Mal. Selbst mit Säge und Sammelschein loszuziehen und für Nachschub zu sorgen, haben viele Menschen als gesundes Hobby entdeckt. Wenn man einen nennenswerten Anteil des Heizenergiebedarfs mit Stückholz deckt oder die Übergangszeit bis zum Einschalten der Zentralheizung deutlich ausdehnt, kann man damit auch so manchen Euro sparen.

Zuerst muss man jedoch investieren: Das benötigte Werkzeug will angeschafft werden, und die Ausgabe für einen Kettensägen-Kurs lohnt sich ebenfalls. Zudem braucht das Holzmachen natürlich Zeit – einige Wochenenden pro Jahr muss man schon veranschlagen.

SCHON GEWUSST? Meterholz

Profis spalten meist in Meterlänge vorgeschnittene Stücke gleich vor Ort im Wald. Diese Vorgehensweise hat auch dann ihre Vorzüge, wenn man sich die Meterstücke nach Hause liefern lässt: Es braucht weniger Zeit, als viele kurze Stücke zu spalten. Die gespaltenen Abschnitte lässt man dann vortrocknen, ehe man sie aufs Ofenmaß zuschneidet. Für das Ablängen eignet sich eine Kettensäge. Bei großen Mengen ist eine sogenannte Wippsäge nützlich, mit der man oft mehrere Scheite auf einmal zuschneiden kann.

TIPP Nützliche Helfer

KETTENSÄGE: Sie teilt Stammabschnitte schnell

SPALTAXT: Teilt Stammholz in Ofenscheite

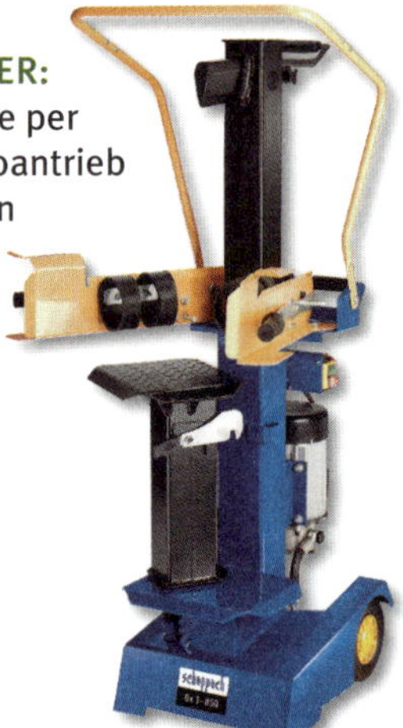

SPALTER: Scheite per Elektroantrieb spalten

FÄLLHEBER: Damit lassen sich Stammstücke bewegen.

GREIFHILFE: Zum Tragen und Anheben von Holz

Wer weniger Freizeit erübrigen kann, das benötigte Werkzeug erst nach und nach anschaffen oder ins Thema erst einmal hineinschnuppern möchte, beginnt am besten am Ende der Holzgewinnungskette. Dann lässt man sich von einem Händler bereits in ofengerechte Stücke abgelängtes Stammholz liefern, das dann im heimischen Hof gespalten wird. Dazu braucht man mindestens eine Axt oder einen Spalthammer, zusätzlich können sich Spaltkeile nützlich machen. Sie können auch mit einem elektrisch-hydraulischen Spalter arbeiten, die Ausgabe von typischerweise mehreren hundert Euro müssen Sie aber auch wieder erwirtschaften, damit sich die Anschaffung letztlich lohnt.
Wer mehr Arbeit selbst erledigen möchte, kauft sogenanntes Meterholz (Kasten links). Es ist etwas günstiger als Holz in Scheitlänge, dafür muss es nicht nur gespalten, sondern zusätzlich auch auf Länge gesägt werden. Das lässt sich zwar theoretisch auch mit der Handsäge erledigen, doch wer nicht beliebig viel Zeit und Körperkraft einsetzen kann, wird um die Anschaffung einer Kettensäge nicht herumkommen. Da das Holz meist im eigenen Hof

KAMINHOLZ IM VERGLEICH

HOLZART	EICHE, BUCHE	KIEFER	BIRKE	KIRSCHE	RESTHOLZ
Preis frisch: Preis ofenfertig:*	ab rund 50 Euro/rm*** ab rund 80 Euro/rm	ab rund 40 Euro/rm ab rund 60 Euro/rm	ab rund 45 Euro/rm ab rund 70 Euro/rm	ab rund 45 Euro/rm ab rund 70 Euro/rm	(aus der eigenen Werkstatt kostenlos)
Heizwert	2100 kW/rm	1700 kW/rm	1900 kW/rm	1900 kW/rm	je nach Holzart
Verfügbarkeit	reichhaltiges Angebot	reichhaltiges Angebot	geringeres Angebot	wird nur selten angeboten	–
Lagerzeit**	zwei bis drei Jahre	min. ein Jahr	ein bis zwei Jahre	zwei bis drei Jahre	keine
Eigenschaften * Preise können regional stark schwanken. ** bei der Lagerung ofenfertig gespaltener Scheite *** rm = Raummeter	+ brennt lange, hoher Heizwert + wenig Funkenflug + gut spaltbar Das Flammenbild der Eiche ist weniger schön als das von Buchenholz.	+ leicht entzündbar, deshalb als Anmachholz gut geeignet + trocknet relativ schnell, deshalb oft bereits ein Jahr nach dem Spalten verwendbar – harzhaltig, neigt zu Funkenbildung!	+ schönes Flammenbild + angenehmer Holzduft durch enthaltene ätherische Öle + trocknet relativ schnell, deshalb oft bereits ein Jahr nach dem Spalten verwendbar – schwerer spaltbar	+ schönes Flammenbild + unter den Obsthölzern relativ hoher Heizwert + gut spaltbar – zum Verheizen eigentlich zu schade (gutes Möbelholz), daher nur selten erhältlich	+ leicht entzündbar, deshalb als Anmachholz gut geeignet – verbrennt je nach Holzart sehr schnell – verbrannt werden dürfen ausschließlich unbehandelte Hölzer, zum Beispiel Brettware

zerlegt wird, genügt dafür eine wartungsarme, leise Elektro-Kettensäge. Bei der Schutzausrüstung sollten Sie auch bei der Arbeit hinterm Haus keine Kompromisse eingehen. Die notwendige Schutzkleidung erhalten Sie je nach Qualität und Tragekomfort ab etwa 150 Euro. Im vorigen Kapitel finden Sie ausführliche Informationen zum Thema, unten weisen wir noch einmal auf die wichtigsten Punkte hin.

Möchten Sie völlig unabhängig vom Händler sein, können Sie Ihr Brennholz auch selbst aus dem Wald holen. Dann brauchen Sie eine Benzin-Kettensäge, mit der Sie auch fern von Steckdose und Ladegerät arbeiten können. Den Umgang damit sollte man sicher beherrschen. Deshalb ist die Teilnahme an einem kostenpflichtigen professionellen Kettensägen-Lehrgang dringend jedem zu empfehlen, der zur Brennholzgewinnung in den Wald marschiert. Die meisten Waldbesitzer machen den Nachweis einer solchen Schulung auch zur Voraussetzung für das Ausstellen eines Sammelscheins – diese Erlaubnis brauchen Sie ebenfalls.
Im Wald machen sich außerdem weitere Werkzeuge nützlich. Dazu gehören etwa ein Fällheber zum Bewegen von Stammstücken und Greifhilfen zum Anheben des Holzes.

Motorsäge: Wissen kompakt

SÄGE: Kettensägen arbeiten konkurrenzlos schnell und unabhängig.

SCHUTZ: Die Gefahren nicht unterschätzen – Schnittschutzhose oder -beinlinge tragen!

FIXIEREN: Stammholz muss beim Sägen sicher fixiert sein. Ein solcher klappbarer Sägebock hilft dabei.

KETTENÖL: prüfen Sie regelmäßig den Stand des Kettenöls – auch bei Elektrosägen.

SCHARFMACHER: Nachschärfen braucht Erfahrung – eine typische Profi-Dienstleistung.

TIPP Vorsicht und Übung

Beim Arbeiten im Wald sind zusätzliche Gefahrenquellen zu beachten. Aus Bäumen kann etwa totes Holz herabfallen, liegende Stämme können unter Spannung stehen und sich beim Zerteilen unkontrolliert bewegen, unvermutet auftauchende Spaziergänger lenken ab oder geraten selbst in Gefahr. Privatpersonen sollten nicht auf einem geringeren Sicherheitsniveau arbeiten als gewerbliche Holzarbeiter. Eine gründliche Einweisung und die sichere Beherrschung der eingesetzten Werkzeuge sind deshalb ebenso wichtig wie die persönliche Schutzausrüstung.

Diese wichtigen Grundregeln der Profis sollten Sie beherzigen:

- Sie sollten nie allein im Wald arbeiten – im Notfall muss jemand unverzüglich Hilfe holen können.
- Den Arbeitsbereich sichern Sie umfassend gegen Unbeteiligte ab.
- Ihr Werkzeug muss stets einsatzbereit sein. Sägeketten dürfen nicht stumpf sein, da sie dann nicht mehr richtig schneiden und leicht abrutschen.

Das richtige Verhalten im Wald lernt man am besten vom Profi.

Als Selbstwerber Holz machen

Selbstwerber nennt der Fachmann Privatpersonen, die eigenständig im Wald Brennholz gewinnen. Dafür benötigt man einen Sammelschein, den das örtliche Forstamt oder private Waldbesitzer ausstellen. Mit dem Schein darf man in der Regel das Kronenholz zerlegen und abtransportieren, das beim gewerblichen Holzernten liegenbleibt. Die Gebühr dafür richtet sich nach der tatsächlich gewonnenen Holzmenge.

Täuschen Sie sich nicht: Auch das Kronenholz kann erhebliche Aststärken und ein entsprechendes Gewicht aufweisen. Beim Umgang damit und mit dem zur Bearbeitung nötigen Werkzeug ist also Sachkenntnis gefordert. Die lassen sich mittlerweile praktisch alle Forstämter und in der Regel auch private Waldbesitzer nachweisen, denn die Unfallzahlen sind in den vergangenen Jahren stark gestiegen.

Waldreiche Gemeinden bieten deshalb für Selbstwerber in der Regel Grundkurse für die Forstarbeit an. Der Nachweis über die Teilnahme wird umgangssprachlich gerne als Motorsägenführerschein bezeichnet.

Im Rahmen der meist ein- oder zweitägigen Schulungen lernt man die wesentlichen Regeln der sicheren Holzgewinnung im Wald. Außerdem gibt es oft Tipps für effiziente Arbeitsabläufe, geeignete Sicherheitsausrüstung und einen sinnvollen Werkzeugbestand. Die Arbeit mit Säge und Hilfsmitteln wird schließlich unter realen Bedingungen ausführlich geübt. Zum Kurs müssen

Sie in der Regel bereits eine Benzin-Kettensäge und die vollständige persönliche Schutzausrüstung mitbringen, wie wir sie im Kettensägen-Kapitel beschrieben haben. Fällheber und Greifhilfen können die Ausstattung ergänzen.
Am Beginn der Schulung steht zunächst die Theorie. Dabei soll zunächst das Bewusstsein der Teilnehmer für die möglichen Risiken der Waldarbeit geweckt werden – dazu wird dann jeweils das nötige Know-how vermittelt, wie man diese Gefahren vermeidet. Auch technisches Wissen rund um die Kettensäge gehört zum Lehrstoff. Je nach Veranstalter werden für den Unterricht Präsentationen, Lehrfilme und Demonstrationsobjekte eingesetzt.
Im praktischen Teil lernt man dann die Wartung der Kettensäge und den fachgerechten Umgang damit. Beispielsweise wird meist auch gezeigt, wie man eine Kette direkt vor Ort im Wald schärfen kann. Den instruktiven Höhepunkt stellen

Baumstamm entasten

Voraussetzungen für die weitere Bearbeitung schaffen

01 Äste müssen entfernt werden, damit man die Stammstücke sicher bearbeiten kann.

02 Um Verletzungen zu vermeiden, das Sägeschwert möglichst dicht am Stamm führen.

Baumstamm leichter bewegen

Fällheber und Greifhilfen anwenden

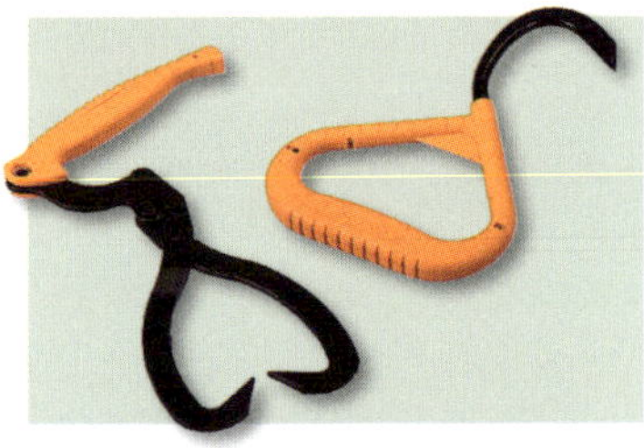

GREIFHILFEN Mit Greifhilfen lassen sich schwere Holzstücke besser packen und tragen.

FÄLLHEBER: Dieses Werkzeug erleichtert zum Beispiel das Drehen ganzer Stämme.

DORN: Zum Anheben von Holzabschnitten braucht man mit dem Dorn nur eine Hand.

Durch die Verlängerung der Hand vermeidet man das Bücken und entlastet die Handgelenke.

schließlich die handfesten Übungen am Holz dar, bei denen jeder Teilnehmer in der Praxis ausführt, was er zuvor in der Theorie gelernt hat. Auch wenn man echte Routine erst nach einer Zeit eigener Erfahrung im Wald erwirbt, zeigen die Erfahrungen bei einem Kurs sofort, wie viele Faktoren man im Blick behalten muss, um einen Stamm möglichst sauber und ohne unnötige Risiken zu Fall zu bringen. Die Teilnahme am Sägenkurs lohnt sich deshalb auch für diejenigen, die lediglich auf eigenem Grund Fäll- und Pflegearbeiten selbst ausführen.

Stammholz gewinnen

Vom Stamm zum lagerfähigen Spaltholz

01 Profis sägen den Baum in Meterstücke und spalten ihn gleich vor Ort.

02 Zum Teilen der Stammabschnitte eignet sich eine Spaltaxt am besten.

03 An Aststellen macht sich beim Spalten ein zusätzlicher Keil nützlich.

04 Stapeln Sie das Holz an einer Stelle, von der Sie es leicht abtransportieren können.

TIPP Vorher schlau machen!

Kurse zum Forstwesen und zur Handhabung von Kettensägen bieten viele Veranstalter an. Erkundigen Sie sich deshalb vor einer Anmeldung bei Ihrem örtlichen Forstamt, ob die jeweilige Schulung dort auch anerkannt wird. Alternativ können Sie sich vom Amt auch Kurse empfehlen lassen, die dort in jedem Fall beim Ausstellen eines Sammelscheins akzeptiert werden.

THEORIE UND PRAXIS: Ein typischer zweitägiger Wochenendkurs besteht aus theoretischem Unterricht und praktischen Übungen. Üblich sind Kursgebühren von rund 100 Euro.

Trickreiche Holzspalter

Die Aufgabe, Holz möglichst kräfteschonend zu spalten, regt immer wieder Erfinder und Ingenieure zur Entwicklung neuer Werkzeuge an. Hier zeigen wir mechanische Holzspalter und ihre Arbeitsprinzipien. **1** Der Logmatic arbeitet mit einem Fallgewicht, das an seiner Haltestange hinabgleitet und eine Spaltklinge ins Holz treibt. Dabei ist ein Transportbehälter. **2** Der Fox ähnelt einem Liegendspalter. Er wird mit Hilfe eines Fußpedals angetrieben. **3** Der Wood-Splitter arbeitet ebenfalls mit Hilfe eines Fallgewichts, das eine Klinge ins Holz treibt. **4** Der Anzündholzspalter ähnelt einem Papierschneider und ist zum Abtrennen feiner Späne gedacht, etwa für Anzündholz.
Bei unseren Versuchen arbeiteten die Geräte überraschend gut, wenn Holz mit geeigneter Härte verarbeitet wurde. Bei den Konstruktionen mit Fallgewicht erkauft man die Kraftersparnis mit höherem Zeitaufwand, Hartholz stellt eine Herausforderung dar. Die bewältigt der Fußspalter gut – hier kann man einiges an Kraft einsetzen. Auch der Anzündholzspalter erledigt seinen Job.
Bei verastetem Holz hilft allerdings nach wie vor nur die Axt oder ein motorisiertes Spaltgerät.

1

- Einfach zu nutzen
- Nicht für Hartholz

2

- Einfach zu nutzen
- Spaltet Hartholz gut

3

- Einfach zu nutzen
- Spalten braucht Zeit

4

- Übung nötig
- Gut für feine Späne

ANZÜNDHOLZSPALTER: Feine Späne lassen sich damit schneiden.

FOX: Ungewohnte Betätigung mit dem Fuß.

LOGMATIC: Der Transportkorb ist gleich dabei.

WOOD-SPLITTER: Spart Kraft, benötigt einige Zeit.

Spaltaxt und Spalthammer

Spaltäxte sind bewährte Werkzeuge, wenn aus Stammstücken Scheite werden sollen. Die Wahl des richtigen Modells ist dabei wichtig. Schlanke, eventuell beschichtete Spaltäxte eignen sich gut zum Teilen von frischem Holz mit geringem Astanteil. Ist der Stamm stark verastet, greift man zu einem schwergewichtigen Spalthammer. Zu dessen Handhabung ist allerdings viel Kraft erforderlich – je breiter sein Kopf ist, desto mehr. Genügt auch die Wucht des Spalthammers nicht, treibt man mit seiner flachen Kopfseite Keile ins Holz. Dabei ist allerdings Vorsicht angezeigt: Schlagen Sie nie zwei gehärtete Stahlflächen aufeinander! Dabei entstehen scharfe Metallsplitter, die umherfliegen und im Wortsinne ins Auge gehen können. Mit einem Spalthammer darf man deshalb nur Kunststoff- oder Aluminiumkeile eintreiben, und man schlägt nie den Hammer mit einem anderen Stahl- oder Eisenwerkzeug weiter ein.

TIPP Sicher stehen

Damit eine abrutschende Klinge nicht Ihr Bein trifft, stehen Sie mit gespreizten Beinen vor dem Hackklotz. Am besten ist der Klotz etwas weniger als kniehoch. Dann liegt der Axtstiel beim Einschlagen waagerecht, und der Kopf trifft im idealen Winkel das Holz.

VOLLE KRAFT: Einen schweren Spalthammer zu schwingen, ist kräftezehrend.

GLATT: Schlanke Klingen trennen astfreies Holz sehr sauber.

SPALTER: Ist die Klinge breiter, bricht sie auch astige Stücke auseinander.

INFO Große Vielfalt

Wie immer bei Handwerkzeugen sollten Sie auch eine Spaltaxt oder einen Spalthammer vor dem Kauf in die Hand nehmen und ausprobieren, wie sich der Umgang damit anfühlt. Bei dieser Werkzeuggattung spielt allerdings auch Ihre Fitness eine Rolle: Spaltäxte mit ihren schlanken Köpfen bringen auch bei geringerer Muskelkraft noch gute Spaltleistungen. Leichte GfK-Stiele und beschichtete Klingen helfen zusätzlich. Das Bearbeiten von verastetem Holz wird dennoch mühsam. Wenn Sie sich ausreichend kräftig fühlen, nehmen Sie dafür besser einen Spalthammer.

Brennholz lagern

Bis zum Verfeuern muss Brennholz je nach Sorte ein bis drei Jahre lagern. In dieser Zeit soll es überschüssige Feuchtigkeit verlieren. Der Lagerplatz befindet sich sinnvollerweise im Freien, wo die Umgebungsluft ungehindert am Holz vorbeiziehen kann. Zugleich soll das Brennmaterial vor Wettereinflüssen geschützt sein, damit es nicht wieder durchfeuchtet wird. Gut geeignet ist deshalb ein Ort, der sich auf der wetterabgewandten Seite des Hauses oder eines Gartenschuppens befindet. Das Holz sollte dort von einem Dach gegen Regen geschützt sein – ein großer Dachüberstand am Haus kann schon genügen. Einen Lagerplatz aus einigen Kanthölzern selbst zu bauen ist nicht allzu schwer: Im einfachsten Fall muss der Stapel nur seitlich gestützt werden. Wer schnell zum Ziel kommen will, findet im Handel auch Bausätze zum Zusammenschrauben.

Für den kleinen Bedarf reicht ein Unterstand überschaubarer Größe.

KNIFFLIG: Bei einigen Fertiglösungen ist Geduld während des Aufbaus die wichtigste Tugend.

Effizienter schneiden

Auch scheinbar ausgereifte Konstruktionen wie ein Sägebock lassen noch Raum für Ingenieursleistungen. Das Ergebnis kann dann beispielsweise eine Lösung wie dieses Sägegestell sein. Man kann es fertig kaufen, aber auch als Anregung für eine eigene Konstruktion aus Holz nehmen. Der entscheidende Unterschied zum klassischen Bock sind die seitlichen Haltestangen. Sie machen es leicht möglich, mehrere Stammabschnitte gleichzeitig zu bearbeiten, da das aufgestapelte Holz kaum wegrollen kann. Damit lässt sich die Arbeitsersparnis, die der Kauf oder das Selbstgewinnen von Meterholz möglich macht, in der Praxis optimal ausnutzen. Bei der Kauflösung wird das Holz auf die an mehreren Stellen unterstützenden Querstreben gestapelt und insgesamt mit einem gezahnten Haltestab fixiert. Anschließend lässt sich der Stapel mit der Kettensäge an mehreren Stellen jeweils in einem Zug durchtrennen. Anders als vielleicht zu vermuten wäre, verkantet die Säge dabei nicht – die abgetrennten Enden kippen eher nach außen ab und fallen einfach zu Boden, wo man sie schließlich aufsammeln kann.

Ein Schnitt trennt mehrere Meterstücke gleichzeitig – ob rund oder vorgespalten.

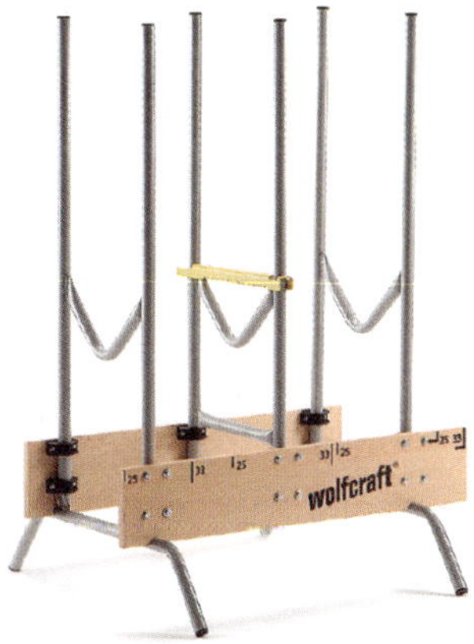

Das Fertigmodell ist klappbar, kann also nach Gebrauch platzsparend verstaut werden.

Trimmer, Sensen, Sägen und Co.

SCHARFES GERÄT

Schneidende Gartenwerkzeuge müssen immer scharf sein, sonst helfen sie nicht viel. Wenn man weiß, welches Zubehör man bereithalten muss und wo man Ersatzteile bekommt, ist das Werkzeug schnell wieder einsatzbereit.

Rasentrimmer

Ein neuer Rasentrimmer arbeitet immer gut. Die Freude daran wird aber schon dann ein wenig getrübt, wenn die beiliegende Fadenkassette leer ist oder die mitgelieferten Kunststoffmesser verbraucht sind. Das ist natürlich kein ernsthaftes Hemmnis, denn Verbrauchsmaterialien müssen nachgekauft werden – das weiß man schon bei der Anschaffung.

Genau zu diesem Zeitpunkt sollte man sich aber auch schon etwas ausführlichere Gedanken über die Versorgung mit Ersatzteilen und Verbrauchsmaterial machen. Beim Trimmer bedeutet das etwa die Entscheidung zwischen einem Gerät mit Trimmfaden und einem mit Kunststoffmesser. Auf die Dauer ist der Faden die günstigere Variante, sofern man bereit ist, losen Ersatzfaden selbst auf die leere Spule zu wickeln, statt fertig bestückte Spulen nachzukaufen.

Beim Kauf von Faden muss man auf die richtige Stärke achten – oft steht auch auf der Packung, für welche Geräte er sich eignet.

Doch auch wer selbst wickelt, sollte eine Ersatzkassette auf Lager haben, denn deren mechanische Teile, die für die automatische Fadennachführung oder für die Verlängerung per Auftippen sorgen, werden früher oder später verschlissen sein.

Haben Sie Ihren Trimmer beim Discounter gekauft, dann bewahren Sie die Bedienungsanleitung sorgfältig auf. Die dort angegebene Serviceadresse ist meist auch die Bezugsquelle für Verbrauchsmaterial und Verschleißteile.

Markengeräte erfordern da in der Regel weniger Voraussicht. Gängige Kassetten und Fadentypen bekommt man in den Baumärkten, bei Fachhändlern oder in Gartencentern.

Auch sinnvolles Zubehör wie der rechts oben gezeigte Radsatz können noch später nachgekauft werden, und Ersatzteile gibt es noch längere Zeit (Kasten links).

Das ist nicht zuletzt bei Akkugeräten wichtig, denn

SCHON GEWUSST? Einzelteile einfach wechseln

Auch Teile an handgeführten Gartenwerkzeugen verschleißen mit der Zeit: Klingen werden stumpf oder schartig, Federn können brechen, Kleinteile verlorengehen. Mit Markenwerkzeug ist man in solchen Fällen oft in der komfortabelsten Position: Auch nach Auslaufen einzelner Modelle sind Teile dafür häufig noch Jahre später erhältlich. Das kann einen anfangs höheren Preis schnell relativieren. Immer mehr Hersteller gehen auch dazu über, ihre Ersatzteilkataloge gleich mit Bestellmöglichkeit ins Netz zu stellen. Aber auch Fachhändler können Teile schnell für Sie bestellen. Zuweilen enthalten die Bedienungsanleitungen Listen mit den Bestellnummern einzelner Teile – sie lassen sich dann besonders einfach besorgen.

ERSATZ: Diese Gartenschere wird schon eine Weile nicht mehr verkauft, Ersatzteile gab es dafür trotzdem noch.

KUNSTSTOFFMESSER sparen Energie und sind leicht auszutauschen. Achten Sie auf die passende Aufnahme!

SCHUTZBÜGEL (rechts am Gerät) schonen Pflanzen, empfindliche Oberflächen und das Trimmermesser.

NACHGERÜSTET: Der Radsatz wertet den Trimmer mit einer guten Höhenkontrolle auf.

TIPP Wieder fit mit Pflegespray

Werkzeuge mit beweglichen Klingen wie die gezeigte Grasschere profitieren von einer regelmäßigen Schmierung. Ein Pflegespray erledigt das mit geringem Aufwand.

Sprühen Sie das Spray aufs laufende Messer, dann verteilt es sich von selbst.

Anschließend wischt man überschüssiges Öl ab, es gelangt sonst in die Umwelt.

Trimmerfäden

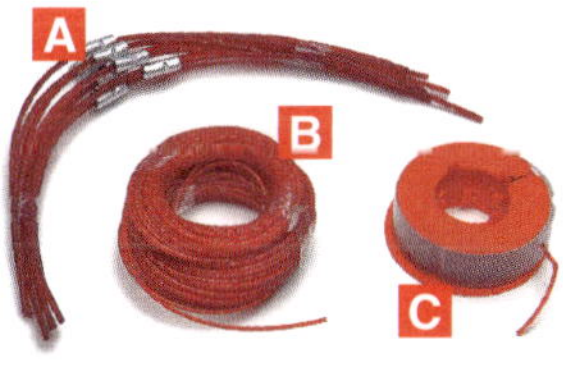

ERSATZ-FÄDEN: Manche Geräte lassen die Wahl zwischen festen, stabileren Fäden **A** und Fadenspulen **C**. Lose Ersatzfäden **B** kann man selbst auf leere Spulen wickeln (Fotos rechts).

01 Der Fadenkopf sitzt beim klassischen Trimmer hinter einer Schutzkappe, die Sie abnehmen müssen.

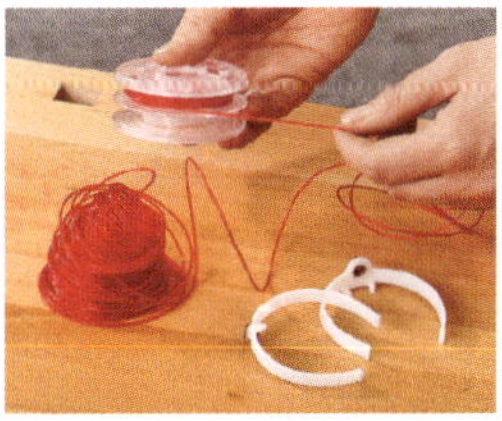

02 Die Fadenspule wird gegen eine volle ausgetauscht, oder Sie wickeln selbst losen Faden auf. Achten Sie dabei auf die ...

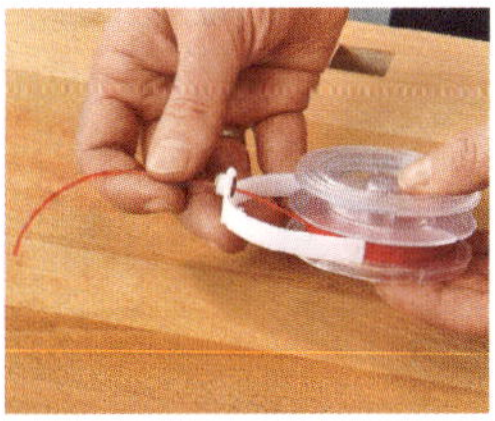

03 ... korrekte Wickelrichtung! Anschließend wird dann – soweit vorhanden – die Fadenführung wieder aufgesteckt.

Trimmermesser

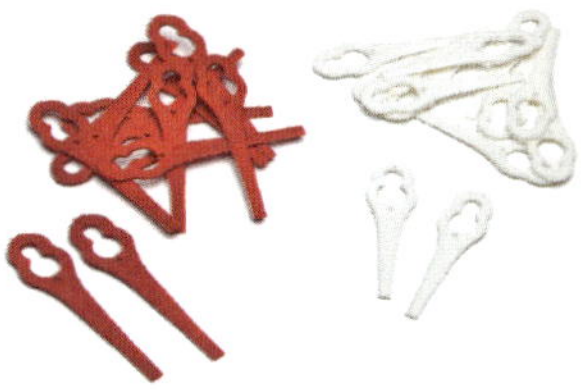

KUNSTSTOFFMESSER: Sie sind leicht zu tauschen und verschleißen langsamer. Das Messer muss jeweils genau zum Gerät passen – Länge und Farbgebung helfen bei der Auswahl.

01 Die Messer sitzen beweglich auf einer rotierenden Scheibe. Für den Fadenbetrieb sind solche Geräte nicht geeignet. Vor allem ...

02 ... Akkutrimmer profitieren vom geringeren Energieverbrauch der Messer. Rechts im Bild ein verschlissenes Messer, links ein neues.

03 Das neue Messer wird einfach auf die Pilzkopfaufnahme an der Scheibe geklipst.

deren Energiespeicher verlieren mit der Zeit an Kapazität und sind eines Tages völlig unbrauchbar. Ersetzt werden können sie dann nur durch ein Akkupack desselben Herstellers, und der muss natürlich noch verfügbar sein.
Doch noch einmal zurück zu den schneidenden Elementen: Statt eines Fadens kommen immer häufiger Kunststoffmesser zum Einsatz, die beweglich auf einer rotierenden Scheibe sitzen. Sie lassen sich durch simples Einklipsen rasch ersetzen und sind auch sonst wartungsarm, denn kein Faden kann sich hier verheddern oder einfach abreißen.
Je nach Gerät und dessen Leistung können Sie auch noch weitere Werkzeuge damit betreiben. Angaben dazu hält die Bedienungsanleitung bereit. Bei der Verwendung eines anderen Schneidsystems müssen Sie jeweils auch auf die geeigneten Schutzvorrichtungen gegen herumfliegende Schnittreste oder Fadenstücke achten.

Motorsensen

Ein Freischneider mit Schneidfaden muss vor Dickicht und Gestrüpp häufig kapitulieren. Hier sind stärkere Geräte gefragt, die mit festen Messern betrieben werden können. Eingesetzt werden dürfen dabei aber nur Werkzeuge, die der Hersteller für das betreffende Modell ausdrücklich empfiehlt, sonst drohen Verletzungsgefahren. Aus dem gleichen Grund muss immer die zum Werkzeug gehörige Schutzeinrichtung am Gerät montiert werden. Bei der Arbeit mit den leistungsfähigen Maschinen ist festes Schuhwerk sinnvoll, ein Gesichtsschutz fängt umherfliegendes Material ab. Auch ein Gehörschutz lohnt sich, da das Arbeitsgeräusch auf Dauer unangenehm wird.
Wenn Sie das Einsatzwerkzeug wechseln, kontrollieren Sie es auf Risse und Scharten. Stumpfe Werkzeuge kann man oft nachschleifen, beschädigte tauscht man besser aus.

Ehe Sie ein Werkzeug einsetzen, kontrollieren Sie es auf Unversehrtheit.

Werkzeugwechsel

01 Erst blockiert man die Antriebswelle – in diesem Fall mit einem einschiebbaren Dorn.

02 Nun lässt sich die Befestigungsmutter von der feststehenden Welle schrauben und das Werkzeug abziehen.

03 Bei der Gelegenheit geben Sie gleich auch ein wenig Fett an das Antriebslager.

04 Das neue Werkzeug wird aufgesteckt und festgeschraubt. Die Blockierung der Welle wieder entfernen!

SCHON GEWUSST?
Werkzeuge und ihr Einsatz im Überblick

Je nach Leistung lassen sich verschiedene Werkzeuge mit dem Freischneider betreiben. Welche das sind, verrät die Gebrauchsanweisung.

SCHNEIDFADEN

- Für Ausputzarbeiten an Mauern, Beeteinfassungen, Gehölzen und anderen Hindernissen.
- Mit der Zeit verschleißt der Faden. Er wird je nach Gerät manuell, durch Auftupfen des Mähkopfes oder automatisch bei jedem Maschinenstart verlängert.
- Bei der Verwendung ist ein spezieller Mähschutz nötig, an dem ein Fadenmesser montiert ist.

MESSER

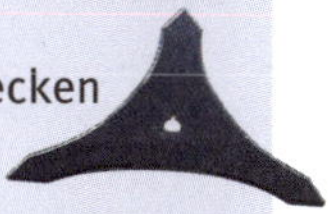

- Ein Dickichtmesser aus Stahl kommt auch mit Gestrüpp, verfilztem Gras und dornigen Hecken zurecht.
- Beim Einsatz muss der geeignete Schutz montiert sein.

KUNSTSTOFFMESSER

- Diese robusten Universalwerkzeuge eignen sich sehr gut für Ausputzarbeiten.
- Der Rückschnitt von Unkraut ist damit auch auf der Fläche möglich.
- Kunststoffmesser lassen sich einfach tauschen, sie sind am Mähkopf nur eingeklipst.

SÄGEBLATT

- Kreissägeblätter mit spitzen Zähnen können knorrige Büsche und sogar kleine Bäume schneiden.
- An dafür geeigneten Motorsensen muss beim Einsatz von Kreissägeblättern ein spezieller Anschlag montiert sein.
- Kreissägeblätter mit Hartmetall-Besatz bewältigen sogar den Schnitt in verschmutztem Unterholz.

Säbelsägen

Eine Säbelsäge arbeitet wie eine Stichsäge – nur bewegt sich hier das Blatt in Verlängerung der Maschine vor und zurück und ist in der Regel auch länger als ein Stichsägeblatt. Im Garten können die Sägen etwa zum Kappen von Ästen, zum Zerteilen von Wurzeln und auch beim Zerlegen kleiner Mengen Brennholz verwendet werden.
Bei nahezu allen Markenherstellern sind die Werkzeugaufnahmen gleich – man hat also unter der

BAUMSCHNITT:
Bei der Baumpflege lassen sich Säbelsägen ganz bequem ohne besondere Schutzvorkehrungen einsetzen.

BLATT WECHSELN:
Meist wird werkzeuglos gewechselt. Der Tausch geht schnell, die Blätter passen in der Regel für alle Markengeräte.

TIPP Keine Angst vor Erdkontakt

Bei der Arbeit im Garten eignet sich eine Säbelsäge sehr gut für Schnitte, die in der Nähe des Erdbodens oder an verschmutztem Holz ausgeführt werden sollen – also in Bereichen, von denen man eine Kettensäge tunlichst fernhält. Wo es eng wird, etwa beim Teilen freigelegter Wurzeln, bietet die Säge auch einen Sicherheitsgewinn, da sie nicht zurückschlägt.

Hier wäre eine Kettensäge schnell stumpf – eine kurze Berührung des Erdbodens würde bereits genügen – mit der Säbelsäge kein Problem.

SCHON GEWUSST? Auswahl und Anwendung

Ihre Vielseitigkeit verdankt die Säbelsäge vor allem der großen Auswahl an Sägeblättern. Zahlreiche Exemplare machen sich im Garten nützlich.

BLATTLÄNGE:
Säbelsägeblätter sind meist rund 150 mm lang. Für Außenarbeiten werden aber auch Längen bis rund 300 mm angeboten. Diese Blätter sind flexibler.

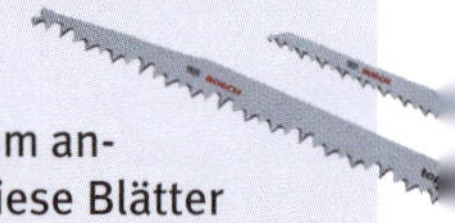

ZAHNUNG:
Brennholz schneidet man am besten mit einer groben Zahnung **A**. Geschliffene Blätter **B** sägen feiner. Die groben Zahnungen arbeiten optimal in Grünholz **C** und in feuchtem Holz **D**.

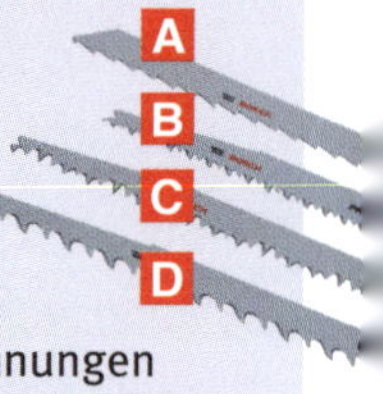

METALL-SÄGEBLÄTTER:
Flexible Blätter eignen sich zum wandbündigen Ablängen **E**, die etwas gröbere Zahnung **F** trennt Holz mit Nägeln und Kunststoffe. Profile und Bleche bearbeitet man mit den feinen Zahnungen **G** und **H**.

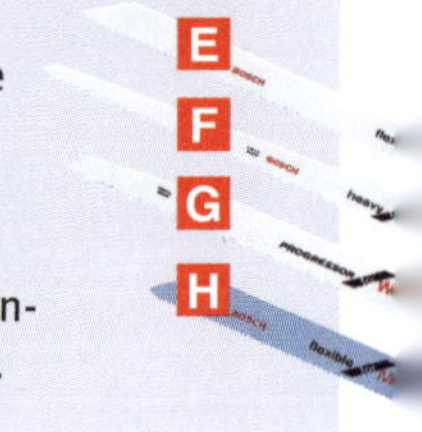

Vielzahl von angebotenen Sägeblättern die freie Wahl. Eingesetzt werden sie meist ohne zusätzliches Montagewerkzeug. Oft lassen sich die Blätter auch mit der Zahnung nach oben, zuweilen in alle Richtungen drehbar oder für randnahe Schnitte parallel versetzt einbauen.
Die Eignung für bestimmte Anwendungen bestimmen vor allem die Länge und die Zahnung des Blatts. Damit sollte man sich also intensiver auseinandersetzen. Im Kasten links geben wir Tipps und Informationen dazu.

Kettensägen

Ebenso gut könnten wir diesen Abschnitt „Sägeketten" nennen, denn die technischen Funktionsprinzipien der Kettensäge und ihre Einsatzmöglichkeiten haben wir bereits ausführlich beschrieben. Hier geht es nun um all die Aspekte, die Sie beachten müssen, wenn Sie eine neue Kette brauchen.
Im Grunde benötigen Sie eine weitere Kette sofort beim Kauf der Säge, denn die Hobelschneiden der Sägekette können schon durch einen kurzen Moment der Unaufmerksamkeit stumpf werden. Ein kurzer Erdkontakt reicht – wegen der hohen Geschwindigkeit, mit der die Schneiden der Kette am in der Erde enthaltenen Sand vorbeiziehen, verlieren sie sofort ihre Schärfe. Dann muss eine Ersatzkette vorhanden sein, damit Sie weiterarbeiten können.
Die wichtigste Kennzahl für eine passende Ersatzkette ist die Kettenteilung (Kasten unten). Der zweite Wert,

AUSWECHSLUNG:
Mit stumpfen Zähnen geht hier gar nichts. Eine Ersatzkette des richtigen Typs sollte deshalb bei jedem Einsatz in Reserve sein.

SCHON GEWUSST? Kettenteilung

Ein wichtiges Maß beim Kauf von Sägeketten ist die Teilung. Sie gibt den Abstand von Nietbolzenmitte zu Nietbolzenmitte in Zoll an. Um sie selbst zu ermitteln, messen Sie die Distanz von einem Niet zum übernächsten und teilen den Wert durch 2. In Zoll umgerechnet, ergibt sich in den meisten Fällen einer der folgenden Werte:
3/8" (ca. 9,5 mm) Die gängigste Kettenteilung. Schmale Ketten dieser Teilung findet man auch an weniger leistungsstarken Hobbymaschinen.
3/8" PROFI Diese Ketten weisen bei gleicher Teilung ein höheres und breiteres Zahnprofil auf. Für diese Ketten braucht man einen kräftigen Motor.
0,325" (ca. 8,25 mm) Diese Ketten mit geringerem Nietabstand sind auch als Farmerketten bekannt. Sie bieten gute Schnittleistungen bei guter Standzeit.
Ketten der Teilungen 1/4" und 0,404" finden sich seltener.

den Sie kennen müssen, ist die Breite der Treibglieder, der dritte die Anzahl der Treibglieder und damit auch die Kettenlänge – für die Arbeit mit einer längeren Sägeschiene brauchen Sie auch mehr Treibglieder. Ein Beispiel soll die Werte und ihre Bedeutung erläutern: So weist eine Kette des Typs 3/8-1,3-52E die Teilung 3/8 Zoll auf, die Breite der Treibglieder und damit der Nutbreite der

Kette selbst schärfen

Selbst schärfen sollten Sie erst nach einer gründlichen Unterweisung. Hier erhalten Sie einige Eindrücke von Hilfsgeräten und Vorgehensweise.

Beim Feilen der Zahnflanken kommt es auf den korrekten Winkel an. Ein Feilenhalter wie dieser hilft dabei, ihn einzuhalten.

Sehr komfortabel sind Feilstationen für die Werkstatt. Doch auch hier braucht man Übung – automatisch schärfen können die Geräte leider nicht.

Ein Feilgerät für unterwegs, das auf die Sägeschiene aufgesetzt wird. Es bietet Führung und hilft bei der Einhaltung des Feilwinkels.

Wer im Wald allein mit Feile und Feilbock seine Sägekette erfolgreich nachschärft, darf sich zu den Profis rechnen.

TIPP Hilfsmittel zum Schärfen

Ganz allein auf sich und sein Augenmaß gestellt ist man beim Schärfen nicht. Zahlreiche Hilfseinrichtungen, Lehren und Feilensätze helfen dabei. Lassen Sie sich die Anwendung in jedem Fall vom Fachmann zeigen. Und da Lehren und Feilen jeweils zur Kette passen müssen, bringen Sie zum Kauf eine Kette oder gleich die komplette Säge mit.

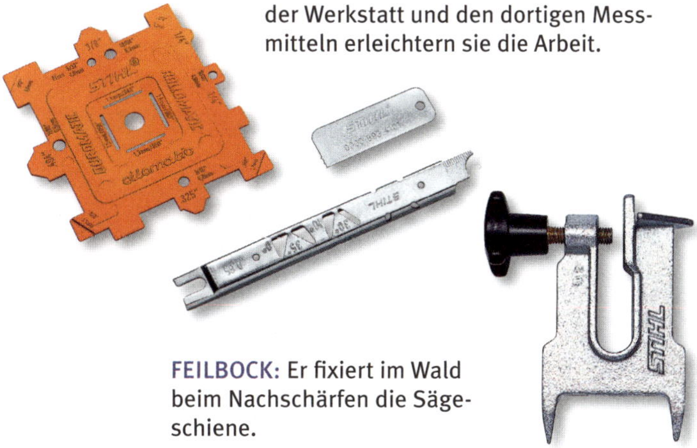

PRÜF- UND FEILENLEHRE: Fernab von der Werkstatt und den dortigen Messmitteln erleichtern sie die Arbeit.

FEILBOCK: Er fixiert im Wald beim Nachschärfen die Sägeschiene.

TIPP Vorsicht: Gefahrenzone Schienenspitze!

Taucht man die laufende Kette versehentlich ins Erdreich, wird sie einfach nur stumpf. In einem kleinen Bereich oben an der Schienenspitze droht jedoch bei jeder Berührung Gefahr. Wenn Sie versuchen, mit dieser Zone ins Holz zu schneiden oder versehentlich damit irgendwo anstoßen, kann ein Rückschlag die Folge sein: Die Säge wird plötzlich hochgerissen, die laufende Kette kann schwerste Verletzungen hervorrufen. Tragen Sie deshalb die Säge nur mit gestoppter Kette umher.

Diese kleine Zone an der Spitze der Kette ist besonders gefährlich: Eine Berührung kann zum Rückschlag führen.

Sägeschiene misst 1,3 mm, die Zahl der Glieder beträgt 52. Das E steht für eine Endloskette. Prägen Sie sich die Bezeichnung der Kette für Ihre Säge ein oder fragen Sie den Fachhändler! Die Werte mitgelieferter Ketten werden vom Hersteller auf die Maschine abgestimmt. Mit dem Nachkauf des gleichen Typs machen Sie also nichts falsch.

Da niemand beliebig viele Ketten besitzt, müssen sie früher oder später nachgeschliffen werden. Der Händler erledigt das am problemlosesten. Wenn Sie Interesse daran haben, das Schärfen selbst zu lernen, finden Sie hier einige Tipps dazu. Beherrschen werden Sie es jedoch erst nach einer Schulung durch Profis.

Technik, Leuchten, Sicherheit

LICHT IM GARTEN

Stimmungsvolles Licht verschönert den Grillabend mit Freunden ebenso wie den gemütlichen Tagesausklang zu zweit. Hinweise zur Installation sowie Tipps zu Technik und Sicherheit erhalten Sie in diesem Kapitel.

Sicher installieren

Kerzen, Fackeln oder Petroleumlampen setzen draußen romantische Lichtakzente. In den meisten Fällen kommt die Energie fürs Gartenlicht allerdings aus der Steckdose – das beginnt bei der Leuchte neben der Terrasse und reicht bis zur Unterwasser-Illumination im Gartenteich. Wenn man nicht jedes Mal Kabeltrommeln abrollen und Verlängerungen ziehen möchte, um für Beleuchtung zu sorgen, verlegt man am besten feste Leitungen im Boden. Installationen im Außenbereich sind allerdings recht anspruchsvoll. Das liegt nicht zuletzt daran, dass Erdfeuchtigkeit und Wasser im Garten allgegenwärtig sind. Dringt die Feuchtigkeit in elektrisch betriebene Geräte wie Leuchten ein, ist zum einen deren Funktion gefährdet, zum anderen entstehen auch lebensbedrohliche Risiken für die Anwender.

Die Konsequenz daraus: Die Elektroinstallation im Garten muss absolut vorschriftsmäßig ausgeführt werden, um den Kontakt zwischen Wasser und Strom zu verhindern. Zudem müssen im Fall der Fälle geeignete Sicherheitseinrichtungen von Fehlern

INFO Fehlerstrom-Schutzschalter schaffen Sicherheit

Leitungen draußen müssen über eine eigene Sicherung abgesichert werden. Um effizienten Personenschutz zu gewährleisten, sollte man im Verteilerkasten zusätzlich einen Fehlerstrom-Schutzschalter einbauen lassen (landläufig als FI-Schalter bekannt). Er reagiert schon auf sehr kleine Fehlerströme, während die üblichen Sicherungen im Fall einer Fehlfunktion oder Berührung erst bei Stromstärken abschalten, die zu schweren oder gar tödlichen Stromunfällen führen können.

Falls im Sicherungskasten kein Fehlerstrom-Schutzschalter installiert ist, lassen sich Geräte auch über einen FI-Zwischenstecker sichern.

SCHON GEWUSST? Schutzarten

Wie gut ein Gehäuse gegen Fremdkörper und Wasser geschützt ist, zeigt der IP-Code. Nicht untergetauchte Geräte im Freien sind ab der Schutzart IPX4 hinreichend gegen Wasser geschützt.

ERSTE ZIFFER: Fremdkörperschutz	ZWEITE ZIFFER: Wasserschutz
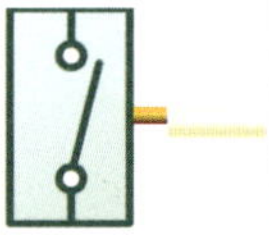 IP3X: Schutz gegen Eindringen fester Fremdkörper › 2,5 mm	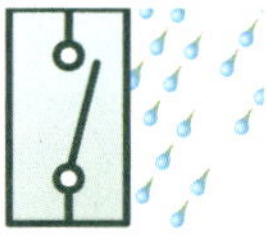 IPX3: Schutz gegen fallendes Sprühwasser bis 60° gegen die Vertikale
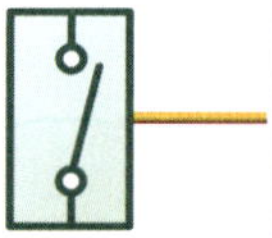 IP4X: Schutz gegen Eindringen fester Fremdkörper › 1 mm	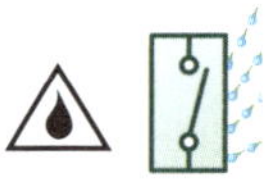 IPX4: Schutz gegen allseitiges Spritzwasser
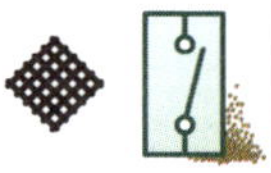 IP5X: Schutz gegen Eindringen von Staub	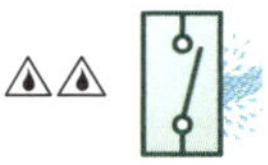 IPX5: Schutz gegen Strahlwasser

betroffene Stromkreise zuverlässig abschalten.
Arbeiten Sie nur dann an Elektroinstallationen, wenn Sie genau wissen, was Sie tun! Beim geringsten Zweifel wenden Sie sich an einen Fachmann. Für den ordnungsgemäßen Zustand der Anlage haftet immer derjenige, der zuletzt daran gearbeitet hat.
Ehe Sie beginnen, müssen Sie dafür sorgen, dass der betroffene Stromkreis stromfrei ist. Ziehen Sie also den Stecker oder schalten Sie die Sicherung aus. Da auch hier schon einmal zum falschen Schalter gegriffen werden kann, messen Sie anschließend, ob die Leitung wirklich keine Spannung mehr führt. Dafür eignen sich Zweipol-Spannungsmesser oder Multimeter. Sichern Sie zudem den Stromkreis gegen Wiedereinschalten – etwa mit Klebeband und einem Warnschild.
Ortsveränderliche Verbraucher erhalten ihre Energie über flexible Gummileitungen, deren Stecker oder Kupplungen gegen Spritzwasser geschützt sind. Geeignete Leitungstypen sind z. B. H05RN oder H07RN. Montieren Sie selbst Kupplungen oder Stecker, müssen die bei flexiblen Leitungen immer aus Bündeln feiner Kupferdrähtchen bestehenden Adern mit aufgepressten Aderendhülsen versehen werden, damit sie sicher in den Klemmen gehalten werden können.
Für die ortsfeste Verlegung im Erdreich eignen sich spezielle Erdkabel wie Typ NYYJ 2G. Die Alternative sind gewöhnliche Mantelleitungen (Typ NYM), die in Rohren verlegt werden. Da die Leitungen für die feste Verlegung massive Kupferadern besitzen, brauchen sie keine Endhülsen.
Verlängerungsleitungen und die Zuleitungen zu Steckdosen müssen immer dreiadrig ausgeführt werden, also mit Außenleiter (Phase, L), Mittelleiter (Neutralleiter, N) und zusätzlich einem Schutzleiter (PE). Die Anschlüsse für Leuchten und andere Verbraucher müssen nur dann mit einem Schutzleiter ausgeführt werden, wenn sie berührbare Metallteile aufweisen – diese sind dann immer mit dem Schutzleiter zu verbinden.
Auch Metallfassungen für Leuchtmittel besitzen eine Klemme für den Schutzleiter. Bauen Sie selbst eine Leuchte mit Metallteilen und einer Metallfassung, dann wird die Klemme an der Fassung mit dem Schutzleiter ebenso wie mit allen berührbaren Metallteilen der Leuchte verbunden.

TIPP Licht am Gartenteich

Geräte, die unter Wasser betrieben werden, etwa Pumpen oder Leuchten, besitzen in der Regel einen Anschluss, der im Gehäuse fest vergossen ist. Hier können Sie aus guten Gründen die Installation am Gerät selbst nicht verändern. Am Ende der Zuleitung besitzen solche Geräte einen normalen Stecker für 230-V-Steckdosen oder einen Trafoanschluss, wenn sie mit Schutzkleinspannung betrieben werden.
Die Steckdose oder der Trafo müssen sich dann in einem spritzwassergeschützten Bereich befinden.

Leuchten für Teiche sind oft mit der Anschlussleitung vergossen.

Stromleitungen legen

Die beste Lösung für fest verlegte Leitungen im Garten sind spezielle Erdkabel. Sie haben mit der Nässe im Boden auch dauerhaft keine Probleme. Legt man sie in flexiblen Leerrohren, dann kann man sie auch später noch austauschen. Wer bei der Gartenanlage noch nicht genau weiß, wo er einmal Strom brauchen wird, kann auch Leerrohre auf Verdacht legen – hier lassen sich später je nach Bedarf Kabel einziehen. Für das Verlegen heben Sie 80 cm tiefe Gräben aus. Auf die Sohle kommt ein Sandbett von einigen Zentimetern Stärke als Schutz gegen spitze Steine, dann das Kabel, darauf noch einmal Sand. Das Ganze decken Sie beispielsweise mit Pflastersteinen gegen Verletzungen durch einen Spaten ab. Wer auf Nummer sicher gehen möchte, kann darauf noch ein Trassierband in Signalfarbe legen – dann sieht man sofort, wenn man einmal beim Graben der Leitung zu nahe kommt.

Meist werden dreipolige Erdkabel verlegt. Wer gleich eine Reserve schaffen möchte, kann aber auch fünfpoliges Kabel verwenden. Daran kann man dann etwa eine Steckdose und auf Wunsch zusätzlich noch eine Leuchte anschließen, die sich unabhängig von der Steckdose schalten lässt.

Den Anschluss in der Hausverteilung übernimmt ein Elektriker – er kann, soweit nicht bereits vorhanden, bei dieser Gelegenheit gleich noch einen Fehlerstromschutzschalter installieren.

Wenn Sie nur Leuchten versorgen möchten, können Sie auch auf Niedervolttechnik setzen. Dabei steht der Trafo im Haus, draußen werden nur Leitungen mit ungefährlicher Kleinspannung verlegt. Diese Leitungen können flacher, in jedem Fall aber spatensicher im Boden verlegt werden. Eine schlagfeste Abdeckung über der Leitung empfiehlt sich auch in diesem Fall.

Stromquellen im Grünen

1

Steckdosen müssen nicht immer nach Technik aussehen. Hier verbirgt eine naturnah gestaltete Haube den Energiespender.

2

Standardlösung: Gartensteckdosen, die per Erdspieß verankert werden. Die Verschlussklappen schließen per Feder von selbst.

3

Technisches Wunderwerk? Die Fontäne lässt sich mit der Fernbedienung ein- und ausschalten.

4

Die Lösung: Der spritzgeschützte Funk-Zwischenstecker in der abseits aufgestellten Dose.

Kabel durch Leerrohre ziehen

Diese Methoden funktionieren auch bei bereits vergrabenen Rohren.

01 Binden Sie einen Wattebausch an einen langen Wollfaden und saugen Sie ihn mit einem Staubsauger durchs Rohr.

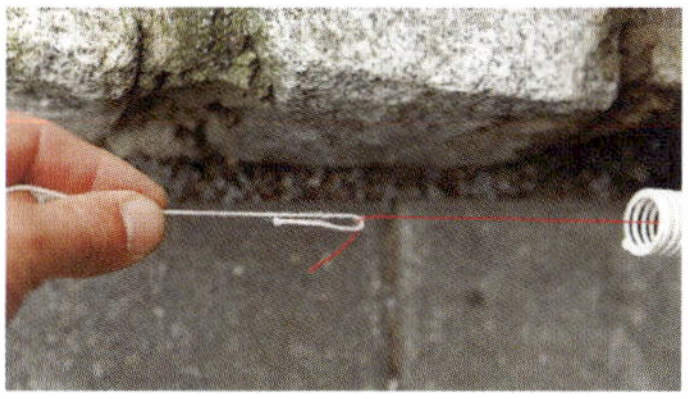

02 Am Wollfaden ziehen Sie nun feste Maurerschnur und daran schließlich die Leitung langsam durch das Leerrohr.

03 Profis verwenden flexible Einziehspiralen aus PVC – durch das Rohr drücken und das Kabel daran durchziehen.

Erdkabel sicher verbinden

Ein Erdkabel kann man mit einer wasserdichten Dosenmuffe verlängern.

01 Zwei der vier Ausgänge werden passgenau aufgeschnitten, die mit Gleitpaste versehenen Kabelenden durchgesteckt.

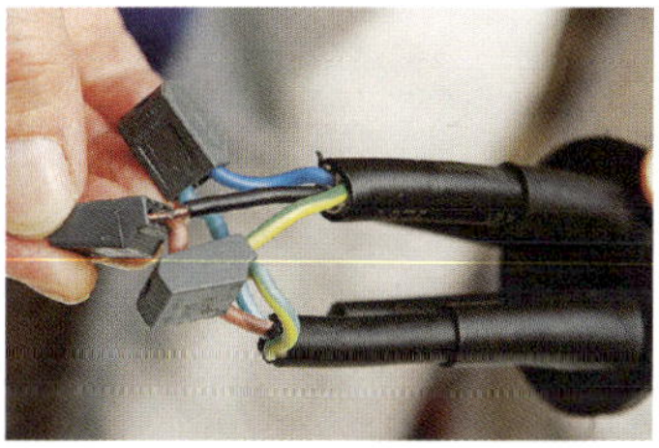

02 Die Verbindungsklemmen – sie werden gesteckt, nicht geschraubt – verbinden die Adernpaare.

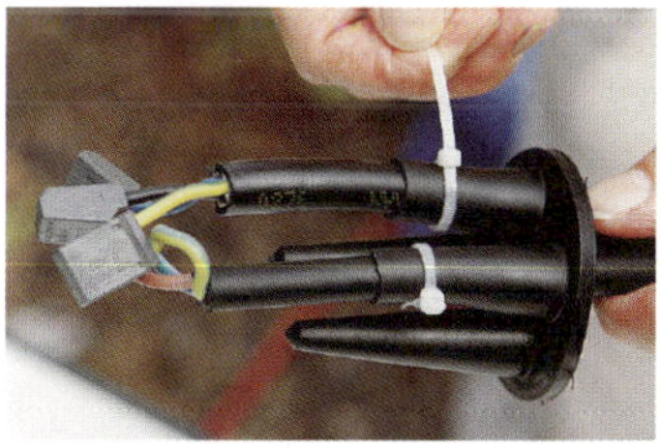

03 Für die Zugentlastung und als zusätzliche Abdichtung fixiert man die Kabel mit Kabelbindern.

04 Nun wird die Dosenmuffe fest verschraubt und vergraben. Mit der Schutzart IP68 wäre sie sogar unter Wasser dicht.

TIPP Sicher

Bei vorübergehender Verlegung schützt die „Safe-Box" Kupplungen vor Regen und versehentlichem Trennen.

Leuchten einfach selbst bauen

Auch der Selbstbau von Gartenleuchten macht Spaß. Wem die leuchtenden Pflanzkästen auf dieser Doppelseite zu aufwendig sind, der findet nach dem Umblättern zwei einfachere Ideen.
Aber auch vor dem für die leuchtenden Pflanzkästen verwendeten Acrylglas braucht man keine Angst zu haben – es lässt sich ähnlich wie Holz bearbeiten. Der Zuschnitt und der Zusammenbau gehen recht schnell vonstatten, der Kleber braucht jedoch Zeit zum Härten, so dass Sie insgesamt mit zwei Tagen Bauzeit rechnen sollten.
Bei der Arbeit mit Acrylglas müssen alle zum Schneiden oder Bohren verwendeten Werkzeuge gut geschärft sein. Bereitlegen sollten Sie einen Akkuschrauber mit Bohrer, eine Gehrungslade, eine Metallsäge, Zwingen und den Acrylglaskleber.
Acrylglas verkratzt man während der Bearbeitung leicht aus Versehen. Deshalb sind die Platten mit einer Schutzfolie versehen. Entfernen Sie sie erst, wenn Sie alle Bearbeitungsschritte erledigt haben. Von Klebestellen zieht man sie natürlich schon vorher ab.

01 Das Acrylglas wird zugeschnitten. Ehe man Kleber aufträgt, werden die Kanten mit Isopropanol entfettet.

02 Beim Bau des Korpus liegt die erste Platte waagerecht und stößt mit der Kante stumpf gegen die stehende zweite.

03 Mit etwas Abstand spannt man eine Leiste auf die Arbeitsfläche und presst die Klebenaht mit Keilen zusammen.

04 Innen stabilisieren zwei genau rechtwinklige Holzplatten bis zum Aushärten des Klebers die beiden Platten.

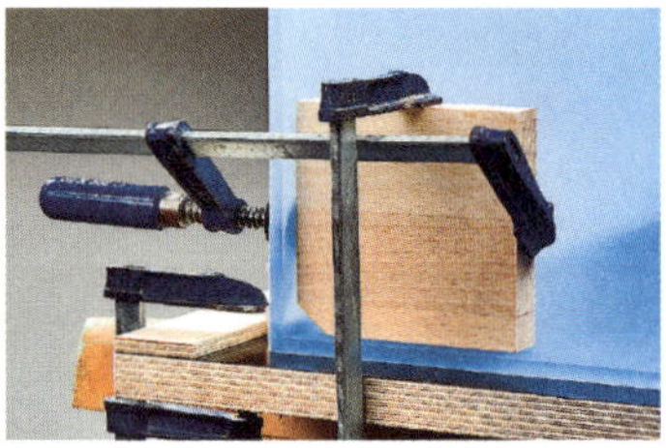

05 Der Hilfswinkel ist an einer Ecke abgeschrägt, damit er ganz sicher nicht mit dem Kleber in Kontakt kommt.

06 Winkel aus Acrylglas – auf gleicher Höhe in alle Ecken geklebt – machen die Konstruktion später noch stabiler.

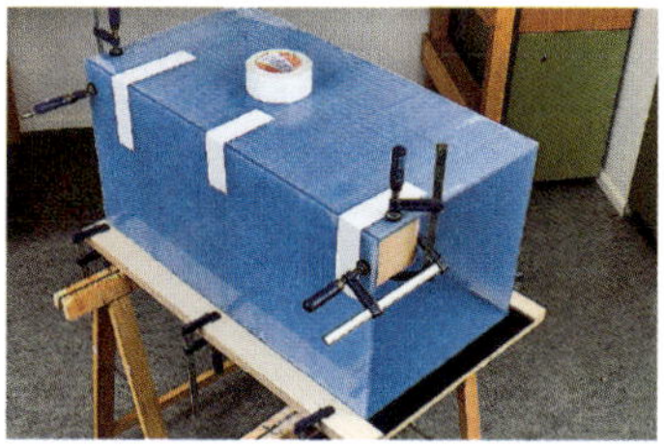

07 Aus zweimal zwei auf diese Weise verklebten Platten setzt man den Korpus zusammen und verklebt ihn.

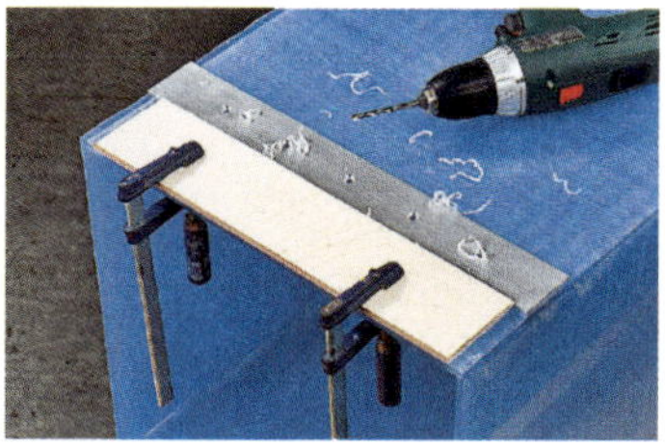

08 Nun schneidet man Alu-Flachprofile zu, bohrt und senkt sie und richtet sie 75 mm unterhalb der Oberkante aus.

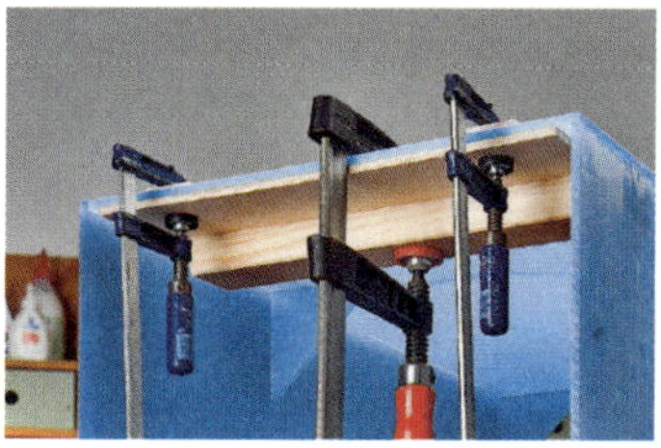

09 Die Bohrungen auf das Acrylglas übertragen. Innen, wieder 75 mm von der Kante entfernt, Leisten aus Douglasie fixieren.

10 Durch die Löcher im Korpus bohrt man bis ins Holz.

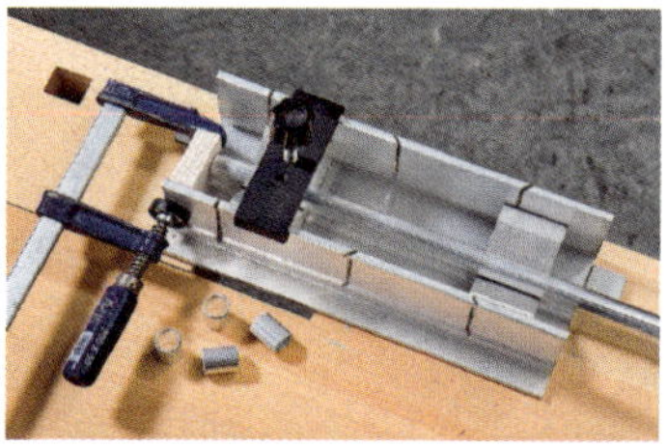

11 Von einem Aluminiumrohr (ø15 mm) schneidet man nun 20 mm lange Distanzstücke ab.

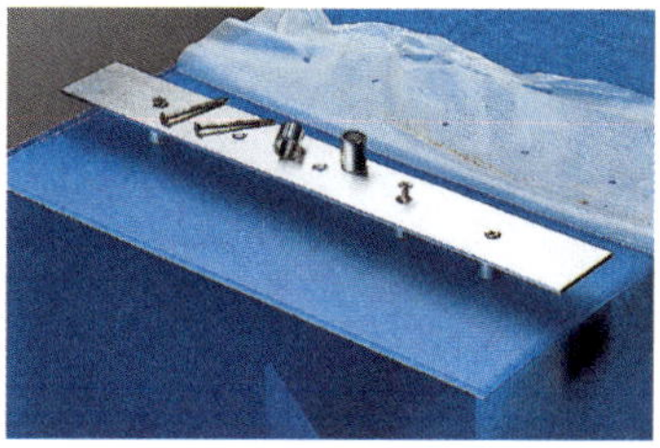

12 Durch Aluprofil und Röhrchen ins Holz schrauben – fest ist der Griff. Auf den Holzleisten werden passende Pflanzkästen platziert.

INFO Sparsame Beleuchtung

Licht spendet im Inneren des Acrylglas-Korpus ein Gartenstrahler mit Erdspieß. Der vorhandene Reflektorstrahler wurde hier gegen eine Energiesparlampe getauscht, die durch ihre Form wasserdicht mit dem Gehäuse des Gartenstrahlers abschloss. Sie können im Acrylgehäuse auch andere Leuchten unterbringen, die für außen gedacht sind und nicht zu heiß werden.

TIPP Gebürstetes Aluminium

Leichtmetall wird oft ein wenig sorglos gelagert und transportiert. Wenn Sie also beim Händler nur Aluprofile mit Kratzern oder Flecken finden, dann machen Sie aus der Not eine Tugend: Legen Sie Schleifpapier um einen Schleifklotz und ziehen Sie damit so lange in Längsrichtung über das Profil, bis eine gleichmäßige, edel gebürstete Struktur entstanden ist.

Tonvasen-Leuchte

Dieser preiswerte Bauvorschlag, lässt sich in einer Stunde umsetzen.

MATERIAL

- 1 Frostfeste Amphore oder Tonvase nach Wahl
- 1 Lampenfassung E14 aus Kunststoff
- 1 Abzweigdose für Aufputz-Installationen
- 1 Zugentlastung; Aderendhülsen
- 2 Gewindeschrauben M3 x 10 mit Scheiben und Muttern
- 1 Zuleitung mit Stecker.

01 Zeichnen Sie anhand der Abzweigdose die Befestigungslöcher an und bohren sie durch.

02 Mit Gewindeschrauben wird die Dose im Gefäß fixiert.

03 Den Deckel durchbohren, darin die Fassung mit Gewinderöhrchen fixieren und verdrahten.

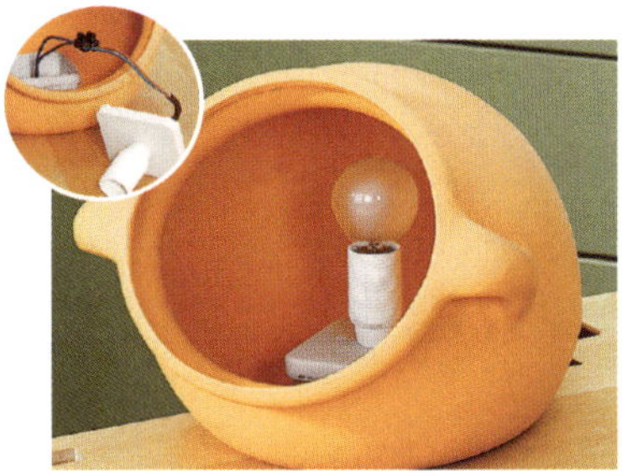

04 Leuchtmittel einschrauben und die Leuchte regengeschützt mit der Öffnung nach unten aufhängen.

TIPP Ganz ohne Strom: Teelicht-Halter

A

B

C

Zurück zu den Wurzeln: Stimmungsvolles Licht erhält man natürlich auch ganz ohne Stromleitungen. Hier sorgen ganz normale Teelichter für eine romantische Beleuchtung. Als Halter dienen Astabschnitte. **A** Die Höhe des Halters ist Geschmackssache, der Durchmesser richtet sich nach dem des Teelichts. In unserem Fall wirkte das Licht in einem 7-cm-Stamm sehr harmonisch. **B** Schneiden Sie das Holz mit der Handsäge möglichst genau im rechten Winkel ab. **C** Mit einem Forstnerbohrer entsteht die passende Bohrung für das Teelicht. Das wird nun eingesetzt – fertig ist ein Leuchtstämmchen, das sich außen wie innen verwenden lässt oder auch als hübsches Mitbringsel zur Gartenparty eignet.

Dekorieren mit Licht

Licht im Garten – das ist beileibe nicht nur während der Freiluftsaison ein wichtiges Thema. Gerade dann, wenn es draußen am kältesten ist, erstrahlen Bäume, Sträucher und Hausfassaden im Glanz der Lichterketten, Blinksterne und LED-Schläuche.

Angeboten werden die Leuchtmittel bereits ab Mitte Oktober oft zu sehr günstigen Preisen. Ein guter Grund, genau hinzuschauen.

Möchten Sie Ihren Garten festlich beleuchten, dürfen Sie dafür nur Lichterketten verwenden, die ausdrücklich für draußen geeignet sind. Zuweilen finden sich im Handel auch Lichterketten, die außen angebracht werden sollen, deren Transformator aber nur im Inneren des Hauses stehen darf. Solche Konstruktionen sind in Deutschland nicht zulässig. Lassen Sie sie um Ihrer Sicherheit willen im Laden stehen.

Ebenfalls heikel sind Bausätze für Lichtschläuche, die man selbst montieren muss. Das ist nicht trivial, und als Laie sollte man die Finger davon lassen. Fertig konfektionierte Produkte für innen und außen, die das Schutzart-Kürzel IP44 tragen, sind die bessere Wahl.

Beschädigte Lichterketten sollte man nie reparieren, sondern gleich entsorgen. Sind einzelne Lämpchen defekt, werden sie gegen neue ersetzt. Größe, Sockelart und elektrische Anschlusswerte müssen übereinstimmen. Ist keine Ersatzlampe mehr vorhanden, finden sich oft auf einem Fähnchen in der Nähe des Steckers entsprechende Angaben.

Ein fester Sitz der Lampen und festsitzende Dichtungen sind vor allem bei Lichtdekorationen lebenswichtig, die direkt ohne Trafo mit dem Netz verbunden werden. Beim Betrieb draußen empfiehlt sich eine besonders gründliche Kontrolle. Und schauen Sie auch einmal auf die teils verblüffend hohen Verbrauchswerte. Es rechnet sich oft, alte Ketten auszumustern und auf LED-Ketten umzusteigen.

INFO Außenleuchten

Niedervolt-Dekorationslicht, das außen betrieben wird, muss einen für außen geeigneten Trafo besitzen, der eine Angabe zur Schutzart trägt (Kasten Seite 140). Außentransformatoren sind in der Regel mit IP44 gekennzeichnet. Beim links abgebildeten Trafo ist das der Fall, bei dem auf dem Foto darunter nicht – solche unzulässigen Produkte sollten Sie gar nicht erst kaufen.

Wichtig ist bei Hochvolt-Lichterketten für außen auch die Abdichtung der Leuchtmittel. Sie muss fest in der Fassung sitzen – kontrollieren Sie das! Für die Stromzufuhr sind nur Gummileitungen erlaubt.

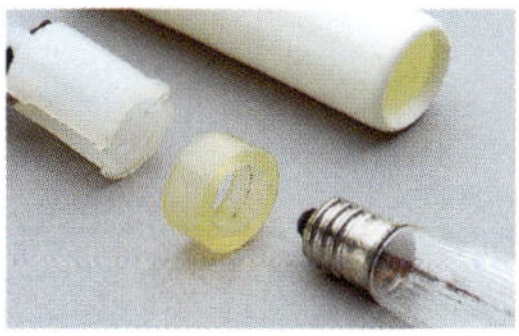

Mit Kohle, Gas und Strom

BESSER GRILLEN

Im Garten wird nicht nur gearbeitet, sondern gerne auch gefeiert. Grillfeste zählen dabei zu den beliebtesten Anlässen, Freunde und Bekannte um sich zu versammeln. Damit die Feier auch zum kulinarischen Erfolg wird, sollte man sich beizeiten mit der Technik rund ums Grillen befassen.

Welches Grillsystem?

Grillen ist nicht zuletzt eine Frage des Typs und der persönlichen Vorlieben. Nach der reinen Lehre wird ein Grill mit Holzkohle oder Briketts befeuert – auch wenn es eine Weile dauert, bis die Glut ihre volle Hitze entfaltet. Bis dahin kann man den ersten Schluck Bier genießen oder weitere Vorbereitungen in der Küche treffen. Der entstehende Rauch kann allerdings zu Diskussionen mit der Nachbarschaft führen; hier hängt viel davon ab, wie dicht man beieinander wohnt und wie grillbegeistert die nächsten Anwohner selbst sind. Pragmatiker greifen aus diesen Gründen auch gerne zum Gasgrill. Er ist schnell einsatzbereit, und taugliche Geräte liefern auch eine ausreichend starke Hitze. Die Temperatur lässt sich bei technisch hochwertigen Grills einfach und genau regeln, bei größeren Geräten auch zonenweise. Eine Gasflasche liefert Brennstoff für viele lange Grillabende und eine neue Füllung ist vergleichsweise günstig. Was hier fehlt, ist lediglich das Raucharoma der Holzkohle. Elektrisch betriebene Grills werden von eingefleischten Freiluftköchen gerne ein wenig schief angesehen. Sie können aber auch exakt die richtige Lösung sein – etwa beim Grillen auf dem Balkon oder mit kleineren Kindern. Und möchte man in Innenräumen grillen, gibt es nur wenige Alternativen zum elektrisch beheizten Grill.

JEDEM SEINE GRILLTECHNIK: Ob man sein Grillfleisch schneller auf dem Teller haben möchte oder sich lieber am würzigen Raucharoma erfreut – eine Lösung gibt's für jede Vorliebe.

TIPP Ausreichende Hitze

Ob Fleisch oder Würstchen schmecken, hängt nicht zuletzt davon ab, dass der Grill heiß genug wird. Dann nämlich setzt bei Steaks oder Filets die sogenannte Maillard-Reaktion ein, bei der die typischen Röstaromen entstehen. Nach dem Anbraten kann man die Temperatur ein wenig reduzieren und das Grillgut gleichmäßig durchgaren lassen. Dabei bewähren sich Grills mit Haube: Im geschlossenen Grillraum gelangt die Hitze von allen Seiten an das Fleisch und bereitet es schonend zu. Vor dem Verzehr lässt man Grillfleisch ein wenig ruhen.

Ob der Gasgrill heiß genug wird, kontrolliert hier ein TÜV-Prüfer mit der Messsonde.

GRILLMITTEL	HOLZKOHLE	GAS	ELEKTRO
Vor- und Nachbereitung: Was wird gebraucht? Wie einfach lässt sich der Grill reinigen?	⊞ Grillanzünder sowie Grillkohle oder -briketts sind überall leicht erhältlich, lassen sich einfach transportieren und ohne Gefahren lange lagern. ⊟ Ausgebrannte Holzkohle färbt stark, die Asche staubt – das Reinigen eines Holzkohlegrills ist keine saubere Angelegenheit.	⊞ Flüssiggas bietet hohen Brennwert bei geringem Volumen. ⊞ Ein Gasgrill ist leicht zu reinigen. Oft genügt es, den Rost zu säubern – je nach Größe in der Spülmaschine. ⊟ Flüssiggas darf man nicht in Schlafräumen, Fluren, Garagen, Durchgängen und Kellern lagern. Beim Transport sind Sicherheitsregeln zu beachten.	⊞ Der Strom kommt aus der Steckdose – mehr braucht man nicht. ⊞ Elektrogrills lassen sich leicht reinigen. ⊟ Grillen kann man nur dort, wo auch eine Stromversorgung vorhanden ist.
Grillverlauf Wie viel Zeit braucht es, bis das Grillgut aufgelegt werden kann? Wie lange reicht die Hitze zum Grillen?	⊟ Nichts für Ungeduldige: 15 bis 20 Minuten oder länger dauert es je nach Anheiztechnik, bis die Holzkohle durchgeglüht und grillreif ist. ⊟ Holzkohle ist recht bald verglüht, dann muss man nachlegen. Grillbriketts liefern immerhin ein bis zwei Stunden lang die nötige Hitze. Die Rauchentwicklung ist nicht unerheblich.	⊞ Gas aufdrehen, zünden, den Rost heizen lassen: Nach wenigen Minuten kann es losgehen. ⊞ Eine übliche 5-kg-Gasflasche liefert Energie für mehrere längere Grillabende. Für Nachzügler kann der Grill auch rasch erneut angeheizt werden. Die Rauchentwicklung ist gering.	⊞ Der Grill ist schon wenige Minuten nach dem Einschalten betriebsbereit. ⊞ Der Strom fließt aus der Steckdose, solange er gebraucht wird. Späteres Nachheizen ist problemlos möglich. Rauchentwicklung ist praktisch nicht feststellbar.
Geschmack Wie schmeckt das Grillgut?	⊞ Den typischen rauchigen Grillgeschmack liefert nur ein Kohlegrill. Besonders deutlich schmeckt man den Unterschied, wenn Würstchen gegrillt werden.	⊞ Der Geschmackseindruck von gegrilltem Fleisch unterscheidet sich gegenüber Fleisch vom Holzkohlegrill nur wenig. ⊟ Würstchen sollte man auf dem Gasgrill möglichst scharf grillen und oft wenden – der rauchige Geschmack des echten Feuers fehlt dennoch.	⊞ Angesichts der einfacheren Vorbereitung ist der Geschmacksunterschied bei Fleisch spürbar, aber noch akzeptabel. ⊟ Ein kulinarisches Erlebnis werden Würstchen vom Elektrogrill nicht. Rauchgeschmack und Würze fehlen – dafür entwickelt der Elektrogrill einfach nicht genügend Hitze.

Holzkohle, Briketts & Co.

Auch wenn sie weniger bekannt sind – außer Grillbriketts und Holzkohle gibt es weitere feste Brennstoffe für den Grill zu kaufen. Dazu zählen etwa spezielle Produkte, die aus Bambus oder aus Kokos hergestellt werden.

Doch ganz gleich, womit Sie grillen: Kaufen Sie nicht die billigste Ware. Die Brennstoffe für den Grill unterscheiden sich nicht nur im Brennverhalten, sie stoßen auch unterschiedliche Mengen an Schadstoffen aus. Orientierung beim Kauf geben Qualitätszertifikate und Gütesiegel.

Eine besondere Rauchnote lässt sich mit Aromahölzern für den Grill erzielen. Sie werden in Form von Holzchips auf die Glut gelegt und geben ihr typisches Aroma ans Fleisch ab. Eine andere Form der Aromatisierung erfolgt durch Fett, das in die Glut tropft und dort verbrennt. Für manch einen Grillfreund gehört das unbedingt dazu, andere verhindern gerade das mit untergelegten Grillschalen. Gesünder ist ohne Zweifel die zweite Variante. Durch die Löcher in den Alu-Grillschalen gelangt zwar ausreichend viel Rauch ans Fleisch, die ungesunden verbrannten Fettrückstände bleiben aber vom Grillgut fern.

GRILLKORB Hiermit kann man grillen oder ein romantisches Feuer entfachen – in beiden Fällen geht man aber Kompromisse ein.

SCHWENKGRILL Das ist die ursprünglichste Bauform. Man kann sie mit einer Glutwanne oder über einem Lagerfeuer verwenden.

KUGELGRILL Damit lässt sich direkt und indirekt grillen (rechte Seite). Bei geschlossenem Deckel gart das Grillgut gleichmäßig.

KOFFERGRILL Für das Picknick im Grünen ist der kleine Grill geeignet, die Grilleigenschaften sind oft nur mäßig überzeugend.

KAMINZUG-GRILL Durch den Kamineffekt wird die Glut rasch und effizient angefacht, die Zuluftklappe im Fuß erlaubt eine recht gute Regelung der Temperatur.

TIPP Holzkohle oder Briketts?

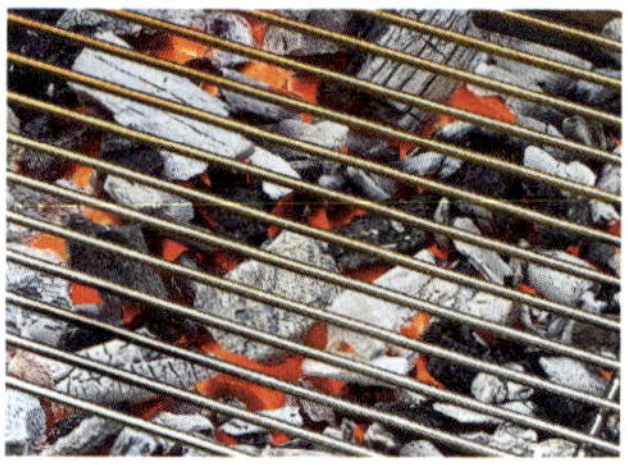

HOLZKOHLE ist schneller grillbereit, allerdings hält die Hitze auch nicht lange vor. Nachfüllpausen und anschließende Wartezeiten sind bei einem längeren Grillabend also die Regel. Hochwertige Holzkohle erkennen Sie an der Kennzeichnung mit den Zeichen *DIN EN 1860-2* oder *DINplus*. Die Holzkohle entsteht aus unbehandeltem Buchenholz und wird auf gleichmäßige Größe gesiebt.

GRILLBRIKETTS werden aus Holzkohlestaub gepresst. Weil sie sehr dicht sind, bleibt die Glut längere Zeit auf Temperatur. Die Briketts brauchen dafür auch deutlich länger zum Anheizen. Mit dem Grillen kann man beginnen, wenn die Briketts gleichmäßig mit weißer Asche überzogen sind. Auch hier kann man sich an der links genannten Qualitätskennzeichnung orientieren.

Holzkohlegrill anheizen

Geruhsame Naturen schichten einen Grillanzünder mit etwas Holzkohle in die Mitte der Grillschale, öffnen, soweit vorhanden, die Luftzufuhr von unten, zünden an und haben dann eine halbe Stunde Freizeit. Wenn sich erste Aschekämme auf der Holzkohle bilden, legt man Brennstoff nach. Auf etwa eine Viertelstunde kann man die Prozedur verkürzen, wenn man einen schlotförmigen Grillstarter verwendet, der durch den Kamineffekt das Anzünden beschleunigt. Noch schneller gelingt das mit einer Heißluftpistole – dabei ist man aber fortwährend beschäftigt. Nach wenigen Minuten brennt die Glut und muss dann noch etwas nachreifen.

GRILLSTARTER nutzen den Kamineffekt. Für das Anfeuern der Glut genügt meist ein einzelner Grillanzünder ganz unten.

HEISSLUFTGEBLÄSE kennt man vom Renovieren. Sie machen sich auch beim Entzünden von Kohle oder Briketts nützlich.

DIREKTES GRILLEN: Die Hitze gelangt vor allem von unten an das Grillgut. So wird es schnell gar, aber dabei tropft meist Fett in die Glut und verbrennt dort.

INDIREKTES GRILLEN: Dabei liegt die Glut seitlich unter dem Grillrost, die Hitze zirkuliert im Grill. Schadstoffe aus verbranntem Fett entstehen nicht.

TIPP Damit brennt der Grill

Irgendwann wird es auch der letzte Unbelehrbare begreifen: Einen Grill zündet man nicht mit Brennspiritus oder anderen Explosivstoffen an, wenn man nicht zu den jährlich 4000 Opfern von Grillunfällen in Deutschland zählen will. Sicherer geht es mit diesen Produkten: Holzkohle **A** oder Briketts **B** kauft man aus qualitätsgeprüfter Produktion. Auch flüssige Grillanzünder **C** gibt es in speziell gekennzeichneten, explosionsgehemmten und schadstoffarmen Varianten. Feste Grillanzünder **D** eignen sich für Holzkohle ebenso wie für Briketts. Man legt sie an mehreren Stellen in die Grillschale. Holzkohle lässt sich auch mit Holz **E** entzünden.

Grillkohle und -briketts sollte man grundsätzlich nur mit ausdrücklich dafür empfohlenen Produkten anzünden.

Sicher grillen mit Gas

Als Brennstoff dient beim Gasgrill Propan, Butan oder eine Mischung aus beidem. Abgefüllt ist das Gas in Kartuschen oder in größeren Leihflaschen erhältlich. Darin befindet es sich bei einem Druck von deutlich unter 30 bar in teilweise flüssigem Zustand.
Den Grill schließt man über einen Druckminderer an die Flasche an, der den Gasdruck meist auf 0,5 bar reduziert. Damit nur geeignetes Zubehör verwendet wird, sind alle Anschlüsse an Gasflaschen und Armaturen mit Linksgewinde versehen. Ziehen Sie die Verbindung zwischen Gasflasche und Druckminderer nur handfest an, nicht mit Werkzeug. Transportiert werden dürfen Gasflaschen nur mit montiertem Transportschutz.
Einen Gasgrill darf man nur im Freien betreiben, nie im Haus. Prüfen Sie vor dem Anfeuern die gasführenden Verbindungen auf Dichtheit. Das geht problemlos mit etwas Seifenwasser oder mit einem speziellen Leckagespray.

KOMPAKT: Solch ein Gasgrill lässt sich auch gut zum Picknick mitnehmen – sperrig wird er allerdings durch die Gasflasche.

GRILLSTATION Mehrere Brennstellen erlauben es bei großen Gasgrills, die Hitze auf dem Rost zonenweise zu regeln.

TISCHGRILLS mit Wechselkartuschen sind leicht transportierbar und eignen sich sehr gut für Singles oder Paare.

VARIABEL Manche Gasgrills lassen sich wahlweise mit Kartuschen oder mit großen Gasflaschen betreiben.

INFO Lavastein-Grill

Hier heizen die Gasflammen natürliches Lavagestein auf, das die Hitze gleichmäßig verteilt an das Grillgut weitergibt. Die porösen Steine saugen beim Grillen Fett und Saft auf und verschmutzen. Deshalb sollten sie vor jedem Grillen gut durchgeheizt werden. Frische Lavasteine sind matt wie im Bild oben. Glänzen sie schwärzlich oder raucht der Grill anhaltend, müssen Sie die Steine austauschen.

Gasflasche anschließen

MONTAGE

Ein Flaschenwechsel ist schnell erledigt – denken Sie an das Linksgewinde!

01 Kappe aus Kunststoff abschrauben und den Druckminderer direkt an das Ventil anschließen.

02 Das Gewinde durch Drehen gegen den Uhrzeigersinn handfest anziehen.

ANSCHLUSS: Der Druckminderer am Anschlussschlauch senkt den Gasdruck auf etwa ein halbes bar.

FETTFÄNGER: Ein Fettbehälter sollte am tiefsten Punkt der Grillschale anfallende Flüssigkeiten sammeln.

Weitere Grill-Techniken

Elektro-Grills

Wo Rauch stören würde oder wo wenig Platz zum Grillen ist, kann der Elektrogrill seine Stärken ausspielen: Er ist weitgehend gefahrlos zu betreiben und erzeugt praktisch keinen lästigen Rauch. Bei den mei-

Elektrogrills stellen weniger Hitze zur Verfügung, der Grillvorgang dauert daher länger.

sten Modellen befindet sich unter dem Heizstab eine flache Schale, die vor dem Grillen mit Wasser gefüllt wird. Herabtropfendes Fett fällt direkt in diese Schale, und der Grill lässt sich anschließend problemlos reinigen. Doch kein Vorteil ohne Nachteil: Im Vergleich zu Gasgrills oder Kohlegrills ist die Heizleistung gering – das schlägt sich auch im Geschmack des Grillguts nieder.

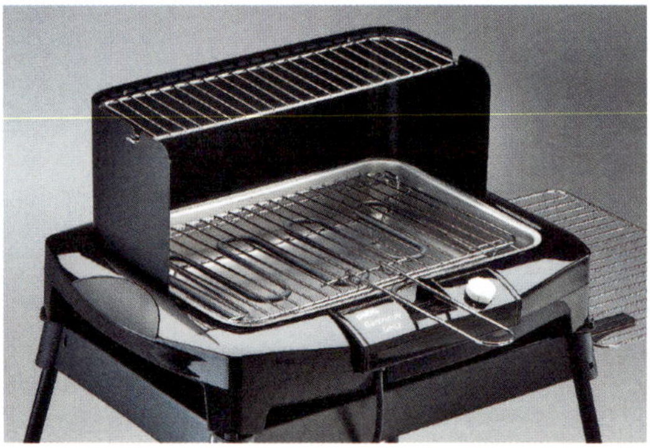

Unter Heizstab und Rost befindet sich eine wassergefüllte Wanne – eine saubere Lösung.

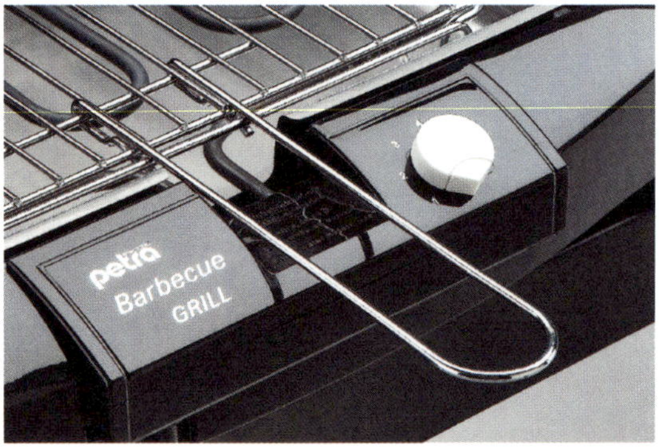

In der Regel ist der Leistungsschalter entbehrlich – meist funktioniert volle Kraft am besten.

Grillen am Tisch

Grillvergnügen fürs Esszimmer – das klingt nach einer guten Sache für kalte oder regnerische Tage. Möglich ist das Indoor-Grillen durchaus, allerdings mit mehr oder weniger großen Einschränkungen verbunden. Bei dieser Lösung darf beispielsweise nur mit weitgehend rauchfrei verbrennender Bambus-Holzkohle gegrillt werden. Das ist nicht ganz billig, außerdem sorgt die geschlossene Grillplatte dafür, dass die Glut kaum einen Einfluss auf den Geschmack des Grillguts nehmen kann.

IM ESSZIMMER grillen – das funktioniert. allerdings nur mit Bambuskohle und einer geschlossenen Grillplatte.

Zubehör fürs Grillen

ANZÜNDER: Für Kohlegriller ist der Anzünder mit Kamineffekt eine praktische Sache. Die eingefüllte und von der aufsteigenden Zugluft angefachte Kohle ist schon nach etwa 15 Minuten grillreif.

HEISSLUFT-FÖN: Früher ein Geheimtipp unter Heimwerkern, werden Heißluftgebläse heute direkt an Griller vermarktet. Durchaus mit Recht, denn die Sache funktioniert tadellos.

INFO
Aromaholz

Damit das Steak nicht ewig gleich schmeckt, lässt es sich auf besondere Weise aromatisieren: Chips aus duftendem Holz werden dazu in Wasser eingelegt, dann auf die Glut gegeben. Der aufsteigende Rauch aromatisiert das Fleisch. Wer Besonderes schätzt, sollte das Aromaholz einmal ausprobieren – sich dann aber nicht über den recht hohen Preis wundern.

STEAK-ROST: Kunst am Fleisch lässt sich auf verschiedene Weise realisieren. Hier ein Grillrost, der das typische Western-Rautenmuster ins Steak prägt. Erhältlich sind auch Brandeisen, teils sogar mit Namenszug nach Wahl.

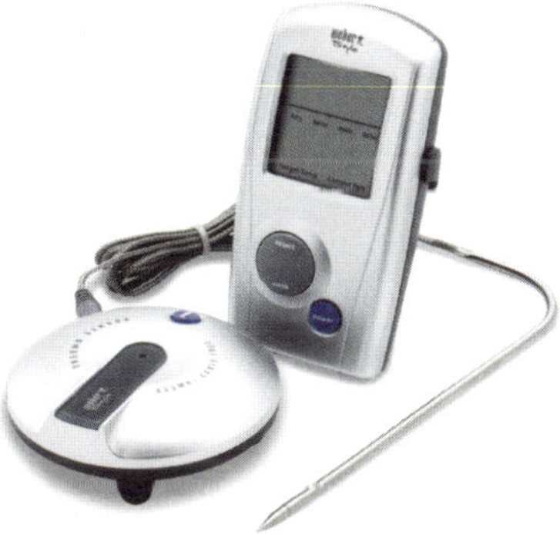

THERMOMETER: Eine durchaus praktische Sache ist ein Fleischthermometer. Dieses Exemplar misst nicht nur Temperaturen, sondern überträgt sie im Umkreis von 100 m per Funk auf das zugehörige Anzeige- und Bedienelement.

GRILL-REINIGER: Grobe Stahlwolle besiegt groben Schmutz und eignet sich deshalb gut zur Reinigung des Grillrostes. Wer bereit ist, für die (Edel-)Stahlwolle fast 10 Euro auszugeben, bekommt sie auch mit Handgriff.

Boels vermietet fast alles!

Kostenloses Wasser nutzen

REGEN-WASSER

Trinken kann man Regenwasser nicht ohne Weiteres. Doch für die Bewässerung im Garten eignet es sich ebenso wie für die Toilettenspülung oder die Waschmaschine. Wir zeigen, wie Sie Regenwasser sinnvoll nutzen.

Gebühren und Vorschriften

Wenn Sie Regenwasser nutzen, sparen Sie gleich zweimal. Zum einen natürlich bei den Trinkwasserkosten – wer sich aus der Regentonne bedient, muss kein teures Frischwasser bezahlen. Aber auch städtische Gebühren können sich verringern: Wo das Entgelt für die Regenwassereinleitung in den Kanal nach Quadratmetern versiegelter Fläche bezahlt wird, gibt es entsprechend

REGENWASSERNUTZUNGSANLAGE MIT AUSSENTANK:
1 Dachfläche bzw. Regenwasserauffangfläche, **2** Regenrinne, **3** Regenwasserfilter (Fallrohrfilter), **4** Kanalgrundrohr, **5** Regenwasserzulaufleitung, **6** unterirdischer Regenwassertank, **7** Saugrohr mit schwimmender Entnahme, **8** Überlauf, **9** Saugpumpe und Steuergerät, **10** ggf. Einlauf für Trinkwassernachspeisung, **11** Regenwasserzapfstelle für die Gartenbewässerung, **12** WC-Spülkasten mit doppeltem Anschluss für Regen- und Trinkwasser, **13** Magnetschalter zum Öffnen der Trinkwasserleitung zur WC-Spülung, **14** getrenntes Trinkwasserleitungsnetz

1

Geneigte Dachflächen, die mit Schiefer, Ziegeln oder Beton gedeckt sind, eignen sich gut zum Sammeln von Regenwasser.

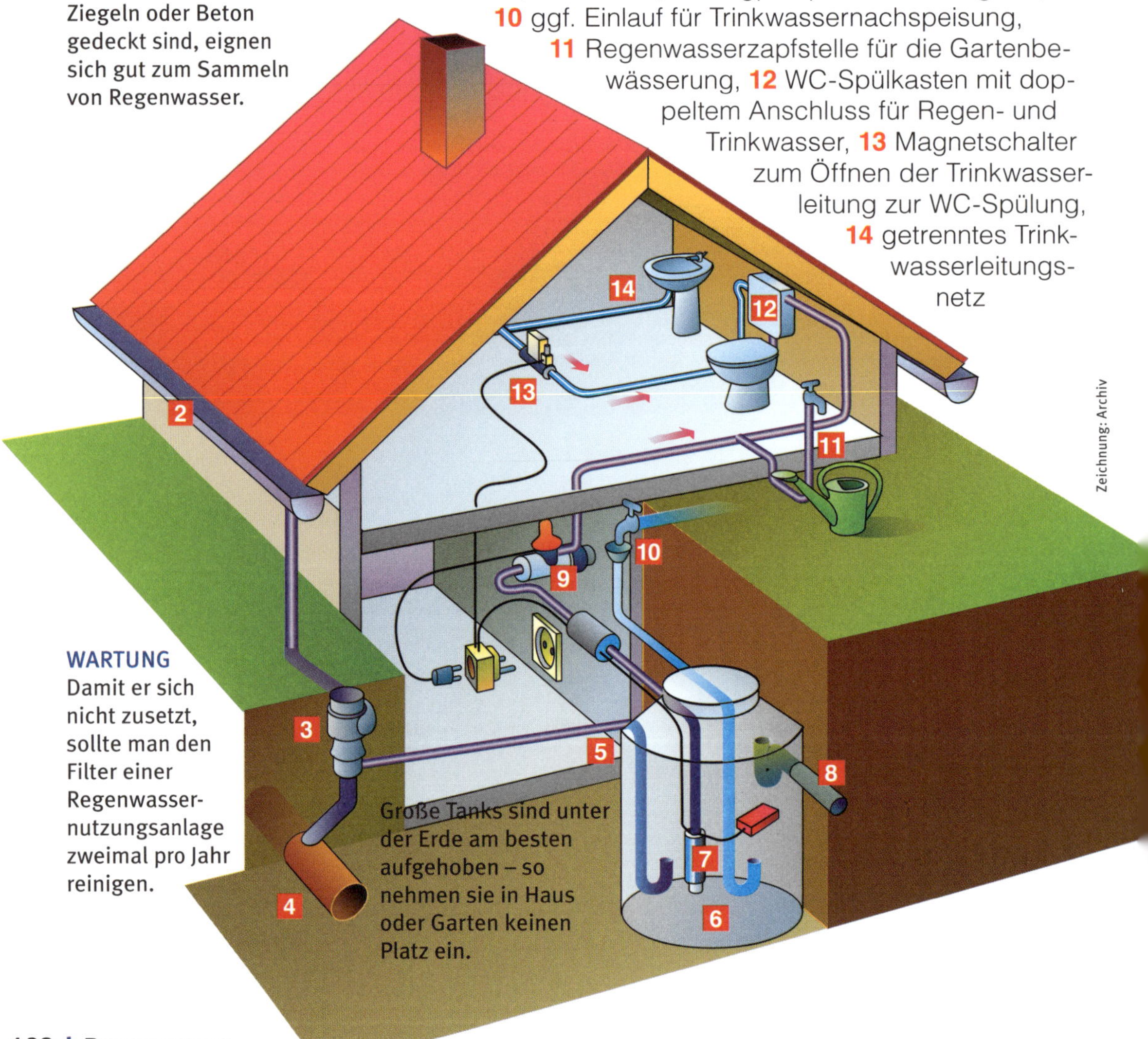

Zeichnung: Archiv

WARTUNG
Damit er sich nicht zusetzt, sollte man den Filter einer Regenwassernutzungsanlage zweimal pro Jahr reinigen.

Große Tanks sind unter der Erde am besten aufgehoben – so nehmen sie in Haus oder Garten keinen Platz ein.

den Entwässerungssatzungen der Gemeinden vielerorts Nachlässe, wenn der Niederschlag ungehindert versickern kann oder in Haus und Garten genutzt wird. Solche Gebührenmodelle sind immer häufiger anzutreffen.
Bei der Nutzung im Haus gilt es Vorschriften für die Sicherheit der Trinkwasserversorgung und die Gesundheit der Bewohner einzuhalten. So müssen sich etwa Regenwasserrohre in Gebäuden farblich von Trinkwasserleitungen unterscheiden, und sie müssen dauerhaft markiert sein. Durch diese Maßnahme wird sichergestellt, dass auch spätere Eigentümer die Regenwasserleitungen noch erkennen können und sie – etwa nach Umbauten – nicht für die Trinkwasserversorgung nutzen. Auch die Entnahmestellen, an denen keine Einrichtungen wie Waschmaschine und WC fest angeschlossen sind, müssen eindeutig beschildert sein – meist werden diese die Zapfstellen für die Gartenbewässerung sein.
Diese Zapfstellen können übrigens außen am Haus angebracht werden, man kann sie aber auch weiter hinten im Garten installieren und mit einer eigenen Leitung versorgen. Wichtig: Verwenden Sie dafür immer frostsichere Armaturen, um Schäden zu vermeiden.

SCHON GEWUSST?
SO VERTEILT SICH DER WASSERVERBRAUCH

Etwa 130 bis 150 Liter Wasser verbraucht eine Person im Durchschnitt jeden Tag. Davon lässt sich beinahe die Hälfte durch kostenloses Regenwasser ersetzen – diese Bereiche sind in der Grafik rot gekennzeichnet. Bedenken wegen der Nutzung von Regenwasser zum Wäschewaschen muss man dabei übrigens nicht haben: Mehrere Untersuchungen haben ergeben, dass dies keine hygienischen Probleme nach sich zieht, sondern unbedenklich ist.

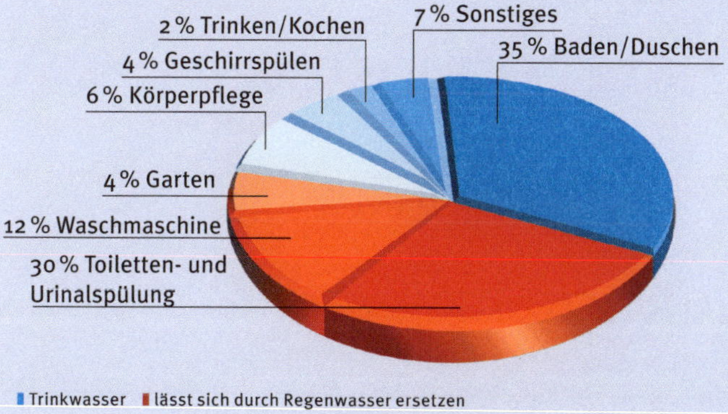

Quelle: Kessel

Ehe man eine Regenwasseranlage baut, sollte man sich beim kommunalen Wasserversorger teilweise vom Anschluss- und Benutzungszwang befreien lassen. Die Genehmigung ist meist Formsache.
Nimmt man die Anlage in Betrieb, verändert sie oder legt sie still, ist nach der Trinkwasserverordnung eine Mitteilung an das zuständige Gesundheitsamt zu richten. Maßnahmen wie die Trennung von Trink- und Brauchwasserleitungen und die Kennzeichnung der Leitungen müssen ggf. nachgewiesen werden. Wieweit eine Baugenehmigung nötig ist, richtet sich nach dem Landesrecht – erkundigen Sie sich vor Beginn der Arbeiten. Wenn Sie die Anlage zusammen mit einem Neubau errichten, reichen Sie, soweit erforderlich, einen gemeinsamen Bauantrag ein. Wenn die geplante Anlage dem Stand der Technik

entspricht, wird sie in der Regel auch genehmigt. Nachträglich errichtete Anlagen sind bis zu einer Tankgröße von unter 50 m^3 meist genehmigungsfrei, die Anlage muss aber beim zuständigen Versorger oder bei der Gemeinde angezeigt werden. Erforderliche Genehmigungen erteilt die Gemeinde.

Ob Sie mit einer genehmigungsfreien Anlage auskommen, ist nicht ganz einfach zu errechnen, da deren Dimensionierung von mehreren Faktoren abhängt: Der individuelle Verbrauch bestimmt zusammen mit den zu erwartenden Niederschlägen, wie groß Ihr Vorratsbehälter sein sollte, damit eine durchgehende Versorgung einigermaßen gesichert ist. Im Kasten unten finden Sie die Berechnungsformel und weitere Informationen dazu.

SCHON GEWUSST?

Die Tankgröße berechnen

So ermitteln Sie den **Regenwasserertrag**: *Dachfläche in m^2 x Niederschlagswert in m x 0,9* (Dachbeiwert: Verluste durch Verdunstung und Filterung) = *Regenertrag*. So ermitteln Sie den **Bedarf**: *(Anzahl der Personen x 8,8 m^3 für Toilettenspülung) + (Anzahl der Personen x 4,5 m^3 für Waschmaschine und Hausreinigen) + (m^2 Garten x 0,06 m^3) = Summe Regenwasserbedarf.* Den kleineren Zahlenwert mit dem Ladebeiwert 0,06 multiplizieren = Volumen des Speichers in m^3.

ÜBERDACHTE FLÄCHE	MAX. TANKGRÖSSE
50 m^2	3400 Liter
80 m^2	4500 Liter
100 m^2	6000 Liter
120 m^2	9000 Liter
› 160 m^2	12 000 Liter

BEISPIEL: Regenwasserertrag: *100 m^2 x 1 m x 0,9 = 90 m^3*; Regenwasserbedarf: *4 Personen x 8,8 m^3 = 35,2 m^3 für Toilette + 4 x 4,5 m^3 = 18 m^3 für Waschen/Putzen + 300 m^2 Garten x 0,06 m^3 = 18 m^3 = 71,2 m^3.*
71,2 x 0,06 = 4,27 m^3 bzw. 4272 Liter Mindestspeichervolumen.

JAHRESNIEDERSCHLÄGE in Deutschland, Schweiz, Österreich (langjährige Mittelwerte)

- ‹ 600 Liter/m^2
- 600-800 Liter/m^2
- 800-1200 Liter/m^2
- › 1200 Liter/m^2

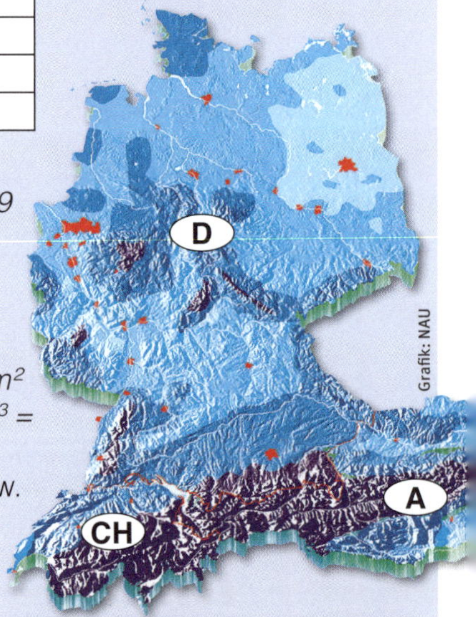

HAUSHALT	GARTEN 100 m^2	GARTEN 200 m^2	GARTEN 300 m^2	GARTEN 500 m^2	GARTEN 700 m^2
0 Personen	2500 Liter	2500 Liter	2500 Liter	2500 Liter	3500 Liter
2 Personen	2500 Liter	3500 Liter	3500 Liter	4500 Liter	6000 Liter
4 Personen	4500 Liter	6000 Liter	6000 Liter	7000 Liter	7000 Liter
6 Personen	7000 Liter	7000 Liter	9000 Liter	9000 Liter	9000 Liter
8 Personen	9000 Liter	9000 Liter	12 000 Liter	12 000 Liter	12 000 Liter

INFO So funktioniert der Außentank

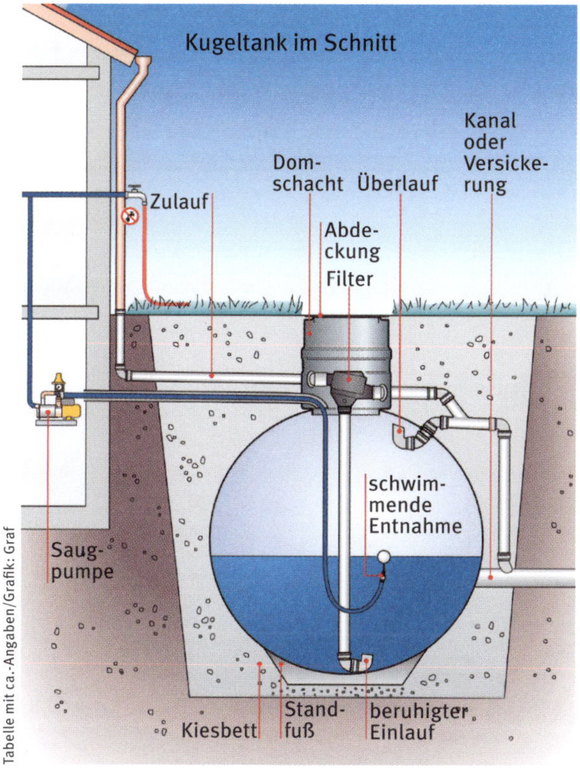

Zuerst gelangt das Regenwasser durch den Zulauf zum Filter. Hier wird es von Blättern und anderen Schmutzpartikeln gereinigt. Anschließend fließt das gefilterte Wasser in den Tank, flüssige Verunreinigungen werden in den Kanal geführt.
Bei Bedarf, also sobald Wasser entnommen werden soll, fördert die Saugpumpe das Wasser aus dem Tank zur jeweiligen Zapfstelle.
Stehen Wartungsarbeiten an oder soll der Tank gereinigt werden, ist das Innere über den Domschacht von oben zugänglich.

Nutzung in Haus und Garten

Schon wenn man ganz klein anfängt, lohnt sich die Nutzung von Regenwasser. Klassisches Beispiel ist die Regentonne, die neben dem Fallrohr der Dachentwässerung aufgestellt ist. Solch eine Tonne lässt sich komfortabel mit einem Abzweig im Regenrohr füllen, der meist auch einen Filter für groben Schmutz enthält. Zum Gießen entnimmt man es über einen Hahn oder einen Schlauch. Wer es praktischer und ein wenig technischer mag, kann auch eine Regenfasspumpe verwenden, an die sich mit den üblichen Schnellkupplungen Gartenschläuche anschließen lassen. Wichtig bei dieser Form

VERSTECKT: Kaum als Tank zu erkennen ist dieses 300-Liter-Gefäß. Im oberen Bereich ist eine Pflanzschale integriert.

Foto: Graf

des Wassersammelns: Die Regentonne sollte dicht verschlossen sein und möglichst wenig Licht einlassen – so dämmt man das Algenwachstum ein. Genügt der Vorrat in der Tonne nicht, kann man weitere aufstellen – optisch ansprechender und sinnvoller ist es dann aber, einen größeren Tank in der Erde zu vergraben. Ausgehend von diesem Tank lässt sich dann das Bewässerungssystem fast beliebig ausbauen: Im Tankdom kann eine Schlauchbox integriert sein, Anschlüsse für Gartenschlauch, Sprinkler oder Tropfbewässerung lassen sich mit unterirdischen Leitungen versorgen.

Nutzung im Haus

Möchte man aus dem kostenlosen Niederschlag mehr machen, lassen sich in einem Vier-Personen-Haushalt weitere rund 200 Liter Trinkwasser einsparen, wenn man mit dem Regenwasser nicht nur die Pflanzen gießt, sondern auch die WC-Spülung versorgt, die Waschmaschine betreibt und den Putzeimer füllt.

Für diesen Zweck schafft man sinnvollerweise ein sogenanntes Hauswasserwerk an. Dabei handelt es sich um ein Aggregat, das eine Pumpe und eine Schaltautomatik enthält: Wird beispielsweise die WC-Spülung betätigt,

Foto: Mall

REGENWASSER zur Gartenbewässerung – ein preiswertes Vergnügen.

springt die Pumpe an und füllt den Spülkasten nach. Wenn der Regenwasservorrat einmal nicht reicht, muss die Waschmaschine natürlich nicht trocken bleiben. Dafür wird eine manuell oder automatisch geschaltete Nachspei-

TIPP Filtertechnik

Grafiken: Graf, Dehoust

TANK-FILTERANLAGE

In Erdtanks verbaute Filter besitzen feinere Maschen als Fallrohrfilter. So können sie das Wasser effizienter reinigen, 95 Prozent des Niederschlags fließen in den Tank.

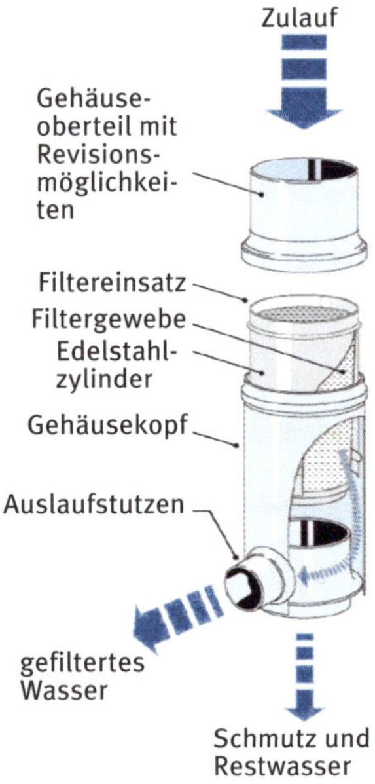

FALLROHRFILTER

Beim Regensammler im Fallrohr fließt das Wasser durch das Filtergewebe und wird von grobem und feinem Schmutz befreit. Das gefilterte Wasser läuft an der Innenwand des Rohrs entlang in die Auffangrinne und weiter in die Regentonne. Die Verunreinigungen werden weiter nach unten gespült und gelangen in den Regenwasserkanal. Ein Fallrohrsammler kann etwa 90 Prozent des Regens in die Tonne leiten.

seeinrichtung installiert, durch die dann Trinkwasser zugeführt wird. Nach der Trinkwassserschutznorm DIN 1988-4 darf die Nachspeisung nicht fest mit der Regenwasserleitung verbunden werden, sondern nur über einen freien Auslauf oberhalb der sogenannten Rückstauebene – das ist normalerweise die Oberkante der angrenzenden Straße. Das Wasser fließt dann in einen offenen Trichter und weiter ins Regenwasserrohr. So kann es nicht ins Trinkwassernetz zurückgesaugt werden.

Grauwasser

Noch einen Schritt weiter als die Regenwassernutzung geht die Verwendung von Grauwasser. Darunter versteht man das Abwasser, das beispielsweise beim Duschen oder Baden entsteht. Anders als das Abwasser von Toilette oder Küche kann man es mit biologischen und mechanischen Reinigungsverfahren innerhalb des Hauses soweit aufbereiten, dass es zu sogenanntem Klarwasser wird. Dieses Klarwasser besitzt zwar nicht die hygienische Qualität von Trinkwasser, aber es ist sauber genug und ausreichend entkeimt, um es als Betriebswasser dort einzusetzen, wo die Verwendung von Trinkwasser nicht vorgeschrieben ist.
Die Anwendungsbereiche sind damit die gleichen wie beim Regenwasser: Gartenbewässerung, Toi-

HINTER DER MAUER aus Kunststoff verbirgt sich ebenfalls unauffällig ein Regenwassertank mit 340 Litern Inhalt.

SCHON GEWUSST? Wäsche waschen mit Regenwasser

Die Trinkwasserverordnung verlangt für den Betrieb der Waschmaschine keine Trinkwasserqualität. Nach einer Untersuchung im Auftrag des Bremer Senats liegt die Belastung mit Keimen bei trockener Kleidung, die mit Regenwasser gewaschen wurde, nicht höher als normal. Mit etwas mehr Zurückhaltung betrachtet das Umweltbundesamt die Sache. Dort hält man hygienische Probleme für möglich, die vor allem Menschen mit geschwächtem Immunsystem betreffen. Entscheiden muss letztlich also jeder für sich.

Foto: Mall

lettenspülung, Putzen und Waschen.
Interessanterweise fallen beim Duschen und Baden in einem Privathaushalt statistisch ungefähr die gleichen Wassermengen an, wie sie für die oben genannten Zwecke benötigt werden. Die Nutzung von Grauwasser bedeutet also, Trinkwasser einmal zu bezahlen und zweimal zu nutzen. Ein Vorteil gegenüber Regenwasser: Das Grauwasser fällt kontinuierlich in etwa der gleichen Menge an. Es kann als kaum ausgehen und ist ganzjährig verfügbar.
Bei der Aufbereitung von Grauwasser werden zunächst feste Stoffe ausgefiltert. Im nächsten Schritt durchläuft es die biologische Reinigungsstufe, bei der gelöste organische Stoffe entfernt werden. Schließlich befreit eine dritte Stufe das Wasser von Keimen und Mikroorganismen – das geschieht mit Membranfiltern oder UV-Licht.
Meist werden Grauwasseranlagen mit ihren kompakten Kunststofftanks im Keller aufgestellt. Erhältlich ist die Technik jedoch auch als Stahlbeton-Erdtank, in dem auch die Pumpe und die weiteren Komponenten untergebracht sind. Im Haus befinden sich dann nur die Steuerung und die Nachspeisung.

DIE GRAUWASSERANLAGE bereitet täglich bis zu 700 l Abwasser auf.

Foto: Dehoust

Auch bei Grauwasseranlagen müssen getrennte Leitungen für Trink- und Betriebswasser vorhanden sein. Die Kennzeichnung analog zu der von Regenwasserleitungen ist ebenfalls Pflicht. Und schließlich müssen auch Grauwasseranlagen beim zuständigen Gesundheitsamt angezeigt werden.

Regenspeicher vergraben

Aushub
Platz für einen Erdtank schaffen

01 Der Platz für den Tank wird ausgemessen und mit Pflöcken abgesteckt.

02 Den Aushub kann man im Garten verwenden. Falls nicht, wird er abtransportiert ...

03 ... und entsorgt. Bestellen Sie dann rechtzeitig einen Container für die Erde!

SCHON GEWUSST? Minibagger ausleihen

Bei Baumaschinenvermietungen können Sie auch einen Minibagger ausleihen, der die Erdarbeiten deutlich erleichtert. Pro Tag können Sie mit etwa 120 Euro Miete rechnen, regional kann es auch ein wenig mehr sein. Am Wochenende gelten oft höhere Tarife.
Ehe Sie einen Bagger mieten, überprüfen Sie, ob ausreichend breite Zufahrtswege für die Maschine vorhanden sind, und machen Sie sie gegebenenfalls frei. Auch für die Anlieferung des Tanks muss genug Platz vorhanden sein.

Betontank einbauen

Tanks aus Beton sind langlebig und so druckstabil, dass sie auch unter Einfahrten Platz finden.

01 Der schwere Betonspeicher wird mit dem Kran in das vorbereitete Loch gehoben.

02 Mit Kanalgrundrohren stellt man die Verbindung vom Fallrohr zum Tank her.

03 Die Rohre legt man mit Gefälle zum Tank, schließt sie an und vergräbt sie.

TIPP Hauseinfahrt

Wer nicht hinters Haus kommt oder zu wenig Platz im Garten hat, kann einen Betonspeicher auch in der Einfahrt vergraben. Ausreichend druckstabile Tanks halten sogar das Befahren mit einem Lkw aus.

INFO Zapfstelle

Für die Entnahme zur Gartenbewässerung lassen sich dekorative Zapfstellen installieren, die sich problemlos in die Umgebung einfügen. Erhältlich sind sie bei den Anlagenherstellern.

INFO Tanks aus Kunststoff und Beton

KUNSTSTOFFFLACHTANK

Durch die geringe Höhe hält sich der notwendige Erdaushub in Grenzen. Der Aufwand beim Einbau eines Flachtanks ist also verhältnismäßig gering.

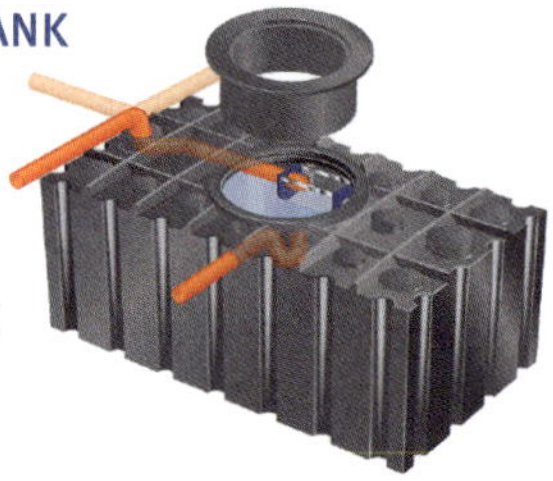

BETON-FLACHTANK

Beim Beton-Flachtank fällt ebenfalls relativ wenig Aushub an. Sein Gewicht lässt sich allerdings nicht mehr von Hand bewegen, er wird vom Kran gehoben.

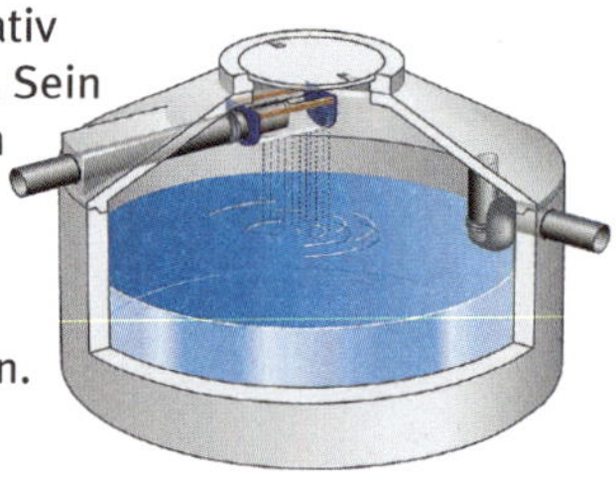

KUNSTSTOFFSPEICHER

Fasst der oben gezeigte Flachtank nur 2000 Liter, sind es bei diesem Speicher bis zu 12 000 Liter. Das Gewicht bleibt immer noch überschaubar. Da für diese Größe sehr viel Erde ausgehoben werden muss, ist der Arbeitsaufwand beim Einbau aber erheblich.

BETONSPEICHER

Noch mehr Aushub fällt bei einem Tank aus Stahlbeton mit bis zu 22 000 Litern Fassungsvermögen an. Wer diese Größe braucht, überlässt nicht nur das Einsetzen, sondern besser auch den Aushub einer Profimannschaft.

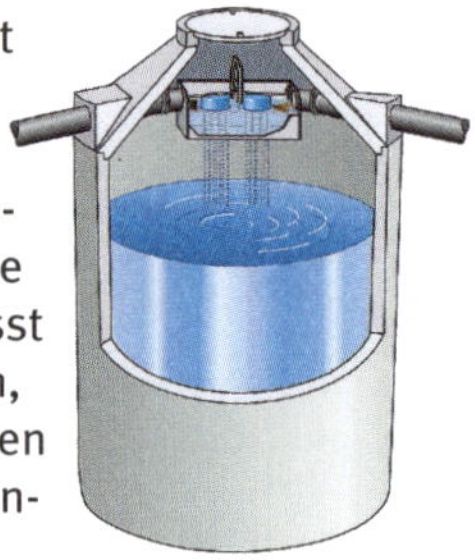

Fotos: Gardena; Grafiken: Mall

Kunststofftank

Durch das überschaubare Gewicht lässt sich der Tank von zwei Personen bewegen.

01 Heben Sie das Loch für den Tank aus, geben Sand auf den Boden und ziehen ihn plan ab.

02 Der flache Kunststofftank kann mit Hilfe von Seilen abgelassen werden.

03 Nach dem Anschließen aller Leitungen wird wieder mit Erde aufgefüllt.

In der Regel sind Garagendächer tragfähig genug für diesen 750-Liter-Tank.

Oberirdischer Flachtank

Ein Dachtank kostet keinen Platz, beim Entnehmen hilft die Schwerkraft.

01 Den etwa 50 kg schweren Tank heben Sie am besten zu zweit auf das Garagendach.

02 An einer der Stirnseiten stellt man mit der Lochsäge einen Zugang her.

03 In die werkseitig vorbereitete Ablauföffnung schraubt man den beiliegenden Doppelnippel.

04 Nun werden die mitgelieferten Rohre aus Polyethylen mit der Handsäge so abgelängt, ...

05 ... dass damit Zu- und Ablaufleitungen hergestellt werden können.

06 Auf der Höhe des Garagentanks wird das Regenfallrohr am angrenzenden Haus getrennt.

07 Hier baut man nun nach Herstelleranleitung den Regensammler ein. Von dort aus ...

08 ... führt man den Zulauf zum Tank. Das Ablaufrohr führt zu einer Zapfstelle nach unten.

Kleine und große Wasserstellen

GARTEN-TEICHE

Ein Teich wertet jeden Garten auf, und es gibt nur wenige Gärten, in denen sich keine Wasserfläche schaffen lässt. In diesem Kapitel geben wir Tipps zur Standortwahl, zum Anlegen des Teichs und zur Teichtechnik.

Standort

Ideale Bedingungen für einen Gartenteich herrschen dort, wo die Sonne fünf bis sechs Stunden täglich scheint und keine flach wurzelnden Bäume in der Nähe stehen. Mit sorgfältig ausgewählter Bepflanzung eignen sich aber auch Plätze, die im Halb- oder Vollschatten liegen. Oft liegen Teiche in einem ruhigeren Bereich des Gartens – möchten Sie gerne die Tiere und Pflanzen am Wasser beobachten, spricht aber auch nichts gegen einen Standort in Hausnähe.
Die Umgebung, in der ein Teich angelegt wird, bestimmt auch seine Form und Gestaltung. Sie sollte immer zum Grundstück und dem Stil des Gartens passen. So machen sich Teiche in exakt geometrischen Formen gut, wenn sie in einem sehr formal angelegten Garten Platz finden sollen. In einer naturnahen Umgebung, aber auch inmitten eines Nutzgartens sollte man Teichen dagegen möglichst nicht ansehen, dass sie künstlich geschaffen wurden.
Bei geringem Platzangebot kann schon ein Mini-Teich in einem Kübel oder einem Fass sehr dekorativ wirken. Nach Möglichkeit sollte ein Gartenteich aber größer ausfallen: Wenn seine Oberfläche mindestens 12 m^2 misst und das Gewässer an der tiefsten Stelle mindestens 1 m tief ist, bleibt die Temperatur des Teichs relativ konstant, und es kommt eine Selbstreinigung auf natürliche Weise in Gang.
Trotzdem sind auch dann oft noch Pumpe und Filter nötig, damit das Wasser auf Dauer nicht zu trüb wird oder stark veralgt. Bei der Standortwahl sollte man also auch den Platzbedarf für derartige Einrichtungen von vornherein berücksichtigen.

GEOMETRISCH geformte Teiche passen gut zu formal angelegten Gärten – der Spaß am Wasser kommt auch hier nicht zu kurz.

HOCHTEICHE sind pflegeleicht und kräftesparend anzulegen, da nur wenig Erde ausgehoben werden muss.

Lebensräume schaffen

Ein Teich bietet ganz unterschiedlichen Pflanzen und Tieren einen Platz zum Leben. Entsprechend den verschiedenen Bedürfnissen der Teichbewohner sollten Sie deshalb verschiedene Zonen im Teich anlegen. Unsere Grafik unten zeigt beispielhaft solche Zonen, die durch unterschiedliche Wassertiefen definiert werden.
Zur Tiefe muss auch der Untergrund für die Teichpflanzen passen. In Ufernähe bringt man gröberen Kies ein, nach unten hin wird er feiner, bis er in der tiefsten Zone eine Körnung von etwa 4 mm aufweist.
Beim Bepflanzen arbeiten Sie am besten von der tiefsten Zone zu den Randbereichen hin, dann sind die bereits gesetzten Pflanzen bei der weiteren Arbeit nicht im Weg. Die Teichbepflanzung reicht übrigens über die Wasserfläche hinaus: In der unmittelbaren Umgebung des Gewässers sollten Pflanzen stehen, die eine hohe Bodenfeuchtigkeit vertragen. Überflutungen sollte man dort aber vermeiden.
Sehr einfach erhalten Sie Wachstumszonen mit Fertigbecken – hier sind sie bereits vorgegeben. Beim Folienteich müssen Sie sich selbst Gedanken machen, haben dafür aber mehr Freiheit bei der Gestaltung.

EIN FOLIENTEICH erfordert ein wenig mehr Planung als ein Fertigteich. Hier finden Sie Tipps zur Abstufung der Wassertiefe.

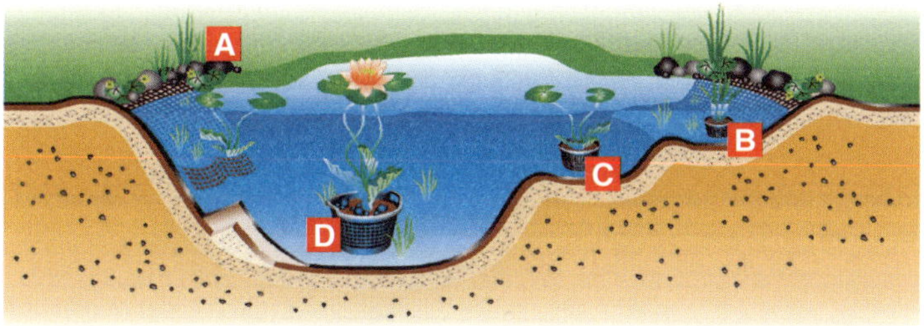

A Beete in der Nähe des Teichs besetzt man mit Pflanzen, die einen feuchten Boden vertragen.
B Pflanzen in der Flachwasserzone müssen eine Zeitlang auch im Trockenen überdauern, wenn etwa im Sommer der Wasserspiegel vorübergehend sinkt.

C Die Übergangszone ist immer überflutet und braucht entsprechende Pflanzen. Die Wassertiefe misst hier bis etwa 30 cm.

D Unterwasser- und Schwimmpflanzen wie beispielsweise Seerosen wachsen in der Tiefwasserzone.

DIE TEICHZONEN während der Anlage eines Folienteichs. Die Tiefenbereiche werden terrassenartig modelliert, Kies in verschiedenen Körnungen fixiert die Beckenform.

DIE SUMPFZONE macht etwa ein Drittel der Teichfläche aus. Gewebetaschen können dort die Pflanzen an ihrem Platz halten.

SICHERHEIT: Ein Gewicht kann Pflanzkübel unter Wasser vor dem Aufschwimmen bewahren.

TIPP Pflanzbereiche sichern

Um die Pflanzen in den Randbereichen an ihrem Platz und die Pflanzerde beieinander zu halten, können Sie die Pflanzbereiche mit dieser preiswerten Lösung sichern: Ausgemusterte Socken werden dazu mit Erde gefüllt, zugebunden und wie kleine Sandsäcke als Befestigung genutzt. Nebeneinander gelegt, begrenzen Sie die Pflanzstellen in der Sumpf- und Flachwasserzone. Die so markierten Bereiche füllt man anschließend mit schwerer Erde aus.

SOCKEN werden mit lehmiger Erde gefüllt und formen dann die Pflanzzonen.

Folienteich anlegen

Die Anlage eines größeren Teichs mit Folie erfordert ein wenig Planungsarbeit. Der Standort muss geeignet sein und die Kontur des Teichs in den Garten passen. Letzteres können Sie auch in Ruhe ausprobieren (Kasten rechts oben). Achten Sie darauf, dass Sie an alle Bereiche gut herankommen, die etwas mehr Pflege benötigen – also beispielsweise an die Flachwasserzone, in der häufig die Pflanzen üppiger wachsen. Ideal ist es später, wenn Sie bei Bedarf um den ganzen Teich herumgehen können.
Standorte für Filter und Pumpen sollten so gewählt werden, dass sie zwar problemlos erreichbar sind, aber von der umgebenden Bepflanzung vor Blicken verborgen werden.
Wichtig bei der Detailplanung: Geben Sie den einzelnen Zonen ausreichend Raum: Die Flachwasserzone (vorige Seite) sollte etwa ein Viertel der Fläche einnehmen, die Übergangszone ein weiteres Viertel.

TIPP Teichumriss markieren

Auch wenn Sie einen detaillierten Grundrissplan zeichnen: Auf dem Papier lässt sich die Wirkung eines Teichs oft nur schwer einschätzen. Deshalb empfiehlt es sich, den geplanten Umriss erst einmal am Standort mit einer Sandspur zu markieren. Dort kann man dann auch in Ruhe etwa den Sonnenlauf und die Wanderung von Schatten auf dem Areal beobachten. Ist ein Bachlauf geplant, wird auch er markiert. Flächen für die Teichtechnik und der Verlauf einer eventuell notwendigen Stromleitung lassen sich so ebenfalls festlegen und nach Belieben variieren oder verbessern.

TIPP Natürlich wirkende Folie

Wenn sich der Rand des Teichs nicht so einfach mit Steinen oder Pflanzen verdecken lässt, kann man den Übergang zum festen Boden mit einer besandeten Teichfolie zur naturnahen Uferzone gestalten. Darauf und daran angrenzend können Sie Kies und größere Steine ausbringen und so einen harmonischen Gesamteindruck erzielen.

Folienteich

Schritt für Schritt selbst anlegen

01 Mit Sand markiert man den Teichumriss und kontrolliert die Beschattung.

02 Beim Ausheben des Erdreichs zwischendurch immer wieder die Tiefe überprüfen.

03 Beim Modellieren der Teichzonen flache Bereiche gegen Abrutschen befestigen.

04 Die fertige Teichform wird geglättet, dabei auch noch einmal auf Wurzeln oder …

05 … Steine kontrolliert. Danach legt man ein Vlies zum Schutz der Folie aus.

06 Zum Schluss die Folie verlegen und den Rand befestigen.

Fertigteich einbauen

Einen kleinen Fertigteich kann man schon an einem Tag komplett einbauen – bei größeren Exemplaren kommt es darauf an, wie viele Helfer man zum Graben hat, denn der Erdaushub macht den größten Teil der Arbeit aus.
Zunächst müssen Sie auch für den Fertigteich einen geeigneten Standort finden. Dafür gelten die gleichen Kriterien wie beim Folienteich. Am festgelegten Ort gräbt man eine Grube, die möglichst genau der Teichform entsprechen sollte. Beginnen Sie damit im tiefsten Bereich und heben Sie anschließend die flacheren Zonen aus. Dann setzen Sie das Becken ein. Wenn alles passt, wird der Spalt zwischen Teich und Erdreich mit Sand eingeschlämmt. Der Sand stützt das Becken gegen den Wasserdruck ab und verhindert Schäden durch Wurzeln und Steine.

Fertigteich
Becken aus Kunststoff einbauen

01 Die Beckenkontur wird auf den Boden übertragen, die Außenkontur mit einer Latte.

02 Heben Sie zuerst den tiefsten Bereich aus, dann die flacheren Zonen.

03 Hin und wieder eine Passprobe vornehmen und die Konturen bei Bedarf korrigieren.

04 Das Becken muss exakt waagerecht sitzen, damit später die Wasserlinie stimmt.

05 Mit Hilfe eines Schlauchs schlämmt man Sand in den umlaufenden Spalt.

06 Dabei füllt man das Becken nach und nach mit Wasser und lässt es sich setzen.

INFO Fertig-Bachlauf

Die Einzelelemente werden ausgelegt, miteinander verschraubt und mit Silikon oder Dichtgummis abgedichtet.

Ein Bachlauf aus Fertigelementen wirkt verblüffend natürlich, wenn er mit Steinen oder Kies eingefasst und teilweise ausgelegt wird. Auch die Bepflanzung am Bach trägt stark zum Eindruck bei.

Pumpen für den Teich

Teiche brauchen Sauerstoff und müssen von Schwebstoffen gereinigt werden. Häufig reichen die Selbstreinigungskräfte des Teichs nicht aus, dann muss eine Pumpe einspringen. Auch für den Betrieb eines künstlichen Bachlaufs oder einer Fontäne braucht man eine Pumpe. Genügt bei kleinen Teichen noch ein kompaktes Modell mit integrierten Filtern, empfiehlt sich für größere Anlagen ein separater Teichfilter. Wichtige Auswahlkriterien für eine Pumpe sind der Energiebedarf sowie Förderhöhe und Fördermenge. Beachten Sie, dass die maximale Förderhöhe und die maximale Fördermenge einer Pumpe nie gleichzeitig erreicht werden können. Das Verhältnis beider Werte zueinander entnimmt man der Pumpenkennlinie, die wir auf der nächsten Seite unten erläutern.

LEISTUNG: Für den Betrieb von Fontänen und separaten Filtern braucht es eine kräftige Pumpe.

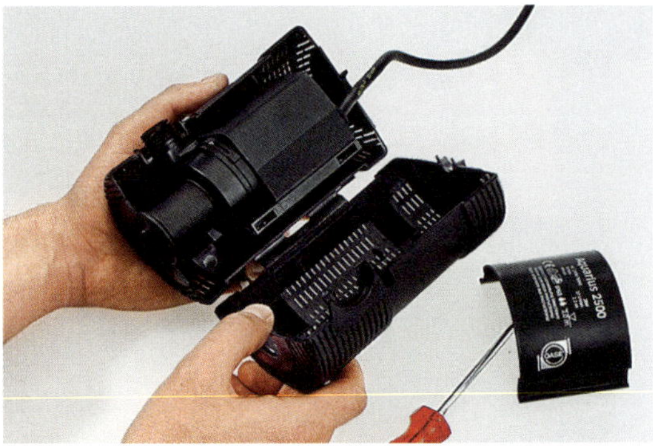

Siebgehäuse schützen solche kleinen Teichfilter vor eindringendem Schmutz.

INFO Vorreinigen per Skimmer

Blätter und andere organische Verschmutzungen gefährden die Wasserqualität: Sie bringen Nährstoffe in den Teich, die schnell zum Algenwachstum und zur Trübung führen – im Extremfall zum „Umkippen" des Teichs. Hier hilft ein Skimmer. Er schwimmt auf dem Teich und saugt, angetrieben von einer Pumpe, losen Schmutz von der Wasseroberfläche ab. Die Verunreinigungen werden in einem Sieb gesammelt, das man regelmäßig leeren muss. In großen Teichen lassen sich auch mehrere solcher schwimmenden Absaugstellen installieren, um eine effiziente Reinigung zu gewährleisten. Dann muss auch die verwendete Pumpe entsprechende Reserven bereithalten.

SKIMMER spülen Verschmutzungen an der Teichoberfläche in einen groben Filterkorb

TIPP Pumpenkennlinie

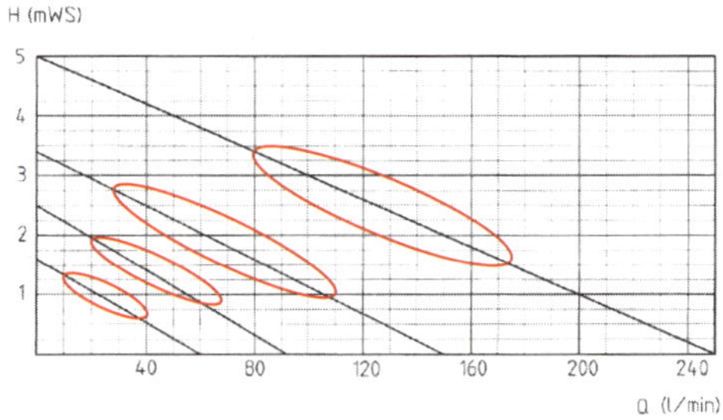

Was eine Pumpe leisten kann, zeigt die Pumpenkennlinie, die in einem Diagramm das Verhältnis zwischen erreichbarer Förderhöhe und Fördermenge verdeutlicht. Waagerecht ist im Beispiel rechts die Fördermenge in Litern pro Minute, senkrecht die Förderhöhe in Metern für vier verschiedene Pumpen angegeben. Gut zu erkennen: Wenn die maximale Menge gepumpt wird, geht die erreichbare Förderhöhe gegen Null – und umgekehrt. Am effizientesten und materialschonendsten arbeiten die Pumpen jeweils in dem rot markierten Bereich in der Mitte der Kennlinie.

Filtertechnik

MEHRSTUFIGE FILTER enthalten unterschiedliche Filterelemente, die Schwebstoffe aussieben und eine biologische Klärung unterstützen.

Wer einen Filter für seinen Gartenteich sucht, muss erst einmal den Taschenrechner zücken, um das benötigte Filtervolumen zu ermitteln. Nach einer Faustregel sollte es etwa 10 Prozent des Teichvolumens entsprechen.
Unabhängig von der Größe arbeiten Teichfilter oft gleichzeitig mit zwei Funktionsprinzipien: Mit mechanischen Vorrichtungen werden zum einen feste Verunreinigungen zurückgehalten. Zum anderen bauen Mikroorganismen den überschüssigen Stickstoff im Wasser ab. Dazu dienen unterschiedlich feine Schwämme oder Matten. In den grobporigen Exemplaren ist relativ viel Sauerstoff vorhanden, durch den bestimmte Organismen den Stickstoffabbau einleiten können. In den feineren, sauerstoffarmen Schwämmen können dann andere Mikroorganismen überleben, die den Abbau vollenden.

KLEINE TEICHE: Hier genügt meist eine Pumpe mit integriertem Filterkorb.

VERSCHMUTZTE Filter sollte man ausspülen – prüfen Sie den Zustand regelmäßig.

INFO Mit Schwerkraft oder Überdruck?

DURCHLAUFFILTER nutzen die Schwerkraft: Eine Pumpe fördert das Wasser in den Filter, dort durchläuft es dann selbstständig die Reinigungsstufen und fließt in den Teich zurück – eventuell auch über einen künstlichen Bachlauf. Diese im Vergleich günstigen Filter müssen allerdings erhöht stehen, um zu funktionieren. Deshalb sollten Sie bereits bei der Teichplanung einen Platz finden, an dem sie sich gut verstecken lassen.

DRUCKFILTER können dagegen ohne Weiteres unterhalb der Wasserlinie untergebracht werden. Hier drückt die Pumpe das Wasser durch den Filter hindurch. Das gesamte Filtergehäuse muss deshalb dicht und druckfest sein. Der Ablauf kann ebenfalls einen Bachlauf speisen, wenn die Förderleistung der Pumpe das zulässt. Durch die aufwendigere Konstruktion sind Druckfilter teurer als Durchlauffilter.

TIPP UV-Licht

Wenn man dem Filter eine UV-Lampe vorschaltet, verbessert das die Filterwirkung: Das UV-Licht tötet Algen ab, die sich dann leichter ausfiltern und von den Mikroorganismen im Filter abbauen lassen. Damit das Ganze auch auf Dauer effizient funktioniert, muss man die Lampe allerdings regelmäßig reinigen.

Licht und Wasserspiele

Sparsam eingesetzt, können Fontänen und Leuchten die Wirkung des Teichs unterstützen. Wer deshalb einen Springbrunnen im Teich installiert, muss darauf achten, dass die Wasserstrahlen nicht auf die umliegenden Pflanzen fallen – Seerosen etwa nehmen das übel. Die Installation ist einfach: Oft liegen den Pumpen schon Fontänenaufsätze bei. Möchte man den Teich beleuchten, darf man dabei nur ausdrücklich für diesen Zweck bestimmte wasserdichte Produkte verwenden. Besonders sicher sind Leuchten, die mit einer Schutzkleinspannung betrieben werden, die der meist mitgelieferte

Transformator bereitstellt. Achten Sie bei der Teichbeleuchtung im Übrigen darauf, dass Lebewesen im und am Teich zur Erholung auch dunkle Phasen brauchen.

Bei einigen Fontänen lassen sich die Strahlen verstellen.

Einen eindrucksvollen Effekt erzielen Springbrunnen und Leuchten. Nebenbei reichert die Fontäne das Wasser auch mit Sauerstoff an.

Bei dieser Fontäne ist die Beleuchtung gleich integriert.

Am Ufer und in Bachläufen setzen Halogenstrahler Akzente.

Unter Wasser montiertes Licht beleuchtet den Teichgrund.

INFO Schwimmende Leuchten

Sehr stimmungsvoll wirken solche Schwimmleuchten auf dem Gartenteich. Sie bestehen aus transparentem Kunststoff und sind ebenso schlagfest wie witterungs- und temperaturbeständig. Versorgt werden sie von einem 12-V-Trafo mit ungefährlicher Kleinspannung, im Inneren befinden sich kleine Halogenlampen, die eine warme Lichtfarbe erzeugen. Da die Anschlussleitungen mit mehreren Metern Länge den Leuchten viel Freiraum lassen, können sie weitgehend ungehindert über die Wasseroberfläche treiben.

SCHWIMMLEUCHTEN setzt man auf die Wasseroberfläche oder direkt ans Ufer.

Sanieren und instand halten

TEICHE PFLEGEN

Wenn die Teichanlage abgeschlossen und die Technik installiert ist, kann man das eigene Gewässer in Ruhe genießen. Dauerhaft Freude wird man daran aber nur haben, wenn man für regelmäßige Pflege sorgt. In manchen Fällen muss ein Teich sogar komplett saniert werden.

Qualitäts-Check

Auch wenn er bei geschickter Gestaltung so wirkt, ist ein Gartenteich kein natürliches Gewässer. Vor allem kleinere Anlagen erreichen nur schwer ein biologisches Gleichgewicht, ohne dass man hier und da nachhilft. Um gezielt eingreifen zu können, sollte man hin und wieder überprüfen, ob im Teich noch alles in Ordnung ist, ob also die Wasserqualität noch stimmt.

Wichtige Indikatoren für die Teichgesundheit sind pH-Wert und Nitratgehalt des Wassers. Besonders dann, wenn Fische darin leben, sollte man sie im Auge behalten. Die wesentlichen Wasserwerte lassen sich mit Teststreifen und Indikatorflüssigkeiten bestimmen. Entsprechende sinnvoll zusammengestellte Sortimente gibt es im Handel. Der Inhalt wirkt zunächst oft sehr wissenschaftlich, doch für die Anwendung muss man ganz und gar kein Chemiker sein. Die enthaltenen Anleitungen sagen Schritt für Schritt, wie man vorgehen muss, Farbtafeln und Tabellen machen das Ablesen des Ergebnisses leicht – ein umfassender Check des Teichwassers ist so auch Laien ohne Vorwissen möglich.

INFO Gartenteich von Schlamm befreien

Organischer Schlamm erzeugt nicht nur üble Gerüche, er zersetzt sich auch und produziert dabei Faulgase. Diese Gase gefährden vor allem im Winter unter einer Eisdecke die Teichbewohner. Dieser Entwicklung kann man mit Spezialpräparaten entgegenwirken, die zweigleisig wirken: Mineralstoffe und spezialisierte Mikroorganismen befreien den Teich von Schlamm und bringen Sauerstoff ins Wasser.

SCHLAMM kann man mit Wirkstoffen bekämpfen, die man in Wasser auflöst und in den Teich gibt.

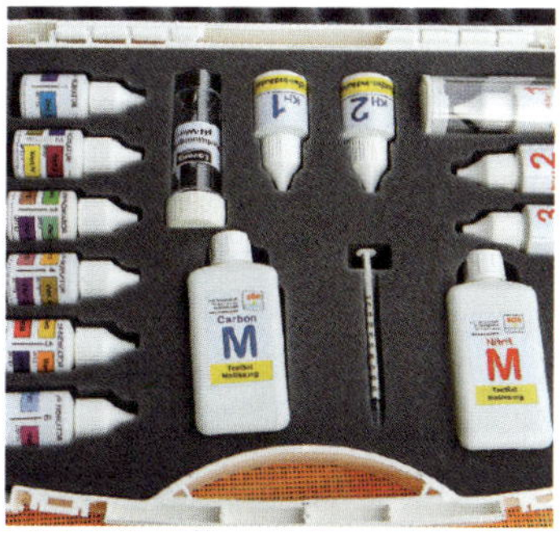

Keine Sorge: Was wie eine anspruchsvolle Laborausrüstung aussieht, lässt sich auch von Laien problemlos anwenden.

In eine Probe des Teichwassers gibt man nach Anleitung einige Tropfen der jeweiligen Prüfsubstanz zu.

Nun muss meist nur noch die Farbe der Wasserprobe mit einer Farbtafel verglichen werden, um eine Diagnose zu erhalten.

TIPP Die wichtigsten Wasserwerte

PH-WERT Er zeigt den Säuregehalt im Teichwasser an. Ideal sind Werte zwischen pH 7,5 und 8,5. Liegt der Wert niedriger, ist das Wasser sauer, bei höherem Wert ist es alkalisch.

NITRAT Der Nährstoff Nitrat entsteht etwa durch die Zersetzung von Fischfutter und anderen organischen Stoffen im Wasser. Er sollte unter 25 mg/Liter liegen. Zu viel Nitrat im Teich lässt Algen stark wuchern.

NITRIT Ein weiteres Abbauprodukt aus organischem Material. Nitrit ist gefährlich für Fische. Der Gehalt sollte unter 1 mg/Liter liegen.

GESAMTHÄRTE Die Wasserhärte sollte zwischen 5 und 10° GH liegen. Ein Wert darunter zeigt zu weiches, darüber zu hartes Wasser an.

KARBONATHÄRTE Sie weist auf die Fähigkeit des Wassers hin, Schwankungen des pH-Werts auszugleichen. Ideal sind Wert von 5 bis 14° KH.

INFO Schnelltest

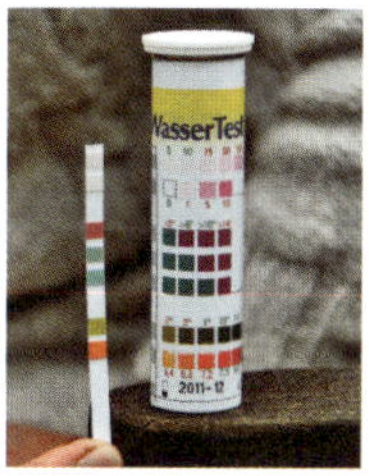

Wer rasch Gewissheit über den Teichzustand benötigt, erhält auch Teststreifen, die in wenigen Minuten fünf wichtige Werte zugleich bestimmen: eintunken, abschütteln und Farben vergleichen.

Ergibt ein Test Werte, die vom Idealzustand abweichen, gibt es häufig auch Empfehlungen für geeignete Gegenmaßnahmen. So lässt sich etwa ein zu hoher pH-Wert senken, indem man Torf in das Teichwasser gibt – die darin enthaltene Säure senkt den Wert. Auch Mittel gegen Algen können das erreichen. Liegt der pH-Wert zu niedrig, helfen einige Klärungsmittel oder mineralisches Zeolith-Granulat.
Ehe Sie Gegenmaßnahmen ergreifen, sollten Sie sich aber genau über Dosierung und Handhabung eines Mittels informieren. Neben der Anleitung des jeweiligen Herstellers ist dabei auch die Beratung im einschlägigen Fachhandel eine wichtige Informationsquelle.

Neustart: Teichsanierung

Zuweilen ist man bei der Teichanlage zu vorsichtig und plant die Anlage zu klein. Das kann sich schnell rächen, etwa wenn das Gewässer innerhalb kurzer Zeit verschlammt oder von den Pflanzen am Ufer überwuchert wird. Auch ein falsch gewählter Standort kann sich negativ auswirken, wenn Pflanzen und Tiere im Wasser vor sich hin kümmern.
Statt an den Symptomen herumzudoktern, kann man oft mehr erreichen, wenn man einen Neustart wagt, die Form günstiger gestaltet und die Oberfläche dabei vergrößert.
Das im vorigen Kapitel genannte Maß von mindestens 12 m² Wasserfläche sollte man dabei nicht unterschreiten – wenn irgend möglich. Auch die dort gegebenen Hinweise zur Standortwahl und zur Gestaltung sind zu beachten. Ein Gutes hat die Sache dann: Mit der bisherigen Erfahrung werden Sie sich erheblich leichter bei der Gestaltung im Detail tun.

TIPP Uferzonen richtig anlegen

A Die Tiefe der einzelnen Zonen lässt sich mit einem Zollstock überprüfen.

B Die Ufer müssen waagerecht sein, damit der Teich nicht stellenweise überläuft.

Teich sanieren

Gartenteich neu anlegen und dabei vergrößern

01 Die Teichbewohner werden in Ausweichquartiere gebracht, dann das Wasser abgepumpt.

02 Tragen Sie den Schlamm ab. Sie können ihn entsorgen, aber auch zum Düngen nutzen.

03 Nach dem Herausnehmen der Pflanzen wird die Teichfolie zerschnitten und entsorgt.

04 Nun hebt man Erde aus und modelliert sorgfältig die Uferbereiche (Kasten links oben).

05 Den Rand kann man bei Gefallen auch mit einbetonierten Pflastersteinen einfassen.

06 Nun wird das Teichbett zunächst etwa 5 bis 10 cm dick mit Sand ausgekleidet.

07 Schäden an der Folie durch Steine und Wurzeln verhindert ein dickes Vlies.

08 Die am besten mindestens 1 mm dicke Folie auslegen und über den Rand ziehen.

09 Innen kann man die Folie mit Flusskieseln beschweren, außen wird sie abgeschnitten.

10 Kies schützt die Folie vor UV-Strahlen und verdeckt sie gleichzeitig.

Teichfolie flicken

Ehe Sie zu Flicken und Kleber greifen, sollten Sie bei Wasserverlusten erst einmal überprüfen, ob nicht andere Ursachen auszumachen sind. Wenn beispielsweise die umgebende Erde mit dem Wasser in Kontakt kommt, kann sie den Teich per Kapillarwirkung teilweise aussaugen. Dagegen hilft Kies als kapillarbrechende Trennschicht.
Ist dagegen tatsächlich ein Loch vorhanden, säubert man die Folie und markiert den Wasserstand im Teich. Auf dieser Höhe muss sich das Leck befinden. Haben Sie es gefunden, schöpfen Sie noch etwas Wasser aus. Eine Teichfolie aus PVC können Sie nun recht einfach mit einem Flicken und Flüssigkleber reparieren. PE-Folien sind nicht so einfach zu kleben. Hier verwenden Sie am besten ein Reparaturset mit Spezialkleber und Dichtband.

FOLIEN-KLEBER: PVC-Folien lassen sich mit speziellen Flüssigklebern kalt verschweißen.

Folie kleben

Undichte Stelle in einer PVC-Teichfolie reparieren

01 Falls das möglich ist, sollte man das Loch mit einem festen Gegenstand unterlegen.

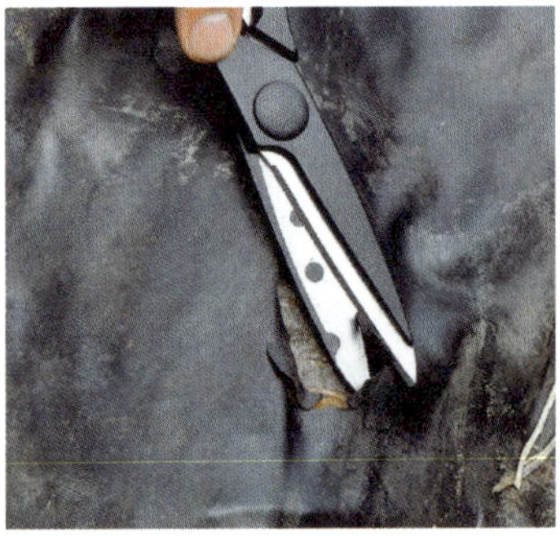

02 Unregelmäßige Schadstellen werden rundgeschnitten, die umgebende Folie gesäubert.

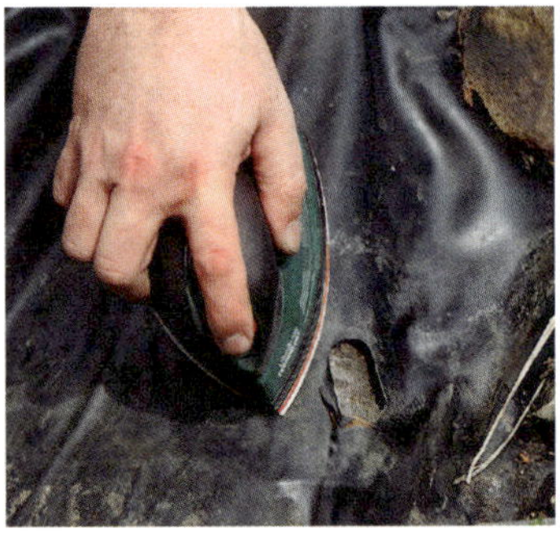

03 Die trockene Folie schleift man rund um das Loch sorgfältig an.

04 Nun muss man nur noch den zugeschnittenen Flicken mit Kleber bestreichen und aufkleben.

Funktionierender Lebensraum

Ob ein Teich ökologisch in Ordnung ist, zeigt sich nicht zuletzt auch an der Vielfalt seiner Bewohner. Dazu gehören natürlich Fische, aber auch zahlreiche Amphibien wie Frösche, Kröten oder Molche. Insekten sind hier in großer Vielfalt zu finden – vom unscheinbaren Wasserläufer bis zur prächtigen Libelle. Das wiederum zieht Vögel an, die am Teich ergiebige Jagdgründe finden. Nehmen Sie sich ruhig hin und wieder eine halbe Stunde Zeit, um das Leben rund ums Wasser in Ruhe zu beobachten. Das ist außerordentlich entspannend und interessant, und im besten Fall sehen Sie, dass Ihr Teich als Lebensraum optimal funktioniert.

INFO Insekten am Teich: Nützliche Anrainer

A Libellen sind besonders markante Bewohner des Teichs und seiner Umgebung. Ihre Larven bleiben bis zu fünf Jahre lang im Teich und ernähren sich in dieser Zeit beispielsweise von anderen Insekten und von Kaulquappen. B Gelbrandkäfer werden so groß wie Maikäfer. Sie leben unter Wasser und kommen nur zum Luftholen an die Oberfläche. C Wasserläufer können über die Teichoberfläche wandern. Sie ernähren sich von Insekten, die ins Wasser gefallen sind.

TIPP Schädlinge abfangen

Seerosenblattkäfer sind lästig. Mit Vogelschutznetzen werden Sie sie aber einfach los: A Das Netz über die Seerose legen, B mit Steinen beschweren und die Pflanze unter Wasser drücken – nach 3 oder 4 Tagen wieder abnehmen, dann sind die Larven ertrunken. C Müssen Pflanzen am Ufer gespritzt werden, schützen Sie das Wasser und die Lebewesen darin mit einer festen Pappe.

ELESKOP 1,25 m

Boden bearbeiten und verbessern

ERD-ARBEITEN

Ob die Pflanzen im Garten wachsen, blühen und gedeihen, hängt nicht zuletzt vom Zustand des Bodens ab. Gibt es damit Probleme, kann man ihn mit einfachen Maßnahmen verbessern. Tipps dazu finden Sie in diesem Kapitel, außerdem lernen Sie die wichtigsten Werkzeuge kennen.

Boden prüfen

Auch wenn Pflanzen an einem idealen Standort stehen, die Lichtverhältnisse stimmen und ausreichend gewässert wird, können sie Blätter und Blüten hängen lassen. Auch Düngergaben bringen dann keinen oder nur kurzfristigen Erfolg.
Der Grund dafür: Im Boden können noch so viele Nährstoffe enthalten sein – wenn der pH-Wert nicht stimmt, kann die Pflanze sie nicht richtig aufnehmen. Die erste Maßnahme in dieser Situation sollte also darin bestehen, den pH-Wert zu messen.
Die meisten Pflanzen kommen sehr gut mit einem Boden zurecht, der leicht sauer bis neutral ist. Der pH-Wert liegt dann zwischen 6 und 7. Niedrigere Werte bedeuten, dass der Boden saurer ist. Das kann beispielsweise das Wachstum von Moos im Rasen begünstigen. Andere Pflanzen reagieren zum überwiegenden Teil weniger positiv darauf.
Eine Ausnahme dabei bilden sogenannte Moorbeetpflanzen. Dazu zählen etwa Rhododendren, Azaleen und Heidekraut, aber auch Hortensien. Für diese Gewächse lässt sich der Boden durch Untermischen von Torf saurer machen – bei einem pH-Wert von 4 bis 5 fühlen sich Moorbeetpflanzen wohl. Bei einigen Hortensienarten hängt es übrigens unter anderem vom pH-Wert ab, ob sie blau oder violett bis rosa blühen.

INFO pH-Wert ermitteln

Es genügt, wenn man den pH-Wert des Bodens einmal im Jahr überprüft, am besten im Frühjahr. Schnell und einfach geht das beispielsweise mit einem chemischen Testset, das mit einer Prüflösung arbeitet. Alternativen dazu sind Teststreifen für die Säurebestimmung oder elektronisch arbeitende Messgeräte.

In das Glasröhrchen des Testsets füllt man ein wenig Erde. Dann gibt man ein paar Tropfen der Testlösung zu.

Das Ganze wird durchgeschüttelt und nach wenigen Minuten zeigt die Farbe der Probe den pH-Wert an.

TIPP Proben entnehmen

Rasen und Gemüsebeete werden oft gewässert. Dabei kann Kalk ausgewaschen werden, was den pH-Wert beeinflusst. Nehmen Sie deshalb regelmäßig Bodenproben. Neben der pH-Wert-Bestimmung ist die Schlämmprobe sinnvoll: Schwimmt nur wenig organisches Material auf, sollten Sie Kompost in den Boden einarbeiten.

CHEMISCHER TEST: Anhand der Färbereaktion bestimmen Sie in wenigen Minuten den pH-Wert (Kasten links unten)

AUFSCHLÄMMEN: Verrühren Sie etwas Erde mit Wasser. Je mehr Material aufschwimmt, desto höher ist der Anteil organischer Stoffe.

Die Verfärbung im Probenglas zeigt das Messergebnis an.

Die Ergebnisse: von Torfboden (links) bis zu reinem Sand (rechts).

Werkzeug zum Bearbeiten

Schon die gewohnten Pflegemaßnahmen wie Umgraben tragen zur Verbesserung des Bodens bei – er wird belüftet, auch Wasser und Nährstoffe werden durch lockere Strukturen besser weitergeleitet.
Das kann durchaus in Schwerarbeit ausarten, entsprechend robust müssen deshalb die verwendeten Werkzeuge sein. Spaten und Grabegabeln sollten möglichst aus nicht rostendem Stahl gefertigt sein. Die Lebensdauer der Werkzeuge wird zudem durch eine feste Verbindung zwischen dem Stiel und dem Blatt bzw. der Gabel verlängert. Der Metallschaft sollte dabei weit am Stiel heraufreichen. Dann verträgt er auch Hebelkräfte, wie sie etwa beim Ausheben von Wurzeln oder bei Erntearbeiten in schwerem Boden entstehen.
Wer einen großen Nutzgarten bearbeitet, kann den Spaten auch durch eine Motorhacke ersetzen. Diese Maschine lockert den Boden mit rotierenden Messern auf oder arbeitet Dünger und Kompost ein. Außerdem gibt es dafür Zubehör, mit dem man beispielsweise den Rasen lüften und Kanten schneiden kann. Während des Einsatzes drückt das Gewicht des Motors die Messer der Motorhacke in den Boden. Währenddessen dreht sich die Hackwelle und treibt das Gerät vorwärts. Als Anwender muss man also keinen Schub ausüben, sondern das Werkzeug lediglich dirigieren.
Damit eine Motorhacke einerseits nicht zu flott über das Beet marschiert, sich andererseits aber auch nicht zu tief eingräbt, besitzt das Gerät einen Bremssporn. Mit dessen Hilfe können Sie das Arbeitstempo bestimmen.

FLACHE, angeschliffene Spaten dringen leicht in den Boden ein.

SPITZE Spatenblätter kappen mühelos kleine Wurzeln.

MOTORHACKEN eignen sich dann, wenn Sie regelmäßig große Gartenflächen bearbeiten müssen.

GRABEGABELN leisten gute Dienste in schweren, steinigen Böden und bei der Ernte von Wurzelgemüsen.

INFO
Spatengröße

Damit die Arbeit mit dem Spaten nicht zur kraftraubenden Plackerei wird, muss seine Größe stimmen:

In senkrechter Position sollte er dem Anwender ungefähr bis zur Brust reichen. Teleskopspaten lassen sich an verschiedene Personen anpassen. Wichtig sind zudem ein ausreichend großer, handlicher Griff und ein breiter Auftritt (Foto), der die Schuhe schont.

Anlage, Pflanzung und Aussaat

Der ideale Gemüsegarten liegt sonnig, windgeschützt und ist in Nord-Süd-Richtung ausgerichtet. Dann nämlich bekommen die Pflanzen gleichmäßig Licht. Wenn die Beete etwa 1,20 m breit sind, reichen Sie von beiden Seiten aus bequem bis zur Mitte.
Bei der ersten Anlage von Beeten auf einem Wiesenareal stechen Sie zunächst deren Umrisse ab. Das geschieht mit einem Spaten. Anschließend lässt sich die Grasnarbe mit der Schaufel abheben. Nun kommt wieder der Spaten zum Einsatz – der Boden wird umgegraben. Je nach Beschaffenheit des Bodens lassen sich dabei oder auch anschließend Sand, Lehm oder Kompost einarbeiten. Unkräuter, Steine und Wurzelreste werden sorgfältig mit einem Rechen aus Holz oder Metall entfernt. Wenn der Boden anschließend feinkrümelig und geebnet ist, werden Saat- oder Pflanzrillen gezogen. Perfekte Reihen in gleichbleibenden Abständen erreicht man mit einem Rillenzieher,

dessen Schare sich beliebig auf der Arbeitsbreite verschieben lassen.
Nun können Sie die Jungpflanzen einsetzen oder Samen ausbringen. Wer letzteres nicht von Hand erledigen möchte, findet mit der Saatrolle einen praktischen Helfer dafür. Mit diesem Werkzeug lässt sich Samen fast jeder Größe gleichmäßig in der Saatrille verteilen.

RILLENZIEHER stellen gerade Reihen in gleichbleibenden Abständen her, die sich beliebig am Gerät einstellen lassen.

HOLZZINKEN sinken anders als Metallzinken nicht so schnell in den Boden ein – das erleichtert die Arbeit.

DIE SAAT-ROLLE bringt Samen in die Erde. Die Abstände sind einstellbar.

EIN RECHEN räumt Unkräuter und Steine ab, ohne dabei in den Untergrund zu dringen

LANGE STIELE machen die Arbeit am Beet komfortabler. Achten Sie beim Kauf darauf!

Beete bequemer pflegen

Gartengeräte müssen leicht zu bedienen und ergonomisch geformt sein, wenn Sie möglichst komfortabel arbeiten wollen. Für eine gerade Haltung ist ein langer Stiel wichtig, gebücktes Arbeiten ermüdet schnell. Ein Stiel aus Holz liegt gut in der Hand, eine Lackierung kann dabei die Handhabung mit feuchten Fingern deutlich verschlechtern. Robuster sind Stiele aus Holz und Aluminium, die inzwischen häufiger zu finden sind. Nehmen Sie sie vor dem Kauf in die Hand, dann können Sie die Griffigkeit und die Größe des Werkzeugs am besten beurteilen. Welche Werkzeuge Sie wann brauchen, zeigen wir unten.

DER SAUZAHN kann dichte Böden bis zu einer Tiefe von 20 cm lüften.

KLEINE RECHEN eignen sich optimal für die Bearbeitung kleiner und schmaler Beete.

DIE GARTENFRÄSE krümelt mit den Fräsrädern den Boden, während das Pendelmesser jätet.

SCHAUFELN kommen immer dann zum Einsatz, wenn Kompost verteilt oder Boden bewegt werden soll.

WECHSELSTIELE: Sie sind dann nützlich, wenn wenig Platz zum Aufbewahren des Werkzeugs vorhanden ist.

TIPP Löcher bohren

Große Löcher und Gruben hebt man mit dem Spaten aus. Zum Setzen von Zaunpfählen oder zum Vorbereiten von Punktfundamenten eignen sich Spezialwerkzeuge besser. Dazu zählt beispielsweise der abgebildete Erdbohrer. An seiner Spitze sind zwei Messer angeschweißt, die in Drehrichtung leicht angeschliffen sind. Sie erleichtern das Eindringen des Bohrers. Für etwas größere Löcher können Sie einen Handbagger verwenden – bei ihm werden zwei Schaufelblätter fest in den Boden gerammt und dann über eine Mechanik geschlossen.

Boden verbessern

Ein sandiger Boden ist zwar immer gut durchlüftet, doch Niederschlag und Gießwasser versickern darin viel zu schnell. Dabei nimmt das Wasser Nährstoffe mit, da sie der Boden nicht halten kann. Dünger wirkt ebenfalls immer nur kurzfristig. Verbessern können Sie sandige Böden, indem Sie sie mit Kompost anreichern. Der Boden kann dann Wasser und Nährstoffe besser speichern. Das Untermischen von Steinmehl hilft bei Sandböden ebenfalls.

DURCH DIE FINGER gerieselt: Sandboden speichert Wasser und Nährstoffe schlecht und staubt bei Trockenheit.

Ein schwerer Boden speichert dagegen Nährstoffe sehr gut, wird aber schnell zu dicht. Bei Trockenheit härtet er sehr stark, so dass er sich nur mühsam bearbeiten lässt. Auch hier helfen Kompost und zusätzlich eine kräftige Portion Sand. Morgens lässt sich schwerer Boden am einfachsten bearbeiten.

Schweren Boden verbessern

01 Auf dem Boden streut man reifen Kompost und gibt eine dicke Schicht Sand darauf.

02 Nun wird der Boden nicht zu tief umgegraben. Auf großen Flächen hilft die Motorhacke.

03 Anschließend das Bett glatt harken und dabei Wurzeln und Steine entfernen.

04 Anschließend ist der Boden eben, feinkrümelig und bereit für Aussaat oder Bepflanzung.

TIPP Leichter mischen

Statt ganze Beete zu bearbeiten, kann man den Boden auch portionsweise verbessern. Das ist weniger mühsam. Entnehmen Sie dazu einen Teil des Bodens und vermischen ihn in der Schubkarre mit den fehlenden Komponenten. Wenn Sie die Portionen jeweils für begrenzte Areale verwenden, können Sie auch gleich Dünger oder Kalk für die dort lebenden Pflanzen beimischen.

Töpfe und Kübel

Natürlich müssen die Bodenverhältnisse auch in Pflanzkübeln, Balkonkästen und Blumentöpfen stimmen. Sie sind dort sehr leicht zu kontrollieren – das ist ein großer Vorteil. Die Sache hat aber auch einen Haken, und der liegt in der menschlichen Bequemlichkeit: Kübelpflanzen erhalten oft erst Jahre nach dem Einpflanzen wieder frische Erde, notwendiges Umtopfen wird hinausgeschoben, auch Dünger gibt es oft nicht regelmäßig.
Wer sich in dieser Beschreibung wiederfindet, der sollte wenigstens zum Start optimale Voraussetzungen schaffen und eine besonders gute Pflanzerde kaufen.

Erden unterscheiden sich durchaus erheblich voneinander: Sehr billige Produkte sind zuweilen durchsetzt von auflockernden Holzspänen, tragen Unkrautsamen in den Garten ein oder scheinen nach Lust und Laune zusammengestellt zu sein. Das ist glücklicherweise auch bei preiswerten Produkten oder Handelsmarken nicht die Regel, doch wenn Sie auf Nummer sicher gehen wollen, erhalten Sie mit einer guten Universalerde aus einem Markensortiment ein

SPEZIALISTEN und Allroundtalente gibt es unter den Pflanzerden. Das Angebot der verschiedenen Hersteller ist breit gefächert. In vielen Fällen kommt man aber mit einer Universalerde problemlos zurecht.

Produkt, das für viele Einsatzbereiche eine brauchbare Lösung darstellt.
Eine Universal-Pflanzerde bietet den Pflanzen eine gute Grundversorgung, denn alle wichtigen Nährstoffe sind darin sofort verfügbar. Das Nährstoffangebot in der Erde reicht nach dem Pflanzen für etwa vier Wochen. Danach sollten Sie mit einem geeigneten Dünger für Nachschub sorgen – den Unterschied sieht man den Pflanzen an. Einige Gewächse haben allerdings besondere Bedürfnisse. So brauchen Moorbeetpflanzen wie Azaleen auch im Kübel ein saures Milieu – man versorgt sie mit Azaleenerde. Stark wachsende Pflanzen wie Geranien dagegen gedeihen mit nährstoffreichen Erden besser.

INFO Erden ohne Torf

Torf bildet sich in Mooren aus Pflanzenresten, die teilweise zersetzt werden. Er ist locker und saugfähig und wird Pflanzerden deshalb gerne zugesetzt, um die Speicherfähigkeit zu verbessern und bei der Durchlüftung des Bodens zu helfen.
Allerdings wachsen Moore nur sehr langsam, teilweise stellen sie bedrohte Lebensräume dar. Der Torfabbau ist deshalb nicht unumstritten. In torffreien Erden werden verschiedene Ersatzstoffe verwendet. Dazu zählen beispielsweise Kokosfasern. Eine weitere Alternative zum Torf ist Xylit oder Schieferkohle.

XYLIT (oben) stammt aus Braunkohlegruben. Es handelt sich dabei um die Überreste Millionen Jahre alter Pflanzenteile, die nicht vollständig zu Braunkohle geworden sind. Mit seinem hohen Anteil an organischen Substanzen und der enthaltenen Huminsäure eignet sich Xylit gut als Bestandteil torffreier Erden (links).

SCHON GEWUSST? Pressprobe

Ob Sie eine Erde mit guter Struktur gekauft haben, können Sie mit einem einfachen Test selbst herausfinden: Pressen Sie eine kleine Portion Erde zwischen den Handflächen. Nachdem Sie Ihren Griff wieder gelöst haben, sollte die Erde keinen kompakten Klumpen bilden, sondern wieder locker auseinanderfallen. Daran erkennen Sie, dass die Erde ein intaktes Grundgerüst aus organischer Masse besitzt, das auch als Wasserspeicher dient.

Selbst anmischen

Spezialsubstrate wird man zwar kaum herstellen können, denn dazu sind fundierte Fachkenntnisse des Pflanzenstoffwechsels und der notwendigen Bodenstrukturen erforderlich. Eine Universalerde können Sie dagegen aus günstig eingekaufter Sackerde oder auch aus Erde vom Beet selbst herstellen.
Im ersten Schritt müssen Sie das Ausgangsmaterial begutachten: Ist der Boden fest und schwer oder im Gegenteil locker und sandig? Ist er nach vielen Vegetationsperioden im Nutzgarten ausgelaugt? Enthält er unerwünschte Fremdkörper?
Mängel an der Struktur gleichen Sie dann mit den Maßnahmen aus, die wir weiter vorne beschrieben haben, also durch Beimischen von Sand, Steinmehl oder Kompost.
Außerdem sollte die Erde mit Nährstoffen versorgt werden. Dazu eignen sich Kunstdünger weniger gut. Um sie richtig auswählen oder dosieren zu können, müssten Sie zuvor den Boden chemisch analysiert haben. Dieser Aufwand ist

Für das Anlegen eines Nutzbeets ist ein lockerer, humusreicher Boden wichtig. Solche Beete werden häufig sehr intensiv genutzt, deshalb muss der Nachschub an Wasser und Nährstoffen reibungslos funktionieren.

TIPP Sieben

Kompost ist zuweilen stellenweise verklumpt oder enthält noch unverrottete Pflanzenreste wie etwa Astabschnitte oder hartes Wurzelwerk. Vor dem Beimischen zur Erde sollte man ihn deshalb durch ein Kompostsieb werfen.

Gesiebter Kompost lässt sich besser untermischen.

Die Bestandteile der selbstgemachten Erde lassen sich auf einer gepflasterten Fläche oder einem großen Brett mischen.

Billige Pflanzenerde wird hier mit Hornspänen, Steinmehl, Sand, Kompost und Maulwurfserde deutlich aufgewertet.

zu groß, zumal es eine nahezu immer brauchbare Alternative gibt: Hornspäne. Dieses Material wird durch Raspeln aus Hörnern von Schlachtvieh hergestellt und zeichnet sich durch seinen hohen Gehalt an dem für Pflanzen wertvollen Stickstoff aus. Da Hornspäne sich nur sehr langsam zersetzen, hält ihre Düngewirkung lange vor. Zudem ist das Material recht preiswert als Sackware im Gartencenter erhältlich.

Kompost und Torf

Abgesehen von der strukturverbessernden Wirkung ist Kompost auch ein Nährstoffträger. Sie können ihn ebenfalls zusetzen, um den Boden fruchtbarer zu machen. Torf hingegen verbessert die Speicherfähigkeit und die Belüftung des Bodens. Sie sollten ihn allerdings nur dann beimischen, wenn Sie den pH-Wert des Bodens geprüft haben. Liegt der zu niedrig, wirkt Torf kontraproduktiv. Heben Sie den pH-Wert statt dessen durch die Zugabe von Kalk an.

ERDEN IM ÜBERBLICK

Produktbeispiel					
BEZEICHNUNG	**PFLANZENERDE**	**BLUMENERDE**	**AUSSAATERDE**	**TORFFREIE ERDE**	**KOMPOSTERDE**
Beschreibung	Das humusreiche Substrat soll ein gesundes und schnelles Wachstum unterstützen. Meist besteht es aus Torf, Kalk und Zuschlagstoffen. Hochwertige Produkte enthalten weitere Stoffe wie Guano und Ton.	Das humusreiche Substrat besteht aus Torf, Kalk, Düngemittel und Zuschlagstoffen. Bei Spezialversionen für bestimmte Blumensorten wird unter anderem spezieller Dünger beigemischt.	Die fein abgemischte Erde ist von Nähr stoffgehalt und pH-Wert her auf die Ansprüche junger Pflanzen abgestimmt. Eine geringe Düngerbeigabe sichert die Versorgung mit Nährstoffen.	Substanzen wie Rindenhumus, Kokosmehl und das torfähnliche Xylit machen bei torffreien Erden den Abbau von Mooren unnötig.	Eine Mischung aus unkrautfreiem Edelkompost und Spezialhumus. Das organische Material regt die biologische Bodenaktivität an und fördert die Wurzelbildung.
Eignung und Einsatzbereiche	Universelle Pflanzenerde, für Zimmer-, Balkon- und Gartenpflanzen nutzbar.	Vielseitige Erde zum Ein- und Umtopfen von Zimmer-, Balkon- und Kübelpflanzen. Besonders für blühende Pflanzen geeignet.	Vielseitige Erde zum Aussäen, Stecken und Pikieren in Schalen, Töpfen und Saatkisten.	Universelle Pflanzenerde für Zimmer-, Balkon- und Gartenpflanzen – eine umweltbewusste Alternative zu torfhaltigen Pflanzenerden.	Eine Alternative zu selbst gewonnenem Kompost, für Gartenpflanzen und für die Bodenverbesserung nutzbar.

Säen, schneiden, lüften, mulchen

RASEN-PFLEGE

Einen großen Teil der meisten Gärten nimmt der Rasen ein. Hier kann man sich entspannen, kann spielen und Sport treiben. Oder man legt den Rasen als sattgrüne, makellose Zierfläche an. In jedem Fall braucht ein Rasen angemessene Pflege, und dazu gibt es hier die wichtigsten Tipps.

Typenvielfalt

Schon beim Kauf des Saatguts sollte man ungefähr wissen, wie man eine Rasenfläche nutzen möchte, denn die Samentüten enthalten eine abgestimmte Mischung ganz unterschiedlicher Grassorten. Dazu gehören beispielsweise die Rotschwingelarten. Sie bilden eine dichte Grasnarbe aus – wichtig für einen Zierrasen. Die Wiesenrispe hingegen zeichnet sich vor allem durch ihre Eignung für trockene und halbschattige Lagen aus sowie durch ihre Beständigkeit gegen Frost und Begehen. Noch trittfester und regenerationsfähiger ist das deutsche Weidelgras, das deshalb in Sportrasen zu finden ist. In den Mischungen werden zudem schnell und langsam wachsende Sorten kombiniert. So entwickelt sich bald nach der Aussaat eine geschlossene Fläche, die dann nach und nach die gewünschten Eigenschaften ausbildet. Die schnellwüchsigen Gräser spielen dann im verwachsenen Rasen kaum noch eine Rolle.

INFO Rasenmischungen im Überblick

ZIERRASEN Durch den hohen Anteil an Rotschwingel ergeben Zierrasenmischungen eine dichte, feinborstige und gleichmäßige Fläche. Eine kleine Menge Wiesenrispe verbessert die Widerstandsfähigkeit gegen Frost, Trockenheit und (mäßige) Trittbelastung. Einige Zierrasenmischungen wachsen langsamer und verringern dadurch den Pflegeaufwand.

SPIEL- UND SPORTRASEN Durch einen hohe Anteil an Wiesenrispe und deutschem Weidelgras sind diese Mischungen strapazierfähig. Entstehen durch die Belastung Kahlstellen, schließen sie sich schneller als bei anderen Rasentypen. Deshalb muss der Rasen allerdings auch häufiger gemäht werden.

SCHATTENRASEN Schattenbeständige Gräser wie die Hainrispe gedeihen auch unter Bäumen und in anderen wenig besonnten Bereichen. Sie setzen sich dort gut gegen Unkraut und Moos durch. Dafür sind sie allerdings wenig trittfest, und tiefer als auf 4,5 cm Länge sollte man die Halme nicht schneiden. Pflegemaßnahmen wie Düngen und Vertikutieren sind im Schatten übrigens ebenso nötig wie auf sonnigen Flächen.

BLUMENWIESE Eine Blumenwiese ist bunt und pflegeleicht. Sie braucht keinen Dünger und muss nur selten bewässert oder gemäht werden. Die Blütenpflanzen wechseln im Lauf der Jahreszeiten. Nichts für Freunde penibel gepflegter Zierflächen!

Neben der Zusammensetzung der Rasenmischung ist auch die Ergiebigkeit pro m^2 eine wichtige Eigenschaft.

Rasen säen

Einen Rasen anzulegen ist gar nicht so schwer – Geräte wie Motorhacke oder Walze gibt's beim Werkzeugverleih, unsere Anleitung zeigt Schritt für Schritt, wie man dabei vorgeht. Zusätzlich sollte man Flächen in Hanglage nach der Saat noch einmal harken, damit das Wasser besser einsickert. Betreten werden darf der Rasen erst nach 6 bis 8 Wochen – dann hat sich ein ausreichend dichter Rasenteppich entwickelt.

TIPP Boden analysieren

Im letzten Kapitel haben wir uns bereits ausführlich mit Bodenproben beschäftigt. Auch vor der Rasenaussaat ist eine solche Analyse angebracht. Wichtige Werte dabei sind der pH-Wert des Erdreichs und der Kalkgehalt. Das Ergebnis erhalten Sie in wenigen Minuten.

01 Vor der Neuanlage wird umgegraben – entweder mit dem Spaten oder mit der Motorhacke.

02 Anschließend harkt man Unkräuter von der Fläche und sammelt Steine auf.

03 Mit dem Rücken der Harke die Erde verteilen und Unebenheiten ausgleichen.

04 Nun wird die Fläche trittfest gemacht – die Walze wird dabei nur geschoben, nicht gezogen.

05 Das Gewicht der Walze wird durch das Füllen mit Wasser bestimmt.

06 Jetzt verteilen Sie Dünger, harken ihn ein und ziehen Saatrillen.

07 Samen mit dem Streuwagen ausbringen und mit der Walze ...

08 ... andrücken. An Rändern etwas dichter streuen.

09 Bis der Rasen keimt, müssen Sie den Boden feucht halten.

10 Sind die Halme 10 cm hoch, werden sie erstmals gemäht.

Rasen richtig düngen

Wenn man einen Rasen düngt, kommt es auf den richtigen Zeitpunkt und auf die passende Zusammensetzung des Düngers an. Ein Rasenstartdünger etwa ist nach dem Neuanlegen oder nach dem Ausbessern kahler Stellen sinnvoll. Dabei darf man aber nicht auf gut Glück ausstreuen, was da ist, sondern sollte über eine Bodenanalyse ermitteln, was dort wirklich fehlt. Einen leicht säuerlichen Boden kann man zum Beispiel mit kalkhaltigem Dünger verbessern. Bei der regelmäßigen Düngung im Frühjahr sollten Stickstoff und Phosphor als wachstumsfördernde Nährstoffe enthalten sein. Hilfreich dabei sind sogenannte Langzeitdünger. Sie setzen die Nährstoffe über mehrere Monate hinweg gleichmäßig frei – das ist für den Rassen besser, als immer wieder „stoßweise“ zu düngen. Eine gleichmäßige Verteilung auf dem Rasen erreichen Sie mit einem Streuwagen.

TIPP Rasen düngen im Herbst

Nach dem letzten Rasenschnitt und dem Abharken von Laub profitiert der Rasen von einer Herbstdüngung mit einem speziellen Langzeitdünger. Er setzt bei milder Witterung Stickstoff frei und macht die Fläche belastbarer. Außerdem ist meist Kalium enthalten, das den Rasen widerstandsfähiger gegen Trockenheit, Kälte und Krankheit macht.

Unkraut entfernen

Unkraut hat nur geringe Chancen, wenn der Rasen angemessen gedüngt, regelmäßig vertikutiert und nicht zu kurz geschnitten wird – in der dichten Grasnarbe bleibt kein Platz für Wildkräuter oder Moos. Dennoch warten die Unkräuter ständig auf ihre Chance: Samen von Disteln, Löwenzahn oder Gänseblümchen werden auf den Rasen geweht, und wenn ungünstige Bedingungen wie Staunässe, Nährstoff- oder Lichtmangel herrschen, setzen sich die ungebetenen Gäste durch.
Einzelne Pflanzen kann man in dieser Situation noch mit dem Unkrautstecher entfernen, bei großflächigem Befall wird das aber mühsam. Moos lässt sich dann beispielsweise mit einem Kombidünger bekämpfen, der einen Moosvernichter enthält. Auch sind selektive Herbizide erhältlich, die breitblättrige Kräuter erfassen, Graspflanzen aber verschonen. Mit universellen Unkrautvernichtern lassen sich auch einzelne Unkrautherde bekämpfen. Hier ist aber Vorsicht angebracht, da bei zu breitflächiger Anwendung auch der umgebende Rasen leidet.

Rasen mähen

Durch das regelmäßige Mähen wird der Rasen ständig verjüngt. Das Abschneiden der Halmspitzen regt die Graspflanze zum Wachsen an, der Rasen wird dichter und wirkt insgesamt grüner.

BENZINMÄHER

VORTEILE Ein Benzinmotor bietet viel Kraft, Benzinmäher eignen sich deshalb auch für hohes Gras und unebenes Gelände. Auf großen Flächen ist der Betrieb ohne Kabel praktisch.
NACHTEILE Benzinmäher sind oft groß und schwer, Anwender und Nachbarn müssen das laute Geräusch hinnehmen. Zudem brauchen Benzinmäher einen höheren Wartungsaufwand.

ELEKTROMÄHER

VORTEILE Leise und abgasfrei – Elektromäher sind umweltschonend zu verwenden. Zudem sind sie leicht und kompakt und lassen sich deshalb einfach tragen und verstauen.
NACHTEILE Die Mäher sind auf eine Stromversorgung per Kabel angewiesen. Auf großen Flächen oder auf einem stark von Bäumen und Beeten gegliederten Rasen ist das lästig.

AUFSITZMÄHER

VORTEILE Mit beeindruckenden Schnittbreiten lassen sich auch große Grundstücke in kurzer Zeit mähen. Man sitzt komfortabel, und der Spaßfaktor ist nicht zu verachten.
NACHTEILE Aufsitzmäher sind recht teuer, brauchen viel Platz und recht hohen Wartungsaufwand. Ecken und verwinkelte Rasenflächen sind ungünstig.

AKKUMÄHER

VORTEILE Mäher mit Akkuantrieb besitzen die gleichen Vorteile wie ihre kabelgebundenen Brüder. Zudem sind sie gut für unübersichtliche, kleinteilige Flächen geeignet.
NACHTEILE Hoher Preis und begrenzte Laufzeiten – zwei Nachteile, die sich jedoch mit fortschreitender Technik zunehmend relativieren.

Am saubersten lässt sich mit Spindelmähern schneiden: Ihre rotierenden Messer trennen die Halme mit einer glatten Schnittstelle ab, die schnell verheilt. Bei Sichelmähern werden die Halme dagegen abgeschlagen – je schärfer ihre Messer sind, desto weniger Schaden fügen sie den Halmen zu. Praktisch beim Sichelmäher: Er lässt sich einfach warten. Bei jedem Mähen entsteht Rasenschnitt. Damit lässt sich auf zweierlei Weise umgehen: Die klassische Methode ist das Sammeln in einer Fangbox am Mäher. Es gibt dann keine störenden Reste auf dem Rasen, und man muss seltener mähen. Dafür muss der Rasenschnitt entsorgt werden. Diese Aufgabe entfällt bei der zweiten Methode, dem

GRAS FANGEN

RASEN MULCHEN

Mulchen. Dabei wird das Gras vom Mäher fein zerhäckselt und fällt zwischen die Halme. Das Schnittgut wirkt dort als Dünger, schützt vor schnellem Austrocknen des Bodens und macht oft das Vertikutieren überflüssig. Die Kehrseite: Das Gras darf beim Mulchmähen nicht zu lang sein, also muss man den Rasen häufiger mähen.

TIPP Die Rasengröße hilft bei der Mäher-Auswahl

Neben der Lage, der Beschaffenheit des Untergrunds und persönlicher Vorlieben für bestimmte Antriebsarten spielt nicht zuletzt die Größe der Rasenfläche eine Rolle für die Auswahl des Mähers Hier unsere Empfehlungen:

- **Hand-Spindelmäher bis 100 m² ideal, je nach Körperkraft auch für größere Flächen**
- **Akkumäher bis 250 m², Tendenz steigend**
- **Elektromäher bis 400 m²**
- **Benzinmäher bis 1000 m²**
- **Aufsitzmäher ›1000 m², sehr wendige Geräte auch darunter**

Vertikutieren und Lüften

Nach feuchten Wintern werden Unkraut, Moos und tote Halme schnell zum Problem. Sie verfilzen und schaden als schwer durchlässige Schicht dem Rasen. Dagegen hilft Vertikutieren – einmal, höchstens zweimal im Jahr. Wenn dabei die Vertikutiermesser nur wenige Millimeter tief in den Boden ritzen, bleibt das Wurzelwerk ebenso wie beim weniger aggressiven Lüften intakt. Nach der Arbeit wirkt diese Rasenfläche sehr mitgenommen, doch sie erholt sich innerhalb von 4 bis 6 Wochen. Begünstigt wird das durch Düngen und Nachsäen.

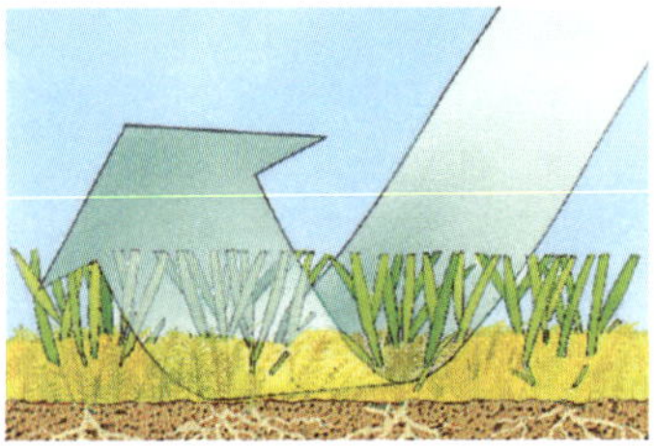

Der Rasenfilz blockiert den Zugang von Licht, Luft und Nährstoffen zu den Wurzeln.

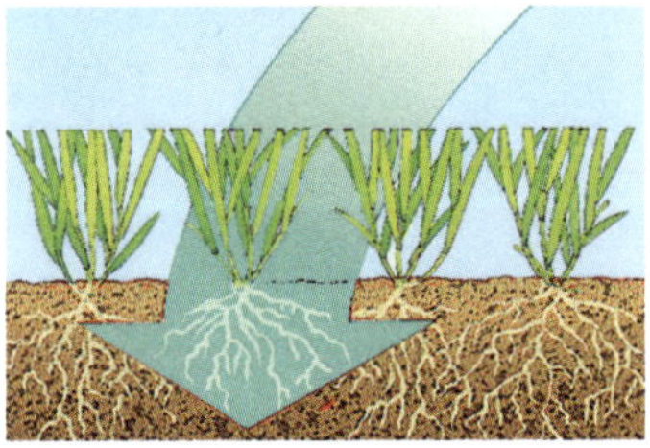

Nach dem Vertikutieren werden die Wurzeln wieder problemlos versorgt, der Rasen gedeiht.

INFO Für jeden Einsatz das richtige Gerät

1 Die leisen, günstigen Elektrogeräte sind für Rasen in kleinen bis mittleren Gärten gedacht. Mit häufig 1000 oder mehr Watt Leistung erreichen sie bis zu 38 cm Arbeitsbreite. 2 Mit einem Handgerät ist die Arbeit mühsam und anstrengend, deshalb ist es nur für kleine Flächen zu empfehlen. Modelle mit Rollen halten die Eindringtiefe automatisch konstant. 3 Benzingeräte sind kräftig und bieten Arbeitsbreiten von 38 cm und mehr. Große, restlos vermooste Flächen stellen kein Problem dar.

1

2

3

INFO Lüften oder Vertikutieren?

1

2

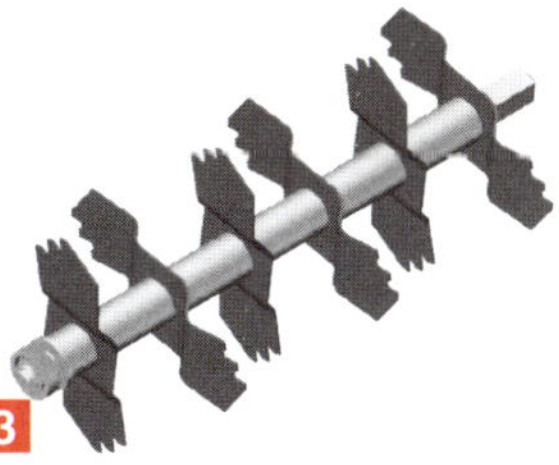
3

Beide Geräte, Lüfter und Vertikutierer, schaffen Platz zwischen den Grashalmen. Bedingt durch ihr Funktionsprinzip, greifen Vertikutierer dabei aggressiver in den Rasen ein. **1** Rasenlüfter besitzen auf einer Walze rotierende Federstahlzinken. Sie durchkämmen den Rasen zwischen den Halmen, dringen dabei aber nicht in den Boden ein. Das beugt dem Verfilzen vor. Die Geräte sind preiswerter als Vertikutierer, ersetzen sie aber bei bereits vorhandenem Filz nicht, da sie ihn nicht entfernen können. **2** Vertikutierer weisen senkrecht rotierende Messer auf, die einige Millimeter in den Boden schneiden und dabei Moos, Filz und sogar Unkräuter herausschlagen. Danach wirkt der Rasen einige Wochen lang arg ramponiert. **3** Vertikutiermesser sollten sich justieren lassen. Dabei wird übrigens nicht die Eindringtiefe vorgewählt, sondern der Verschleiß der Messer ausgeglichen. Vertikutierer sind schon ab Werk optimal justiert. Nicht tiefer als 5 mm nachstellen!

Kanten sauber schneiden

Die bisher gezeigten Geräte widmen sich dem Rasen auf der Fläche. Hobbygärtner mit Sinn fürs Detail schenken jedoch auch den Rasenkanten Aufmerksamkeit. Je nach Gartengröße macht sich dabei einer dieser Helfer nützlich.

GRASSCHERE
Dem wuchernden Grün am Rasenrand rückt die Schere sehr preiswert zu Leibe. Wegen der begrenzten Kapazität ist sie eher etwas für kleine Grundstücke.

AKKU-GRASSCHEREN
Mit einem Elektromotor wird der Kantenschnitt komfortabler, ein Stiel entlastet dabei den Rücken. Der oft fest eingebaute Akku hält nicht beliebig lange durch.

FREISCHNEIDER
Für längerdauernde Einsätze bieten sich Trimmer oder Motorsensen an. Sie bearbeiten auch hochstehende Wiesen oder kleines Buschwerk.

Rasenpflege-Kalender

		MÄHEN	LÜFTEN
Januar Februar	Im Winter den Rasen möglichst nicht betreten. Bei Frost besteht besonders große Gefahr, dass Halme abknicken und sich an den Bruchstellen Fäulniserreger ansiedeln. Die kalte Jahreszeit nutzt man zur Werkzeugpflege, etwa zum Schärfen von Scheren und Messern.		
März	Die Gräser starten in die Wachstumsphase, und es wird Zeit für den ersten Schnitt. Zier- und Gebrauchsrasen sollten auf 3,5 bis 5 cm gekürzt werden, Schattenrasen nicht unter 4,5 cm. Nie mehr als die Hälfte der Wuchshöhe auf einmal schneiden.	■	■
April	Jetzt bestehen die besten Voraussetzungen für eine Neu- oder Nachsaat: Die keimende Saat ist sicher vor Frost und Trockenheit. Das Wachstum der Keimlinge oder des bereits vorhandenen Rasens sollte man mit einer gezielten Düngung fördern.	■	■
Mai	Von Mai bis Ende Juni wachsen Gräser am stärksten. Um jetzt eine dichte und schöne Grasnarbe zu erhalten, sollten Sie Ihrem Rasen idealerweise zwei Schnitte pro Woche gönnen. Vor dem Sommer besteht nun die letzte Gelegenheit zum Nachsäen.	■	■
Juni	Im wachstumsstarken Juni verlässt der Rasen gern einmal seine Grenzen und bildet Ausläufer in benachbarten Beeten. Wer keine Rasenkanten stechen möchte, sollte Kantensteine setzen. Mäher erfassen Halme am Rasenrand ohnehin nur schwer.	■	■
Juli	Während einer Hitzeperiode sollte der Rasen nicht kürzer als 5 cm geschnitten werden, sonst trägt er leicht einen Schaden davon. Außerdem sollten Sie ihn nicht während der Mittagszeit wässern, da es dann zu hässlichen Brandflecken kommen kann.	■	■
August	Falls Sie wegen des Urlaubs oder aus anderen Gründen längere Zeit nicht mähen konnten, schneiden Sie den Rasen nicht auf einmal zurück, sondern besser schrittweise jeweils um ein Drittel der ursprünglichen Höhe.	■	■
September	Jetzt lassen sich Kahlstellen im Rasen noch ausbessern, denn die Gräser finden vor dem Winter genug Zeit, um einzuwurzeln. Für diese Saison können Sie jetzt zum letzten Mal vertikutieren. Das hemmt Moos bis zum nächsten Jahr im Wachstum.	■	■
Oktober	Ehe die Wachstumsphase der Gräser vorbei ist, erfolgt jetzt der letzte Rasenschnitt des Jahres. Das erste Herbstlaub kann man zugleich mit dem Fangkorb einsammeln und kompostieren. Ab Mitte Oktober muss der Rasen nicht mehr gewässert werden.	■	■
November	Herabgefallenes Laub muss immer wieder vom Rasen abgerecht werden. Sonst vergilbt das Gras oder beginnt sogar zu faulen.		
Dezember	Ist der Garten eingewintert, haben Sie Zeit für die Mäherpflege. Bei einem Benzinmäher Motor und Gehäuse reinigen, einen Ölwechsel vornehmen, den Vergaser leerlaufen lassen, Luftfilter und Zündkerze prüfen. Elektro- und Akkumäher säubern und einlagern.		

Alles zur rechten Zeit: Unser Rasenpflege-Kalender verschafft Ihnen einen Überblick darüber, welche Arbeiten Sie wann erledigen sollten, damit der Rasen optimal gedeiht.

VERTI-KUTIEREN	TRIMMEN	WÄSSERN	DÜNGEN	NACHSÄEN	LAUB BESEITIGEN	UNKRAUT ENTFERNEN
■	■			■	■	■
■	■		■	■	■	■
	■			■		■
	■	■	■			■
	■	■				■
	■	■	■			■
■	■	■		■	■	■
	■				■	■
					■	■

Obst und Gemüse selbst anbauen

NUTZ-GARTEN

Ein gut bestückter Gemüsegarten mit frischem Salat, Obst und Gemüse – da weiß man, woher die Lebensmittel kommen und was drin ist. Dabei braucht der Einstieg in die Bewirtschaftung eines Nutzgartens gar nicht viel Fläche – schon auf dem Balkon kann man erfolgreich ernten.

Beete bepflanzen mit System

Wer Lebensmittel aus eigenem Anbau ernten möchte, braucht dazu keinen großen Garten. Kleine Beete lassen sich schon auf dem Balkon oder der Terrasse anlegen – später in diesem Kapitel geben wir einige Hinweise dazu. Sogar ganz ohne eigene Anbauflächen kommt man zum Ziel, wenn man etwa einen Schrebergarten pachtet oder saisonweise ein Gemüsebeet beim Bauern mietet – entsprechende Vermittler sind bundesweit aktiv.
Wo auch immer Sie pflanzen möchten: Wichtig beim Einstieg in den Nutzgarten ist, sich für den Anfang nicht zu viel vorzunehmen und erst einmal mit einer überschaubaren Fläche zu beginnen. Man unterschätzt leicht den Pflegeaufwand, den einige Pflanzen verlangen, und man muss den Umgang mit den verschiedenen Arten und Sorten erst einmal lernen. Dazu gehört auch die Art und Weise, in der man ein Beet bepflanzt. Hier hilft es wenig, allein nach dem Platzangebot und nach der Verfügbarkeit von Setzlingen und Saatgut vorzugehen, denn es gibt Pflanzen, die sich gut vertragen, und solche, die sich gegenseitig beeinträchtigen.
Bei der Auswahl von Obst und Gemüse sollte man deshalb nur die Arten in einem Beet zusammenpflanzen, die nicht um das Angebot an Platz, Wasser und Nährstoffen konkurrieren, denn dann verkümmern die schwächeren Pflanzen.
Ebenfalls sollten Pflanzen nicht nebeneinander stehen, die die gleichen Schädlinge anziehen. Sonst unternehmen Insekten,

TIPP Eine gute Planung hilft

Man muss sicher keinen detaillierten Plan zeichnen, um im Beet die richtigen Pflanzen an den richtigen Ort zu setzen. Trotzdem: Gerade Einsteiger können von einer Skizze profitieren, anhand derer sie sich etwa zum Jahresbeginn Gedanken über die Nutzung der Beete machen.
Dazu gehört auch, schon einmal in den Garten zu gehen und sich den Boden anzuschauen. Wie man ihn verbessert, haben wir im Kapitel über Erdarbeiten beschrieben.
Für den Anfang sind pflegeleichte Gemüse ideal: Salat, Kartoffeln oder Möhren lassen sich problemlos ziehen, die Pflegearbeiten sind überschaubar. Später kann man mehr Arten hinzunehmen und die Vielfalt steigern. Wichtig ist dabei die Fruchtfolge: Im ersten Jahr gedeihen Pflanzen gut, die viele Nährstoffe benötigen, ab dem zweiten Jahr stehen an der gleichen Stelle bescheidenere Arten. Im fünften Jahr können wieder Starkzehrer ins Beet. Auch hier hilft eine Skizze, den Überblick zu behalten.

Schnecken oder Pilze allzu leicht einen Durchmarsch quer durchs Beet und bilden größere Schädlingsnester.
Sinnvoller ist es deshalb, die Nahrungsvorlieben, die Resistenzen gegen Schädlinge und die verschiedenen Wuchsformen so zu mischen, dass alle beteiligten Pflanzen davon profitieren.
Nach Erfahrungen aus der Praxis gedeihen die meisten Pflanzen in einer Mischkultur besser als in einer Monokultur. Sie nehmen nicht nur Stoffe aus dem Boden auf, sondern geben andere an die Umwelt ab, die wiederum von Nachbarpflanzen benötigt werden. Andere Pflanzen – manche aromatische Würzpflanzen – verbessern den Geschmack ihrer Nachbarn, wieder andere wehren Schädlinge ab, die sonst den Nebenmann befallen würden. Setzt man etwa Basilikum zwischen Gurken oder Tomaten, dann hilft das gegen Mehltau und weiße Fliegen. Knoblauch hält Schaden von Erdbeeren und Rosen fern, Ringelblumen schützen Kartoffeln und Kohl vor Nematoden und Drahtwürmern, Wermut hält die Lauchmotte vom Porree fern.
Experimentieren Sie ruhig selbst ein wenig. Für den Anfang finden Sie eine Übersicht im Kasten rechts.

Ein Hochbeet kann nahezu überall stehen, auch in einer ruhigen Ecke des Ziergartens. Man legt es am besten im Frühjahr oder Herbst an. Unten werden Zweige und Schnittgut eingefüllt, oben befinden sich Mutterboden und Pflanzerde als Substrat für Salat und Gemüse.

HAUPTKULTUR	GUTER NACHBAR	SCHLECHTER NACHBAR
Bohne	Kohlrabi, Salat, Rettich, Tomate, Erdbeere, Gurke, Sellerie	Zwiebel, Fenchel, Knoblauch, Erbse, Lauch
Erdbeere	Salat, (Schnitt-)Lauch, Spinat, Radieschen, Zwiebel	sämtliche Kohlarten
Möhre	Zwiebel, Lauch, Knoblauch, Salat, Erbse, Tomate, Dill	keine
Tomate	Buschbohne, Kohl, Lauch, Rettich, Sellerie, Salat	Erbse, Fenchel, Kartoffel
Kartoffel	Dicke Bohne, Kohl, Kümmel, Mais, Tagetes, Spargel, Spinat	Kürbis, Tomate, Sellerie, Sonnenblume
Kohlarten	Bohne, Erbse, Kartoffel, Salat, Lauch, Spinat, Möhre, Tomate, Ringelblume	Erdbeere, Knoblauch, Senf, Zwiebel
Kopfsalat	Erbse, Erdbeere, Gurke, Kohl, Lauch, Möhre, Tomate, Dill	Petersilie, Sellerie
Gurke	Bohne, Erbse, Rote Bete, Salat, Zwiebel, Kohl	Tomate, Radieschen
Zucchini	Salat, Bohne, Lauch, Petersilie, Rote Bete, Möhre, Rettich	keine
Zwiebel	Salat, Möhre, Gurke, Bohnenkraut, Rote Bete, Erdbeere	Bohne, Erbse, Kohl

Beete anlegen

Sie kennen das bereits: Das ideale Gemüsebeet ist in Nord-Süd-Richtung angelegt, damit die Pflanzen gleichmäßig Licht bekommen. Außerdem ist es hilfreich, wenn ein Komposthaufen mitten im Nutzgarten oder zumindest in dessen Nähe angelegt wird. Das sorgt für kurze Wege beim Ausbringen des Komposts.

Ein Gemüsebeet sollte nicht breiter als 1 bis 1,20 m sein, damit man es bequem bearbeiten kann, ohne es zu betreten. Größere Beete kann man mit schmalen Wegen unterteilen. Dafür genügt ein Pfad, den man beispielsweise mit Rindenmulch bestreut. Praktisch sind Einfassungen um die Beete, dann gelangt keine Erde auf die angrenzenden Wege.

Boden vorbereiten

Schritt für Schritt: Gemüsebeet neu anlegen

01 Erst wird der Umriss des Beetes abgestochen, dann hebt man das Gras ab und bringt die Soden auf den Kompost.

02 Beim Umgraben – etwa spatentief – werden Bodenverbesserer eingearbeitet, Steine und Unkräuter entfernt man.

03 Die Erde wird dann durchgeharkt und geebnet. Saatrillen lassen sich mit der Rückseite des Rechens eindrücken.

04 Vom Weg aus lässt sich das Beet bequem bepflanzen. Die Einfassung aus Holz hält die Erde an Ort und Stelle.

Gewächshäuser

Wer einmal ein Gewächshaus aufgestellt hat, wird es nicht mehr hergeben wollen: Mit dem überdachten und geschützten Raum lassen sich Vegetationszeiten deutlich ausdehnen, schon im zeitigen Frühjahr beginnt hier die Anzucht der Jungpflanzen, im Winter kann man Kübelpflanzen darin unterstellen. Doch auch während des Sommers erweitert es die Möglichkeiten des Hobbygärtners: Niederschlagsempfindliche Pflanzen wie Tomaten sind darin gut geschützt, und mancher Exot, der in unseren Breiten sonst schwer zu halten wäre, bringt es im Gewächshaus zu ansehnlichen Ernten. Am einfachsten kommen Sie mit einem Bausatz aus Aluminium und Kunststoffplatten zum eigenen Gewächshaus. Häuser aus Holz sind sehr attraktiv, brauchen aber mehr Pflege. Sehr günstig sind Konstruktionen, die mit Folie bespannt werden – eine Augenweide sind sie allerdings meistens nicht.

SCHATTEN: Vor Verbrennungen und zu starker Hitze schützen solche Schattennetze.

WÄRME: Wenn im Frühjahr Sämlinge und Stecklinge viel Wärme brauchen oder wenn im Herbst Bodenbeete unter einem frühen Kälteeinbruch leiden, kann eine elektrische Wärmematte für angenehmere Temperaturen sorgen.

Anzucht

Viele Pflanzen könnte man zwar theoretisch direkt ins Beet säen, aber sie erhalten einen gehörigen Wachstumsvorsprung, wenn man sie im Warmen, etwa auf der Fensterbank oder im Gewächshaus, zu Jungpflanzen heranzieht. Davon profitieren etwa Gurken, Kürbis und Zwiebeln, viele Kohlgewächse und die meisten Salate. Wichtig sind bei der Anzucht aus Samen Wärme und Licht – ein Platz am Fenster über der Heizung eignet sich sehr gut. Praktisch sind kleine Anzuchttöpfchen aus gepresstem Pflanzenmaterial. Man bekommt sie einzeln oder zu rechteckigen Einheiten zusammengefasst. Dort hinein füllt man Aussaaterde und setzt die Samen ein. Später können die Jungpflanzen dann komplett mit den Töpfchen ausgepflanzt werden – ihre Wurzeln wachsen einfach durch die Gefäße hindurch.

Pflanzen für den Balkon kommen nach vier Wochen in einen größeren Topf und ab Mai hinaus ins Freie.

Setzlinge heranziehen

Jungpflanzen selbst gewinnen

01 In die kleinen Anzuchttöpfe kommt spezielle Aussaaterde.

02 Mit einem dünnen Stab sticht man ein 2 bis 3 cm tiefes Loch in die Erde.

03 Je nach Pflanze sät man ein Korn oder mehrere pro Topf.

04 Den Samen vorsichtig mit Erde bedecken und mit Hilfe einer Sprühflasche gießen.

05 Die Anzuchtschale wird abgedeckt und warm und sonnig aufgestellt.

06 Wer keinen Kunststoff mag, kann solch ein Anzuchthäuschen auch selbst bauen.

Salat vom Balkon

Auch ohne eigenen Garten kann man Kräuter, Gemüse oder Salat ziehen, wenn man einen Balkon zur Verfügung hat. Sogar Kartoffeln gedeihen im Kübel. Für Töpfe oder Kästen eignen sich am besten kleinwüchsige Sorten. Cocktailtomaten, Minigurken, kurze Möhren, Radieschen oder auch Klettererdbeeren machen sich nicht zu breit und wachsen auch in überschaubaren Gefäßen. Beim Säen oder Pflanzen muss man dennoch ausreichend Raum für die einzelnen Pflanzen lassen – der Platzbedarf ist oft auf Samentüten oder Topfsteckern angegeben. Besonders einfach kommt man mit Saatscheiben oder Saatplatten zurecht, auf denen die Samenkörner im idealen Abstand bereits angebracht sind. Die Anwendung sehen Sie unten im Bild.

01 In den Pflanzkasten füllt man zunächst Erde. Darauf wird die bei Bedarf passend zugeschnittene Saatplatte gelegt, dann gießt man an.

02 Auf die Platte kommt noch eine dünne Erdschicht. Halten Sie den Boden im Kasten feucht, dann können Sie nach etwa 30 Tagen ernten.

TIPP Grow Bag

Der Pflanzsack ist einer der aktuellen Trends für den Terrassengarten, die Idee ist aber nicht neu. Sie können ihn ganz leicht selbst anfertigen, wenn Sie eine Tüte mit guter Pflanzerde kaufen und in eine Fläche mit dem Cuttermesser passende Löcher schneiden. Dort werden die Setzlinge eingepflanzt und anschließend gut angegossen. Wer mit Holz umgehen kann, hat auch die rechts abgebildete Pflanztreppe schnell gebaut – in jedem Fach findet ein Pflanzsack seinen Platz, in breiteren Exemplaren auch zwei.

Kartoffeln ziehen

Saatkartoffeln auf dem Balkon einpflanzen

01 Die im Haus vorgekeimten Saatkartoffeln werden mit etwas Abstand in einen großen Topf gesetzt und angegossen.

02 Sobald die Triebe 15 cm hoch sind, füllt man neue Erde bis dicht an die Blätter ein. Lassen Sie einen Gießrand frei!

03 Laub und Blüten von Kartoffeln sind durchaus attraktiv. Sobald das Laub braun wird, ist die Erntezeit gekommen.

04 Dazu kippt man den Kübel einfach auf einer Unterlage aus und sammelt die Kartoffeln aus der Erde.

TIPP Erdbeer-Turm

Klettererdbeeren sind ideal für solch einen Turm. Er lässt sich sehr einfach aus verschieden großen Pflanztöpfen bauen, die man mit den Abflusslöchern auf einen Stab steckt. Die Löcher dafür ggf. etwas erweitern.

A Der Stab steht in einem Christbaumständer , die Töpfe werden aufgefädelt.

B Drei bis vier Erdbeerpflanzen passen in jeden Topf.

Nutzpflanzen düngen

Dünger muss man nicht kaufen, er lässt sich auch selbst gewinnen. Dazu zählt beispielsweise das nährstoffreiche Kompostwasser (Kasten unten), aber auch Pflanzenjauchen haben sich bewährt. Für die Herstellung setzen Sie in einem Gefäß aus Holz oder Kunststoff frisch geschnittene Pflanzen mit Wasser an, dabei kommen 10 Liter Wasser auf 1 Kilogramm Pflanzenmasse. Gut geeignet sind etwa Brennnesseln wegen des Stickstoffs und Beinwell wegen des Kaliums. Das Gefäß wird an einen sonnigen Platz gestellt und mit einem Gitter abgedeckt, beispielsweise mit Kaninchendraht. Rühren Sie den Inhalt einmal täglich um. Wenn die Jauche nicht mehr schäumt, ist sie gebrauchsfertig. Während der Gärzeit mildert Bentonit den strengen Geruch.

Pflanzenschnitt mit Wasser vermischen und dann etwa 14 Tage lang gären lassen.

HOLZASCHE enthält viel Kalium und Kalk – vor allem Rosengewächse profitieren davon.

TIPP Kompostwasser ansetzen

Der Dünger aus eigener Herstellung enthält reichlich Nährstoffe und Spurenelemente, deren Dosierung aber nicht genau abzuschätzen ist. Deshalb muss man ein wenig damit experimentieren. In keinem Fall darf man das Kompostwasser unverdünnt anwenden. Das würde den Wurzeln schaden, und die Triebe können durch einen zu hohen Stickstoffgehalt weich werden. Deshalb verdünnt man den Dünger im Verhältnis 1:10 mit Wasser. Wenn die Pflanzen Mangelsymptome zeigen, kann man die Dosis erhöhen.

In einem Eimer setzt man zwei Liter ausgereiften Kompost mit warmem Wasser an.

Die Mischung wird umgerührt und an einen schattigen Ort gestellt. Nach fünf bis sechs Stunden gießt man sie ab.

Die Flüssigkeit wird mit Wasser 1:10 verdünnt in die Gießkanne gefüllt oder auf die Blätter gesprüht.

Pflanzen gießen

Die preiswerteste Methode, einen Garten zu bewässern, ist das Sammeln von Regenwasser und das regelmäßige Verteilen mit der Gießkanne oder dem Gartenschlauch. Diesem Thema haben wir ein ganzes Kapitel weiter vorne in diesem Buch gewidmet. Die bequemste Lösung ist das allerdings nicht. Man kann den Garten auch nahezu ohne Anstrengung mit Wasser versorgen, wenn man ein Bewässerungssystem und einen Bewässerungscomputer einsetzt. Dann werden die Pflanzen automatisch versorgt – praktisch auch während des Urlaubs oder in anderen Zeiten längerer Abwesenheit.

Leitungen legen

Bewässerungssysteme sind meist als komplette Sets erhältlich. Von einem Wasserhahn aus werden Schläuche zu den Beeten und Pflanzen gelegt, wo die Entnahmestellen installiert sind. Das können Sprühregner sein, aber auch perforierte Schläuche, die Wasser tropfenweise abgeben.
Gesteuert wird die Bewässerung entweder manuell, indem man einfach den Hahn aufdreht, oder automatisch mit einem Bewässerungscomputer. Im einfachsten Fall ist das

eine Schaltuhr, die zu den programmierten Zeiten das Auslassventil öffnet. Komplexere Geräte erhalten auch Rückmeldungen über Feuchtesensoren und bewässern dann gezielt nur bei Bedarf. Besitzt man ein Regenwasser-Reservoir, kann man sich auch daraus bedienen – dann braucht man aber eine Pumpe, während das Wasser aus der Leitung oft nur der Schwerkraft folgen muss.

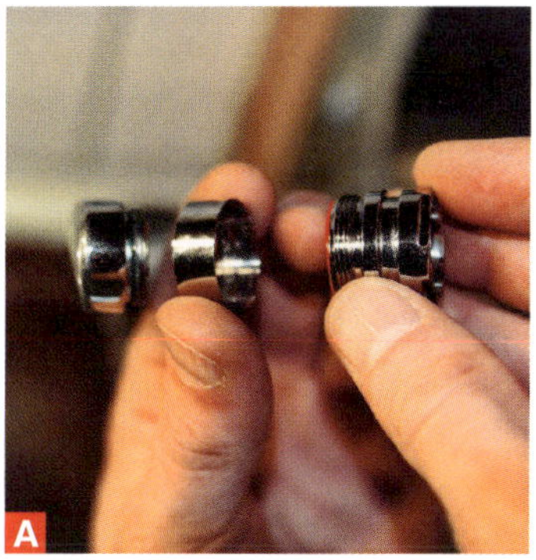
A

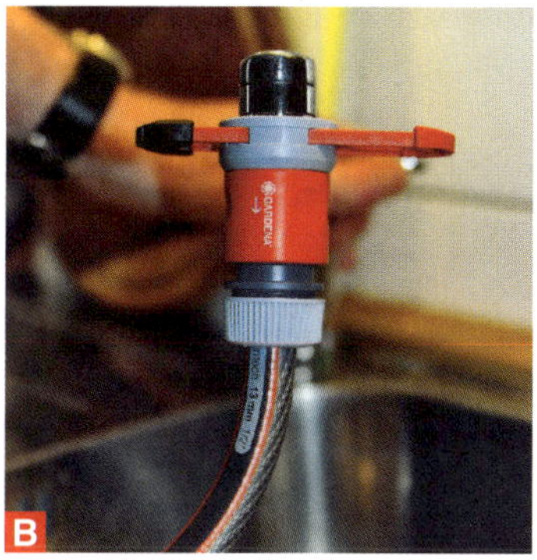
B

SCHLAUCHANSCHLUSS OHNE AUSSENWASSERHAHN:
Ein Gartenschlauch lässt sich an jedem Wasserhahn anschließen, wenn man den Perlator am Hahn gegen eine Ausführung mit Nut A tauscht. Mit einem Schiebeverschluss B kann dann der Adapter aus dem Gartenbedarf leicht angesteckt und gelöst werden.

TIPP Gründlich hacken!

Ganz vermeiden können wird man das Gießen in einem trockenen Sommer nicht. Man kann aber die benötigte Wassermenge ganz einfach reduzieren, indem man den Boden im Beet häufig hackt.
Warum das hilft, liegt an der Bodenstruktur: Im Erdreich bilden sich winzige Wasserwege, sogenannte Kapillaren, in denen das Wasser wie in einem Röhrchen nach oben steigt. Dadurch verdunstet ständig Wasser an der Erdoberfläche, das die Pflanzen im Beet gut gebrauchen könnten – per Gießkanne oder Schlauch muss man den Vorrat immer wieder auffüllen. Hackt man nun die Erdoberfläche leicht auf – im Idealfall nach jedem Gießen oder Regenguss –, dann werden die Kapillarröhrchen unterbrochen. Deutlich weniger Feuchtigkeit verdunstet, und der Bedarf an Gießwasser sinkt entsprechend.
Zugleich wird der Boden beim Hacken belüftet. Das fördert das Wurzelwachstum und die Entwicklung der Pflanzen. Ebenfalls die Verdunstung reduziert eine Schicht aus Rindenmulch – sie deckt die Oberfläche ab und verringert so den Gießaufwand.

Gehölze im Garten pflegen

BAUM-SCHNITT

Wer Bäume und Sträucher zurückschneidet, muss wissen, was er tut, damit er den Pflanzen dabei nicht schadet. Wir zeigen, wie man Sägen und Scheren handhabt und wie man bei der Gehölzpflege am besten vorgeht.

Grundlagen

Wenn man es genau betrachtet, brauchen nur sehr wenige Bäume wirklich einen regelmäßigen Schnitt. Trotzdem gibt es natürlich gute Gründe, im Garten der Natur ein wenig den Weg zu weisen. Ohne Schnitt kommen Gehölze einander ins Gehege oder verdrängen andere Pflanzen. Auch die Gefahrenabwehr ist ein Aspekt: Ein absterbender oder bereits morscher Ast kann nicht herabfallen, Gegenstände beschädigen oder Menschen verletzen, wenn er rechtzeitig gekappt wird. Und schließlich weiß jeder Gartenbesitzer, der Obstbäume gepflanzt hat, dass sich mit gezielten Schnitten der Ertrag teils deutlich steigern lässt.

In den meisten Fällen wird ein Baum dann geschnitten, wenn er seine Blätter abgeworfen hat. Das ist ein Zeichen dafür, dass er seine Säfte in den Stamm und in die Wurzeln zurückgezogen hat und dass bei einem Schnitt nicht allzu viel davon ausblutet. Es gibt außerdem einen ganz praktischen Grund für den Schnitt in dieser Zeit: Ohne das Laub lassen sich der Aufbau der Baumkrone und der Verlauf der Äste am einfachsten beurteilen. Außerdem verdecken keine Blätter die Sicht auf die Schnittstelle und das Werkzeug. Die klassische Zeit für den Baumschnitt reicht also vom späten Winter bis vor den ersten Austrieb. Schnitte an Obstbäumen zur Ertragssteigerung werden jedoch auch zu anderen Jahreszeiten vorgenommen.

Wenn Sie Bäume, Sträucher oder Hecken sehr stark zurückschneiden wollen, müssen Sie übrigens auch gesetzliche Vorgaben beachten: Von März bis September sind starke Rückschnitte nicht erlaubt, da sonst brütende Vögel gestört würden.

Zum nötigen Werkzeug haben wir schon weiter vorne einiges geschrieben. Auf diesen Seiten finden Sie einige ergänzende Tipps dazu. Welches Werkzeug Sie letztendlich einsetzen: Achten Sie in jedem Fall darauf, mit hochwertigen, scharfen Scheren und Sägen zu arbeiten. Das dient zum einen Ihrer eigenen Sicherheit, da es mit stumpfem oder schlecht funktionierendem Werkzeug erfahrungsgemäß häufiger zu Unfällen kommt. Außerdem vertragen die Gehölze einen glatten Schnitt weit besser als einen zerfaserten, unregelmäßigen

GRÖSSE: Für dickere Äste brauchen Sie eine lange Astschere, mit deren langen Griffen sich die erforderliche Kraft auf den Schneidkopf übertragen lässt.

TIPP
Schneidprinzip

AMBOSS: Diese Scheren entwickeln mehr Kraft und sind auch für trockenes Holz geeignet.

BYPASS: Von den aneinander vorbei gleitenden Klingen wird grünes Holz nur wenig verletzt.

Schnitte dicht am Ast lassen sich mit Bypassscheren recht problemlos ausführen.

Mit einem Getriebe lässt sich noch mehr Kraft ausüben – bei sehr dicken Ästen hilfreich.

Benutzen mehrere Personen eine Schere, ist die Verstellung der Griffweite praktisch.

INFO Säge statt Schere

Eine Gartenhandsäge mit geradem, feststehendem Blatt trennt Äste ab, die auch eine große Gartenschere nicht mehr fassen kann. Noch effektiver arbeiten spezielle Astsägen, deren Blatt etwas länger und auf der Zahnseite leicht konkav geformt ist. Eher eine Kompromisslösung sind Klappsägen – sie lassen sich gut transportieren, bleiben in der Sägeleistung aber etwas zurück. Die meisten Gartensägen arbeiten auf Zug. Dann kann das Blatt dünner und schmaler sein und gleitet leichter durch den Schnitt. Zudem sind Zugsägen besser zu kontrollieren.

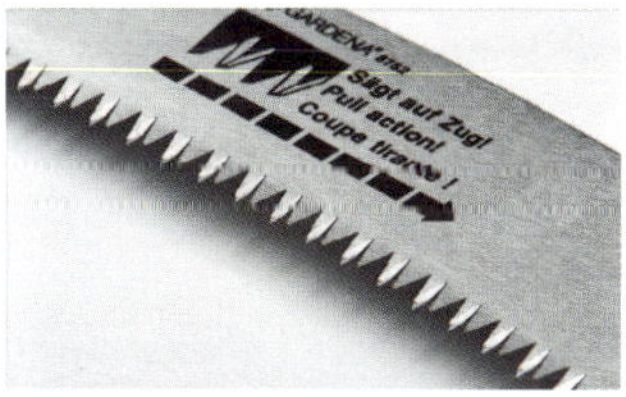

ZUGSÄGE: Nahezu alle Gartensägen führen einen ziehenden Schnitt aus.

HANDLICH: Der Griff muss bequem und sicher in der Hand liegen.

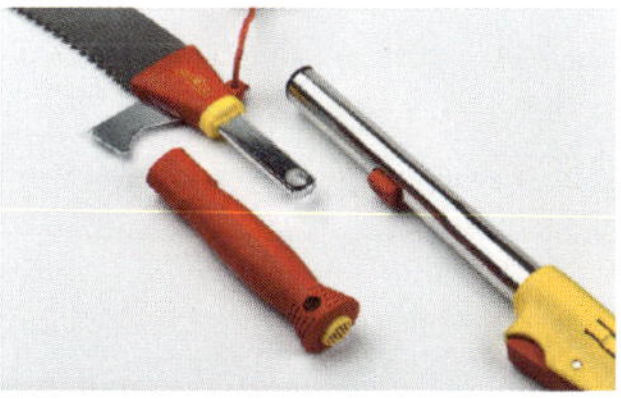

SYSTEM: Mit Wechselgriffen werden manche Handsägen zu Baumsägen.

TIPP Am Boden schneiden

Eine lange Baumschere erlaubt nicht nur das Schneiden weit über Kopf – dreht man sie nach unten, lassen sich damit auch ganz bequem Triebe in Bodennähe kappen. Pflegearbeiten an Teichpflanzen oder der Schnitt im dornigen Gebüsch fallen mit den langen Griffen ebenfalls leichter.

Sicher in der Höhe

Etliche Hobbygärtner stellen für die Baumpflege ihre Haushaltsleiter auf und arbeiten von dort aus mit der Säge oder mit einer Astschere. Das ist aus verschiedenen Gründen kein ideales Vorgehen. Zum einen ist es nicht immer ganz einfach, auf weichem Gartenboden einen sicheren Stand für die Leiter zu finden. Zum anderen arbeitet es sich inmitten des Geästes nicht allzu komfortabel, und es ist auch nicht besonders sicher, wenn man auf einer Leitersprosse stehend eine Schere zweihändig bedient oder beim Sägen Kraft ausübt. Wer auf der Leiter mit einer Kettensäge arbeitet, gefährdet sich erst recht – deshalb ist dies auch nicht zulässig.
Bei weitem bequemer und sicherer arbeitet man mit festem Stand vom Boden aus. Dafür gibt es Baumscheren mit einem langen Stiel, an dem oben der Schneidkopf und unten die Betätigung montiert ist. Damit kann man bis in einige Meter Höhe über Grund reichen und gezielt Zweige und Äste kappen.
Solch eine Baumschere sollte man sorgfältig auswählen. In der Regel ist man mit Markenwerkzeug hier besser bedient, da es meist stabiler ist und auch leichter schneidet als ein Billigangebot. Zudem sollte man darauf achten, dass der Schneidkopf möglichst schlank und am besten auch verkleidet ist. So verfängt er sich nicht im Geäst. Aus demselben Grund sollte die Kraft entweder dicht am Stiel oder darin übertragen werden – separate Seilzüge, die über ausladende Umlenkrollen geführt werden, neigen ebenfalls zum Hängenbleiben und lassen sich nur schwer bis zu einer Engstelle führen.
Wenn Sie mit der Baumschere schneiden, sollten Sie übrigens immer genau hinsehen: Immer wieder einmal stößt man auf Totholz, das locker im Baum hängt. Wenn sie es mit der Schere lösen und zum Absturz bringen, können Verletzungen die Folge sein.

GEZIELTER SCHNITT: Baumscheren mit langem Stiel und schlankem Kopf erlauben das sichere Arbeiten vom Boden aus.

Der passende Schnitt

Bei Bäumen und Sträuchern schneidet man alle Äste ab, die über Kreuz gewachsen oder abgestorben sind. Totes Holz und schwache Zweige werden leicht von der Rotpustelkrankheit befallen.
Wie stark man zurückschneidet, richtet sich nach dem Alter des Gehölzes. Beim **Pflanzschnitt** werden kräftige Triebe um gut die Hälfte gekürzt, schwache Triebe ganz entfernt. Bei einem **Erziehungsschnitt** legen Sie die Gestalt der Krone fest und bringen die Pflanze in Form. Der **Erhaltungsschnitt** sorgt dafür, dass an ihrem Standort etablierte Gehölze gesund bleiben und neues Fruchtholz bilden. Wer jahrelang die Pflegemaßnahmen versäumt hat, kann mit einem **Verjüngungsschnitt** blühfaule und vergreiste Gewächse wieder in

Schwung bringen. Dabei können Sie ruhig rigoros ans Werk gehen, denn bei zu zaghaftem Schnitt können Sträucher struppig wachsen.
Zum bequemen Schneiden kommen Astscheren zum Einsatz. Eine kleine Gartenschere können Sie jedoch auch verwenden, wenn Sie den Ast während des Schnitts mit einer Hand herunterdrücken. Dadurch wird der Ast an der Schnittstelle zusätzlich belastet und die Schere kommt leichter durchs Holz.
Das anfallende Schnittgut kann man mit einem Häcksler kompostgerecht zerkleinern. Das funktioniert meist mit Ästen bis 4 cm Durchmesser. In einem großen Garten kann man den Baum- oder Strauchschnitt auch zu einem lockeren Haufen schichten – Igel nehmen ihn gerne als Winterquartier an.

ROTPUSTEL: Der Pilz befällt totes und geschwächtes Holz.

AUSPUTZEN: Abgestorbene Äste werden immer entfernt.

INFO Schnitte richtig ausführen

ERZIEHUNGSSCHNITT: In den ersten 5 bis 6 Jahren sollten Sie diesen Schnitt jährlich vornehmen und dabei allmählich die gewünschte Form ausbilden. Alle nach innen oder steil in die Höhe wachsenden Zeige werden dabei entfernt, und man vereinzelt die Triebspitzen.

ERHALTUNGSSCHNITT: Gehölze, die ihre Form gefunden haben, werden im Herbst mit diesem Schnitt vital gehalten. Sträucher werden dabei bis auf wenige Haupttriebe ausgelichtet. Alte Triebspitzen schneidet man zurück, damit sich jüngere entfalten. Alte Triebe, die aus dem Boden wachsen, entfernt man.

VERJÜNGUNGSSCHNITT: Diese radikale Maßnahme sollte man nur bei Pflanzen anwenden, die jahrelang vernachlässigt wurden: Die alten Triebe werden auf 10 cm zurückgeschnitten, einige jüngere Äste bleiben stehen. Nicht in der Zeit von März bis September durchführen!

Schwere Äste abschneiden

Große Äste, die oft ein erhebliches Gewicht aufweisen, trennt man am besten schrittweise vom Baum. Sie können beim Sägen leicht herunterbrechen und reißen dann am unteren Ende Späne und Rindenstreifen aus dem Stamm. Die dabei entstehenden ausgefransten Wunden heilen schlecht, sehen hässlich aus und bilden eine Eintrittspforte für Bakterien und Pilze. Vor allem Obstbäume sind durch solche Krankheitserreger gefährdet.
Verwenden Sie in jedem Fall eine scharfe Säge und schneiden Sie damit in ungefähr 10 cm Entfernung vom Stamm den Ast von unten her einige Zentimeter tief ein. Einige Zentimeter weiter vom Stamm entfernt schneidet man dann von oben her in den Ast, bis er aufgrund seines Gewichts abbricht. Im letzten Schritt können Sie dann den verbliebenen Aststummel dicht am Stamm sauber abtrennen.
Die entstehende Wunde können Sie nach dem Schnitt verschließen, wenn sie groß ist (s. übernächste Seite). Kleinere Wunden heilen in der Regel auch ohne Wundverschluss problemlos ab.

Schritt für Schritt trennt man größere, schwere Äste sauber mit der Säge ab, ohne den Baum unnötig zu verletzen.

Schnittführung

Wenn man dünne ein- oder zweijährige Triebe kürzt, schneidet man sie am besten einige Millimeter oberhalb einer Knospe ab. Der Schnitt wird dabei leicht schräg geführt – aber nicht zu steil, sonst wird die Schnittfläche zu groß.
Wenn man zu weit von der Knospe entfernt schneidet (unten Bildmitte), bleibt ein unschöner vertrocknender Stummel zurück. Schneidet man zu nahe an der Knospe, kann sie Schaden nehmen und gar nicht oder unvollständig austreiben.
Bei mehrjährigen Zweigen und Ästen findet man an der Basis einen kleinen Wulst, den sogenannten Astring. Er besteht aus teilungsfähigem Gewebe. Beim Kappen eines solchen Zweiges sollte man Säge oder Schere an der Oberseite dieses Wulstes ansetzen und dann ein wenig schräg nach unten und außen schneiden. Der Astring bildet neues Abschlussgewebe und trägt dadurch zu einer schnellen Wundheilung bei.
Triebe muss man übrigens nicht nur oben kürzen: Einige Gehölze bilden auch unterirdisch immer wieder Wildtriebe. Ihnen kommt man nur durch wiederholtes Abbrechen bei.

Solch ein stehengebliebener Aststumpf ist hässlich und verheilt schlechter.

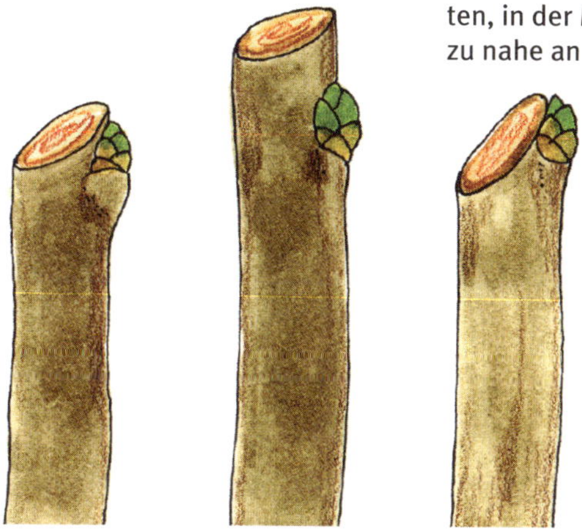

Links wurde richtig abgeschnitten, in der Mitte zu hoch, rechts zu nahe an der Knospe.

INFO Arme vor Stacheln und Dornen schützen

Nicht nur die Hände, auch die Unterarme können beim Griff in dichtes, dorniges Gebüsch Kratzer davontragen. Ziehen Sie deshalb am besten außer Handschuhen auch eine Jacke aus festem Stoff über. Wenn es draußen zu heiß für eine Jacke ist, können auch solche Armschützer Verletzungen verhüten.

Erste Hilfe für Bäume

Misst die Schnittfläche nach dem Entfernen eines Astes mehr als 5 cm im Durchmesser, sollte man mit einem Wundverschlussmittel die Heilung unterstützen und das Eindringen von Keimen verhindern. Dazu schneidet man den Wundrand mit einem Messer sauber nach und trägt anschließend das Verschlussmittel deckend auf. Mit einem Holzspatel lässt es sich auf der Fläche verteilen. Ist die Wunde mehr als 10 cm groß, reicht es übrigens auch, wenn man das Mittel nur auf den Rand des Schnittes aufträgt – dort befindet sich das frische Holz mit seinen saftführenden Gefäßen. Wundverschlussmittel können Sie auch dann einsetzen, wenn sich an einem Baum Frostrisse gebildet haben oder wenn durch eine Unachtsamkeit die Rinde beschädigt wurde. Bewahren Sie die Mittel immer in der gut verschlossenen Packung auf, dann sind sie stets einsatzbereit.

WUNDVERSCHLUSS: Das Verarzten eines Schnittes ist nach wenigen Minuten erledigt.

Ein Schnitt verbessert die Ernte

Traditionell werden Obstbäume meist im Winter geschnitten, doch auch im Sommer gibt es gute Gründe, zur Schere zu greifen und das Gehölz in Form zu bringen.
Ein Anlass ist der Austrieb sogenannter Wasserschosser. Sie wachsen aus waagerechten Ästen steil nach oben, erfüllen keinen Zweck und kosten den Baum Kraft. Dicke Schosser schneidet man komplett ab, dünne, weiche Exemplare kürzt man auf drei oder vier Augen ein – dort bilden sich noch Blütenknospen.
14 Tage vor der Ernte kann man außerdem bei Apfel- und Birnbäumen einzelne einjährige Triebe entfernen, die Schatten auf die Früchte werfen. So wird das Obst saftiger und erhält eine kräftigere Farbe.
Mehr eine Frage der Ästhetik sind im Sommer ausgeführte Schnitte an Spalierpflanzen. An diesen Gehölzen kürzt man alle Triebe aus Seitenknospen ein, die nicht zum Aufbau der gewünschten Baumform beitragen. Schneiden Sie die Triebe bis auf drei oder vier Blätter zurück.

SCHOSSER: Senkrechte Triebe kann man komplett entfernen.

SPALIEROBST: Seitentriebe werden im Sommer gekürzt.

DER LOHN: Schnitte verbessern die Ernte.

Kleine Bäume fällen

Einen kleinen Baum, der krank ist oder zu dicht am Haus steht, kann man mit einer Handsäge fällen.

01 Zuerst schneidet man alle von unten erreichbaren Äste des Baums ab.

02 Auf der Seite, zu der der Baum fallen soll, sägt man ihn zu einem Drittel ein.

03 Auf diesen Schnitt sägt man von oben her zu, dadurch entsteht eine Kerbe.

04 Von der anderen Seite etwas höher den Fällschnitt setzen. Nun genügt ein Schubs – oder ...

05 ... ein Zug mit dem Seil aus sicherer Entfernung – und der Baum fällt.

Vorbeugen gegen Schädlinge

PFLANZEN SCHÜTZEN

Selbst gutmütige Hobbygärtner sehen rot, wenn sich Krankheitserreger und Schädlinge über liebevoll gehegte Zier- und Nutzpflanzen hermachen. Ehe es so weit kommt, sollte man deshalb vorbeugende Maßnahmen ergreifen.

Schaden verhüten

Viele Schäden an Pflanzen lassen sich von vornherein vermeiden, wenn man den Garten und dabei vor allem die Standorte einzelner Pflanzen sorgfältig plant: Gewächse, die nicht an einem ihren Bedürfnissen entsprechenden Standort gesetzt werden, sind von Anfang an geschwächt, Milben, Viren, Bakterien, Schnecken, Nager und saugende oder beißende Insekten stoßen dann auf wenig Gegenwehr und haben leichtes Spiel.

Pflanzen müssen also von Beginn an unter optimalen Bedingungen wachsen und bei Bedarf weiter gestärkt werden.

Dann erübrigt sich in vielen Fällen auch der Einsatz chemischer Pflanzenschutzmittel. Die Verwendung solcher Substanzen ist ohnehin in den vergangenen Jahren gesetzlich mehr und mehr eingeschränkt und reglementiert worden. Das geschah aus gutem Grund, denn viele früher gebräuchliche Mittel dämmten nicht nur Schädlinge oder Krankheitserreger ein, sondern schufen massive Risiken für nützliche Lebewesen, für das Grundwasser oder den Anwender selbst.

Hier hat sich allerdings auch die Einstellung vieler Hobbygärtner gewandelt: Zum Schutz von Kindern und Haustieren und aus wachsendem Umweltbewusstsein wird häufiger zu ökologisch unbedenklichen Mitteln oder zu vorbeugenden Maßnahmen gegriffen. Zudem setzt

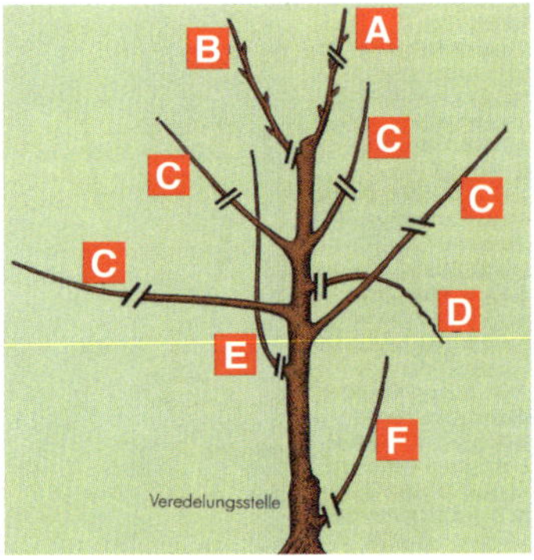

Obstgehölze werden durch einen fachmännischen Schnitt gestärkt. Dabei gilt: Je stärker der Rückschnitt, desto kräftiger treibt die Pflanze wieder aus. Die Zeichnung oben zeigt die wichtigsten Punkte: A Gipfeltrieb über einer Innenknospe kürzen; B Zum Gipfeltrieb konkurrierende Triebe entfernen; C 3-4 gleichmäßig angeordnete Seitentriebe jeweils über einer Außenknospe einkürzen; D schwache Triebe ganz entfernen; E steile Triebe und F Wildtriebe aus der Unterlage ebenfalls entfernen.

REGELMÄSSIGER Beschnitt reduziert das Erkrankungsrisiko ebenso wie eine optimale Versorgung mit Nährstoffen.

RESISTENTE Züchtungen und der jeweils passende Standort beugen Erkrankungen am besten vor.

GROSSE WUNDEN werden mit dem Messer gesäubert und dann abgedeckt.

sich mehr und mehr das Bewusstsein durch, dass chemischer Pflanzenschutz in das ökologische Gleichgewicht eingreift und deshalb sorgfältig abgewogen werden muss.

Bedürfnisse beachten

Die Ansprüche von Pflanzen sind nicht immer gleich. Manche brauchen viel Wasser, andere weniger, auch der Bedarf an Licht, Wärme und Nährstoffen unterscheidet sich. Die Bedürfnisse der Gewächse sind deshalb von Kultur zu Kultur jeweils erneut zu prüfen, die Auswahl von Pflanzen sollte sich nach den Bedingungen im eigenen Garten richten. Andernfalls sind Probleme programmiert. Wer sich dabei unsicher fühlt, sollte sich beraten lassen.

Stehen die Pflanzen am idealen Standort, dann müssen sie regelmäßig gepflegt werden. Der im letzten Kapitel ausführlich beschriebene Pflanzenschnitt gehört ebenso dazu wie eine optimale Nährstoffversorgung und die Stärkung der Pflanzenabwehr. Wer die Bodenqualität überwacht und bei Bedarf verbessert oder wer im Frühjahr mit pflanzenstärkenden Mitteln spritzt, unternimmt schon eine Menge, um seine Kulturen gesund zu erhalten.
Zuweilen bietet sich übrigens ein weiterer Weg im vorbeugenden Pflanzenschutz an: Von bestimmten, meist wirtschaftlich bedeutsamen Nutzpflanzen sind Züchtungen erhältlich, die gegen ihre Hauptschädlinge resistent sind.

TIPP BODENQUALITÄT

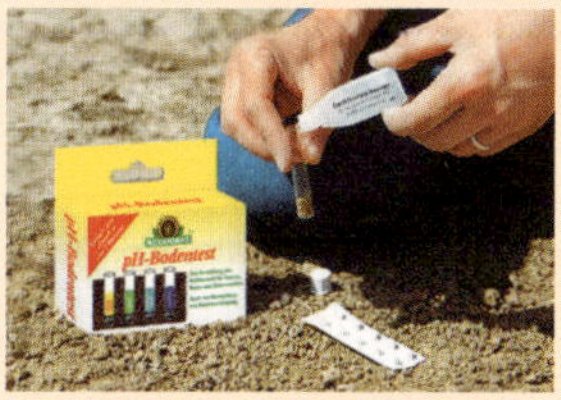

Ein pH-Test zeigt den Säurestatus Ihres Bodens an. Bei Bedarf können Sie gezielt eingreifen.

Regulieren lässt sich der pH-Wert des Bodens beispielsweise durch das Untermischen von Kalk.

Gezielte Vorbeugemaßnahmen können zahlreiche Schäden verhindern. A Eine Austriebsspritzung auf der Basis von ökologisch völlig unbedenklichem Rapsöl wirkt gegen die Wintereier von Spinnmilben an Obst- und Ziergehölzen, zusätzlich auch gegen Schild-, Woll- und Schmierläuse an Ziergehölzen. Nützlinge werden dabei geschont. B Obstbäume sollten zusätzlich jedes Jahr durch einen frischen Leimring vor Raupen, Ameisen und Läusen geschützt werden. C Mit Fallen lasen sich Kirschfliegen anlocken und fangen – das verhindert den Befall mit Kirschmaden.

TIPP Gelassenheit zeigen

Natürlich ist es ausgesprochen ärgerlich, wenn etwa ein Beet mit Salat-Setzlingen über Nacht von Schnecken abgeräumt wird. Und ebenso natürlich werden die meisten Hobbygärtner hier Maßnahmen ergreifen – vom Aufstellen eines Schneckenzauns bis zum Streuen von Schneckenkorn. Das ist eine verständliche Reaktion, und man darf sich auch zur Wehr setzen, um die eigene Ernte zu schützen – die Schnecken sind hier schließlich Konkurrenten um die Nahrung. Eins sollte man in solchen Fällen aber vermeiden: einen verbissenen Kleinkrieg gegen Schädlinge zu führen. Zum einen wird man einen Kampf mit dem Ziel der vollständigen Dezimierung nie gewinnen – spätestens an der Grundstücksgrenze endet der eigene Einflussbereich. Zum anderen sind auch Schnecken oder Blattläuse Teile der Nahrungskette und ernähren andere Tiere. Ein zu tiefer Eingriff würde die Fauna im Garten ärmer machen – und eintönige Gärten gibt es beileibe schon genug.

Seinen Zier- und Nutzpflanzen sollte man die nötige Pflege angedeihen lassen und sie vor Schädlingen schützen – Perfektion wird man dabei jedoch nie erreichen.

Abwehr von Pflanzenschäden

Stellt man einen Befall mit Schädlingen fest, sollte die Reaktion darauf zum einen mit Augenmaß erfolgen (Kasten oben) und zum anderen nicht zu früh eskalieren, denn dagegen sprechen ökologische Mechanismen: Die Zahl der Schädlinge, also etwa von saugenden Insekten, steht meist in einem direkten Zusammenhang mit der Zahl ihrer Fressfeinde, die für uns Nützlinge sind.
Tritt ein starker Befall mit Schädlingen auf, finden die Nützlinge ein reichlicheres Nahrungsangebot vor und vermehren sich kräftig. Im kommenden Jahr finden sie allerdings nicht mehr so viel Nahrung vor, da sie viele Schädlinge gefressen haben. Sie vermehren sich also weniger, und im Folgejahr haben deshalb die Schädlinge wieder die Oberhand – der Regelkreis beginnt erneut.
Ein Gartenbesitzer ist vor diesem Hintergrund gut beraten, seine eigenen Pflanzen zwar unmittelbar zu schützen, etwa durch mechanische Maßnahmen, aber nicht etwa die chemische Keule gegen die gesamte Schädlingspopulation zu schwingen.
Statt dessen könnte er dem ökologischen Regelkreis aber ein wenig unter die Arme greifen: mit zusätzlichen Nützlingen, die gegen eine ganze Reihe von Bedrohungen aus dem Insektenreich erhältlich sind. Bei einem solchen Einsatz bleibt nichts zurück – die künstlich hinzugefügten Nützlinge unterliegen den gleichen Mechanismen wie die natürlich vorhandenen

ECHTER MEHLTAU

Den echten Mehltaupilz – hier an Rosen – erkennt man an den weißlichen Ablagerungen auf der Blattoberseite. Befallene Blätter werden bräunlich, Triebe und Blüten verformen sich. Vorbeugend und bei ersten Symptomen kann man spritzen. Bestimmte Rosensorten (z. B. ADR-Rosen) sind mehltauresistent.

ROSTPILZE

Der Rost (z. B. Rosenrost) ist eine Pilzkrankheit, die man anhand der rostfarbenen, sich im Herbst schwärzlich verfärbenden Sporenlager auf der Blattunterseite identifizieren kann. Betroffene Blätter fallen vorzeitig ab. Abhilfe schaffen (mehrere) fungizide Spritzungen, auch an den Blattunterseiten.

SPITZENDÜRRE

Diese Pilzkrankheit betrifft vorwiegend Sauerkirschen, Äpfel und einige Ziergehölze: Welkende Blätter und absterbende Triebspitzen gegen Ende der Blütezeit sind klare Symptome. Befallene Triebe schneidet man zurück und spritzt mehrfach mit Obst-Pilzschutz – auch beim Austrieb.

KRAUT- UND BRAUNFÄULE

Ein Pilz ruft bei Tomaten die Kraut- und Braunfäule hervor: graue Flecken auf Blättern, später auch Flecken und Fäulnis an Früchten und Stielen. Hier helfen Schutz vor Regen und Staunässe und eine Fungizidspritzung, z. B. mit Kupfermitteln. Wartezeit vor dem Verzehr beachten!

BLATTLÄUSE

Die Läuse stechen Pflanzenteile an und saugen deren Saft. Zu finden sind sie oft an Blattunterseiten und jungen Trieben. Auf dem dabei entstehenden klebrigen Honigtau siedeln sich schwarze Rußtaupilze an. Abhilfe können Nützlinge schaffen. Nutzpflanzen nur mit zugelassenen Spritzmitteln behandeln und erforderliche Wartezeiten einhalten.

GEMEINE SPINNMILBE

Mit bloßem Auge sind Spinnmilben kaum zu erkennen. Auf den Blättern sieht man weißlich-gelbe Aufhellungen, später wird die Blattfläche grau bis bronzefarben. Feine Gespinste überziehen die befallenen Bereiche. Hier helfen Nützlinge bei Kulturen im Gewächshaus oder Spritzungen mit (natürlichen) Insektiziden.

DICKMAULRÜSSLER

Dickmaulrüssler befallen vorzugsweise Rhododendren, Eiben, Kirschlorbeer und Rosen. Ein Symptom sind buchtartige Fraßspuren am Blattrand. Käfer sammelt man bei Befall ab, HM-Nematoden lassen sich als Nützlinge einsetzen, um die Larven zu bekämpfen.

ZIKADEN

Befallen werden fast ausschließlich Rhododendren. Problematisch sind die indirekten Folgen: Durch den Einstich gelangt ein Schadpilz in die Knospe, die braun wird und abstirbt. Vorbeugend ab Ende Mai Gelbtafeln anbringen, befallene Knospen entfernen, Spritzmittel beispielsweise auf Basis von Chrysanthemenblüten ausbringen.

TIPP Natürliche Gegner

Wenn man einen Schädling genau identifiziert hat, können in etlichen Fällen seine natürlichen Fressfeinde gegen ihn in Stellung gebracht werden. Das ist die unbedenklichste Methode der Schädlingsbekämpfung. Der Einsatz gegen Bodenschädlinge ist dabei ohne weiteres auch im Freien möglich. Gegen Insekten ist oft der Einsatz in geschlossenen Räumen erfolgversprechender – also etwa in einem Gewächshaus.

Nützlinge müssen Sie immer „frisch" bestellen – sie kommen per Post ins Haus.

Aus der Pappwaben-Verpackung streut man Florfliegen-Larven auf die Blätter der befallenen Pflanzen.

Bis zu 300 Blattläuse oder Thripse verspeist eine einzige hungrige Florfliegen-Larve.

TIPP Schnecken fernhalten

Schnecken liefern ein gutes Beispiel dafür, wie unterschiedlich Bekämpfungsansätze sein können. Man erkennt sie an A zerfressenen Blättern oder B Eigelegen im Boden. Sie selbst bekommt man tagsüber kaum zu Gesicht. Am frühen Morgen oder in den Abendstunden wagen sie sich dagegen aus ihren Verstecken und können einfach aufgesammelt werden. Ganz gezielt lassen sich einzelne Beete mit einem Schneckenzaun – C und D – schützen, der rundum abgekantet sein muss. E Auch Schneckenkorn wirkt sehr gut. Achten Sie darauf, dass es für Haustiere und Igel unschädlich ist. Bekannte Hausmittel wie Bierfallen hingegen locken eher noch Schnecken aus Nachbargärten an.

und wirken deshalb nur in der Saison, in der sie ausgebracht wurden.
Abhilfe bei einem akuten Befall können auch Spritzungen mit einem biologischen Präparat schaffen. Bei der Anwendung sollten Sie einige Grundregeln beachten: Regen, pralle Sonne und starker Wind können die Wirkung beeinträchtigen – spritzen Sie dann nicht. Biologisch heißt nicht harmlos – vermeiden Sie Haut- und Augenkontakt und tragen Sie schützende Kleidung. Und schließlich müssen Sie bei einem Schädlingsbefall die betroffenen Pflanzen von allen Seiten behandeln. Spritzen Sie beispielsweise nur von oben, überleben die Insekten auf den Blattunterseiten.
Übrigens sind biologische Mittel auch keinesfalls unwirksam oder wirken nur, wenn man fest daran glaubt: Pflanzenschutzmittel werden nur dann zum Handel zugelassen, wenn ihre Wirkung nachgewiesen ist. Hobbygärtner dürfen nur solche Mittel kaufen und anwenden, deren Anwendung im Haus- und Kleingartenbereich laut Packungsaufdruck zulässig ist. Erlischt die Zulassung, dürfen Mittel höchstens bis Ablauf des zweiten Jahres nach Ende der Zulassung verwendet werden.

TIPP Wühlmäuse vertreiben

Wenn Wühlmäuse Wurzeln anfressen, werden die zugehörigen Pflanzen zerstört. Bei der Bekämpfung sind nicht alle Methoden ratsam. A Giftköder können Haustiere oder Kinder gefährden. B Wühlmausgas hingegen tötet die Tiere nicht, sondern vertreibt sie, indem es ihr Gangsystem mit dem für sie unangenehm riechenden Rizinusöl benetzt. C In Schlagfallen werden die durch Köder angelockten Wühlmäuse sofort getötet.

A

B

C

Unkraut: Konkurrenzkampf

Unkraut ist zwar kein Schädling, doch es gibt handfeste Gründe für die Bekämpfung: Auf Wegen kann es bei Nässe gefährlich glatt werden, in Beeten konkurriert es mit Kulturpflanzen und kann sie im Extremfall verdrängen. Während man im Beet meist einfach jäten kann, ist die Beseitigung von Pflanzen auf gepflasterten Flächen oft mühsam und zeitaufwendig. Das Auskratzen aus Fugen gehört zu diesen arbeitsintensiven Methoden, ist aber auch eine der erfolgreichsten. Auf größeren Flächen kommt man recht zügig mit gasbetriebenen oder elektrischen Thermogeräten voran – sie lassen das Unkraut durch

Natürliche Unkrautbekämpfungsmittel wirken z. B. mit biologisch abbaubarer Pelargonsäure.

Hitzeeinwirkung welken. Die Wurzeln werden dabei meist nicht erreicht, deshalb muss man die Anwendung wiederholen. Eine tiefer wirkende Alternative ist das Überbrühen (Kasten rechts). Unkrautmittel würden zwar auch wirken, dürfen aber nicht auf befestigten Wegen angewendet werden.

Kostet weder Strom noch Gas, aber Zeit und Mühe: Unkraut lässt sich mit dem Fugenkratzer wirksam bekämpfen.

Eine Fugenbürste mit hartem Besatz entfernt oberirdische Pflanzenteile aus Ritzen. Der lange Stiel schont den Rücken.

Thermogeräte mit Gaskartuschen sind leicht und lassen sich sehr flexibel einsetzen.

Die etwa 1000 °C heiße Flamme zerstört das Pflanzengewebe.

TIPP ÜBERBRÜHEN

Schnell und rückenschonend lassen sich Unkräuter mit kochendem Wasser vertreiben, das oft auch die Wurzeln erreicht. Die Reste der abgestorbenen Pflanzen entfernt man später mit einer Bürste oder einem festen Straßenbesen.

Hilfe und Beratung aus dem Netz

Das Internet ist mittlerweile auch für Gartenfreunde eine der wichtigsten Informationsquellen geworden. Besonders wertvoll ist der unmittelbare Austausch von praktischen Erfahrungen in Foren für Hobbygärtner. Zuweilen tummeln sich hier auch Profis, die ihr Wissen weitergeben. Wie bei vielen Informationen im Netz sollten Sie sich allerdings nicht auf eine einzige Quelle verlassen – das wäre gerade bei einem Bereich wie der Schädlingsbekämpfung ein wenig leichtsinnig, wo Patentrezepte und Hausmittelchen weitergegeben werden, ohne sie zu hinterfragen. Diese Informationen können durchaus zutreffen, das sollten Sie aber durch eine weitergehende Recherche überprüfen. Eine von mehreren Möglichkeiten dazu bieten Plattformen von Herstellern. Sie wollen zwar damit auch den Verkauf ihrer Produkte ankurbeln, doch wenn Sie das immer im Hinterkopf behalten, können Sie hier manche wertvolle Erkenntnis gewinnen.

Hilfe vom Profi und kostenlose Downloads finden Sie auch bei einschlägigen Herstellern im Internet.

INFO PFLANZENSCHUTZ-SPRITZEN

Stärkungsmittel und andere Spritzbrühen lassen sich recht bequem mit solchen Druckspeicherspritzen ausbringen. Für den Hausgarten reichen meist kleinere Geräte mit wenigen Litern Inhalt, für größere Gärten sind auch Rückentragespritzen mit zweistelligem Volumen erhältlich. Sie lassen sich mit einem Gurtgestell wie ein Rucksack transportieren. Kleinere Spritzen besitzen dagegen meist nur einen Umhängeriemen – hier müssen Sie vor dem Kauf ausprobieren, wie bequem sie sich tragen lassen. Wer ganz auf Komfort setzt, kann inzwischen auch Spritzen kaufen, bei denen akkubetriebene Elektropumpen den nötigen Druck aufbauen.

Pflanzenschutzspritzen gibt es von zahlreichen Herstellern. Neben der Qualität ist die Ausstattung mit Komfortmerkmalen ein Auswahlkriterium.

Schädlinge erkennen und bekämpfen

SCHÄD-LINGE

Während Sie im letzten Kapitel einiges zu grundlegenden Strategien für den Pflanzenschutz erfahren haben, lernen Sie hier etliche Schädlinge aus dem Tierreich näher kennen. Wir zeigen dazu jeweils Methoden, mit denen ihnen wirksam beizukommen ist.

Welcher Schädling ist am Werk?

Auch wenn es eine ganze Reihe pflanzenschädlicher Pilze, Bakterien und Viren gibt, machen am häufigsten Insekten den Pflanzen zu schaffen. Hier kann man saugende oder beißende Exemplare unterscheiden. Die saugenden Insekten stechen Blätter oder Stengel an und ernähren sich von dem Saft, die Pflanzen verfärben sich oder verkrüppeln. Beißende Insekten oder Insektenlarven fressen die Blätter oder rupfen Teile aus ihnen heraus. Möchte man sie chemisch oder mit einem natürlichen Spritzmittel bekämpfen, muss man sie direkt treffen. Da die Mittel die Eier der Insekten oft nicht durchdringen, wiederholt man die Behandlung nach gut zehn Tagen, wenn die Larven geschlüpft sind. Überwinternde Eier lassen sich auch mit Austriebsspritzungen bekämpfen.

TIPP AUF DIE SANFTE TOUR

Wenn der Befall sich in Grenzen hält, lassen sich etliche Insekten auch ohne großen Aufwand oder chemische Unterstützung in Schach halten. Läuse etwa können Sie mit Wasser von den Blättern spritzen. Zur Not geht das mit einer Wasserpistole, bequemer ist der Einsatz einer Pumpspritze, die sich auf einen festeren Strahl einstellen lässt.
Hier und da liest man auch, dass man zum Bekämpfen von Blattläusen Brennnesseljauche verwenden solle. Damit stärkt man zwar die Pflanzen, doch als Spritzmittel gegen Läuse wirkt die Jauche erfahrungsgemäß nicht besser als klares Wasser – die Tierchen werden einfach abgespült.
Andere Insekten wie beispielsweise die Lilienhähnchen (großes Foto auf der vorangehenden Doppelseite) werden nervös, wenn man sie stört, und lassen sich dann zu Boden fallen. Dort kann man sie leicht aufsammeln.

Ehe man gegen Schadinsekten vorgehen kann, muss man aber genau wissen, mit wem man es zu tun hat, denn die Bekämpfungsmethoden treffen oft nur ganz bestimmte Arten. Glücklicherweise verraten sich etliche Kandidaten durch typische Schadbilder selbst. Einige Beispiele sehen Sie rechts. Andere Insekten erkennt man, wenn man sie direkt in Augenschein nimmt. Dafür muss man allerdings ein wenig suchen. Vielversprechende Fundstellen sind dabei junge Triebe – sie sind zart und saftig und lassen sich besonders einfach verspeisen oder anstechen. Außerdem lohnt es sich, unter den Blättern nachzusehen. Viele Schädlinge schätzen Ruhe, Trockenheit und Schatten, die dort herrschen.
Eine Reihe von sehr häufig auftretenden Schadinsekten zeigen wir in diesem Kapitel, doch die Vielfalt bei den Schädlingen ist immens – manche finden sich nur selten, richten dann aber einiges an Unheil an. Bei einer näheren Bestimmung können Gärtner helfen, wenn Sie gesammelte Schädlinge oder befallene Pflanzenteile – unbedingt in einem gut verschlossenen Gefäß – in die Gärtnerei mitbringen.

1

2

3

An den typischen feinen Gespinsten erkennt man leicht einen Befall mit Spinnmilben.

Etliche Schädlinge verraten sich durch typische Schadbilder. Rollen sich etwa Rosenblätter plötzlich ein **1**, dann fällt der Verdacht sofort auf die Rosenblattrollwespe. Diese Blätter pflückt man sorgfältig ab. Klebriger Honigtau **2** verrät saugende Insekten wie Blattläuse. Sie trinken große Mengen des Pflanzensafts, entnehmen die für sie wichtigen Nährstoffe und scheiden den zuckerhaltigen Rest gleich wieder aus. Da er gerne von Ameisen aufgenommen wird, sollten Sie aufmerksam werden, wenn diese sich plötzlich zahlreich für eine Pflanze interessieren. Scharf abgegrenzte Blattflecken **3** weisen auf Minierfliegen oder in diesem Fall auf die Kastanienminiermotte hin.

TIPP Pflanzen stärken

Wie erwähnt, eignet sich Brennnesseljauche nicht zur Bekämpfung von Schädlingen. Doch sie stärkt die Pflanzen und macht sie so indirekt widerstandsfähiger gegen Angreifer. Die Jauche ist schnell angesetzt.

Frisches Brennnesselkraut wird mit Wasser angesetzt und gärt darin.

Noch einfacher geht es mit Granulat oder Pulver, das man einfach in Wasser löst.

SACKSCHILDLÄUSE

Diese bis zu 7 mm großen Schädlinge werden auch Wollige Napfschildlaus genannt. Sie scheiden Honigtau aus, auf dem sich Rußtaupilze ansiedeln. Die Läuse sind an ihrem braunen Kopf leicht zu erkennen. Sie saugen bevorzugt an Blättern und Trieben. Bei geringem Befall können Sie die Tiere absammeln, in größerer Zahl werden Sie die Läuse aber nur mit ölhaltigen oder systemischen Mitteln (Kasten unten) los. Gegen übliche Spritzmittel sind die Tiere nahezu immun, da ihre wachsartige Oberfläche wasserhaltige Flüssigkeiten abperlen lässt.

BLATTWANZEN

Blattwanzen durchlöchern Knospen oder junge Blätter, die daraufhin oft verkrüppeln. Bevorzugtes Revier sind Engelstrompeten und andere Kübelpflanzen. Das Saugen selbst wirkt nicht schädlich für die Pflanzen, sondern der Speichel der Tiere. Tagsüber bekommt man Blattwanzen kaum zu Gesicht, schon bei der kleinsten Störung lassen sie sich auf den Boden fallen. Frühmorgens jedoch sind sie noch träge, lassen sich abschütteln und aufsammeln oder mit Spritzmitteln wie z. B. Neempräparaten bekämpfen.

SCHMETTERLINGS-RAUPEN

Wenn Raupen auftreten, dann oft gleich in Horden, wie die Kohlweißlingsraupen auf dem Foto. Sie können dann in kurzer Zeit ganze Pflanzen kahlfressen. Im Nutzgarten sind Kohlgemüse wie beispielsweise Brokkoli besonders vom Kohlweißling betroffen. Vorbeugen kann man einem Befall, indem man intensiv duftende Kräuter zwischen die Kohlpflanzen setzt – die Schmetterlinge haben es dann schwer, ihr Ziel zu finden. Entdecken Sie doch Raupen auf den Pflanzen, sollten Sie schnell handeln. Raupenmittel wirken hier als Fraß- und Kontaktgift, übrigens auch gegen Kartoffelkäfer. Vorbeugend können Sie die Beete auch mit Schutzvlies abdecken – dann erreichen die Schmetterlinge die Pflanzen gar nicht erst zur Eiablage.

INFO Systemische Mittel

Diese Präparate erreichen die Schädlinge auf dem Umweg über ihre Nahrung: Die Pflanzen nehmen den jeweiligen Wirkstoff auf und transportieren ihn mit ihrem Saft bis in die entlegensten Triebe. Wenn die Insekten dann den Saft saugen, hilft ihnen keine noch so ausgeklügelte Abwehrmaßnahme mehr. Systemische Mittel erhalten Sie als Spritzbrühe, als Granulat zum Ausstreuen oder als Stäbchen, die man in die Erde steckt. Vorsicht bei Nutzpflanzen! Reichert sich der Wirkstoff in Früchten oder essbaren Teilen an, nehmen Sie ihn selbst auf.

Ausbringhilfen gibt es kostenlos im Fachhandel.

Durch Druck wird ein Stäbchen freigegeben.

Bekämpfungsarten

Mechanische Bekämpfung

Einfach und effektiv geht man gegen vereinzelte Schädlinge mechanisch vor: Käfer lassen sich beispielsweise einfach absammeln, das gilt etwa für Kartoffelkäfer und Lilienhähnchen, aber auch für Dickmaulrüssler und Blattwanzen. Nachtaktive Tiere muss man allerdings bei Dunkelheit aufsuchen, andere schüttelt man am besten am frühen Morgen von den Zweigen, wenn sie noch träge sind. Mechanisch wirken auch Vliese, mit denen man Gemüsebeete gegen Schädlinge wie Schmetterlinge oder Gemüsefliegen abdeckt. Auch am Rand muss das Vlies sorgfältig abgedichtet werden, etwa mit Erde. Auf die gleiche Weise halten dichte Netze über Obstbäumen Vögel ab. Kontrollieren Sie sie häufig und befreien Sie Vögel, die sich darin verfangen.

Feine Schutznetze und Vliese können fliegende Schädlinge vom Gemüsebeet fernhalten. Die Abdeckungen müssen auch an den Rändern dicht sein.

Wer Schnecken nicht anfassen mag, klebt zwei Kronkorken auf eine hölzerne Grillzange.

Chemische Bekämpfung

Wenn Schädlinge in großer Zahl auftreten, ist es für mechanische Methoden oft zu spät – hier bieten dann chemische Spritzmittel eine schnelle, wirksame und exakt dosierbare Lösung. Manche Schädlinge wie etwa Spinnmilben lassen sich auf andere Weise auch kaum in den Griff bekommen. Wichtig ist es in jedem Fall, das genau passende Mittel auszuwählen. So wirken Insektizide gegen saugende und beißende Insekten, Akarizide bekämpfen speziell Milben. Bei allen belegten Erfolgen sollten chemische Mittel aber immer nur der letzte Ausweg sein: Insektizide unterscheiden nicht zwischen guten und schlechten Insekten, sondern raffen eine Vielzahl von Arten dahin. Immerhin gibt es mittlerweile eine Reihe von Mitteln, die Marienkäfer und Bienen verschonen und deshalb als „nützlingsschonend“ gelten.

Biotechnische Bekämpfung

Die Mittel der Biotechnik sind oft mit den mechanischen Methoden verwandt, sie setzen aber zusätzlich auf Lebensgewohnheiten oder Verhaltensmerkmale der Schädlinge. So lassen sich Insekten leichter mit Leimtafeln fangen, wenn man sie passend färbt. Mit gelben Tafeln fängt man beispielsweise die Weiße Fliege, da sie von dieser Farbe angelockt wird. Blaue Klebefallen lassen sich gut gegen Thripse einsetzen. Vor allem in Innenräumen wie Gewächshäusern lassen sich Pflanzen so wirksam schützen. Formen können auch eine Rolle spielen: Hängt man runde Gelbtafeln in Kirschbäume, dann versuchen Kirschfruchtfliegen, ihre Eier darauf abzulegen, da sie die Tafeln für große unreife Kirschen halten. Insekten wie Frostspanner oder Apfelwickler fängt man mit Leimringen, die man um Baumstämme legt – die Larven dieser Tiere müssen in ihrem Lebenszyklus den Baum erklettern und bleiben dabei am Leim hängen. Mit diesen Fallen, aber auch mit um den Baum gewickelten Wellpappestreifen können Sie auch die Population von Apfelwicklern überwachen. Fängt man darin mehr als fünf Wickler pro Woche, ist eine Woche später eine Spritzung fällig. Direkt bekämpft werden sollen Insekten mit Pheromonfallen: Die enthaltenen Lockstoffe ziehen vor allem Männchen an – sie wähnen sich auf der Spur eines Weibchens – und bleiben kleben.

AUSGETRICKST: Apfelwicklerlarven verkriechen sich in Wellpappe (links), Insektenmännchen fliegen auf Duftfallen (oben).

TIPP Spritzmittel richtig verteilen

Gefahrlos und wirksam sind Spritzmittel nur dann, wenn man sie ganz exakt nach den Anweisungen auf der Packung dosiert. Die Mittel sind in der Regel konzentriert als Flüssigkeit oder Pulver erhältlich. Flüssigkeiten werden mit Wasser verdünnt, Pulver löst man darin auf – rühren Sie lange genug, denn nicht gelöste Reste können die Spritzdüse verstopfen, das Mittel läuft dann gerne am Arm des Anwenders herab. Angebrochene wie neu gekaufte Packungen bewahrt man in einem verschlossenen Schrank auf. Wie viel Brühe Sie zum Spritzen brauchen, können Sie übrigens ermitteln, indem Sie erst einmal klares Wasser verspritzen und dabei die verbrauchte Menge messen.

Mittel aus Pulver unter gründlichem Rühren in Wasser auflösen.

Nur ein fein verteilter Sprühnebel kann alle Pflanzenteile benetzen.

Bei 3 bar liegt der optimale Arbeitsdruck zum Ausbringen der Mittel.

Biologische Bekämpfung

Was bei der mechanischen Bekämpfung noch in ein Suchspiel ausarten kann, nämlich das Aufspüren der Schädlinge, erledigt sich bei der biologischen Bekämpfung von selbst: Die natürlichen Gegner wissen genau, wo, wann und wie sie ihre Beute erwischen. Nematoden machen den Larven des Dickmaulrüsslers den Garaus, Marienkäfer saugen Blattläuse aus, Raubmilben gehen auf die Jagd nach Spinnmilben. Leider sind etliche fliegende Nützlinge nur im Wintergarten oder im Gewächshaus sinnvoll einzusetzen, da sie nicht an einem Ort bleiben.

Der richtige Zeitpunkt für die Bekämpfung mit Nützlingen ist der beginnende Schädlingsbefall – man sollte also starten, sobald sich die ersten Anzeichen zeigen, dann werden die tierischen Helfer spielend mit ihrer Beute fertig. Bei einem Massenbefall sollte man zunächst biologische Spritzmittel einsetzen, sonst könnten auch die Nützlinge auf verlorenem Posten stehen.

TIPP Helfer heimisch machen

Igel, Ohrwürmer, Florfliegen, Marienkäfer oder insektenfressende Vögel ernähren sich von Schädlingen, die uns das Leben schwer machen. Damit sie zur Stelle sind und ihren Hunger an den Plagegeistern stillen, müssen sie sich allerdings im Garten auch wohlfühlen. Das gelingt mit recht einfachen Mitteln. So nehmen Vögel artgerechte Nisthilfen gerne an, die katzensicher aufgehängt sind. Raubinsekten sind dankbar für ein Insektenhotel aus gebündelten Schilfrohren oder durchlöchertem Holz, das man ebenfalls in einen Baum hängen kann. Eine Anpflanzung von Wildblumen zieht Insekten an, ein Reisighaufen in der Gartenecke bietet dem Igel Unterschlupf. Ergänzende Nahrung finden zahlreiche Tiere, wenn man Holunder, Hasel, Schlehe oder Schneeballen pflanzt.

Blattläuse schmecken Marienkäfern und deren Larven besonders gut.

Obst darf gerne einmal sein, saftige Schnecken sind dem Igel aber weitaus lieber.

Unerwünschte Gäste

Eine ganze Reihe von Tieren sieht kein Hobbygärtner gerne in seinem Revier. Doch Abhilfe ist meist möglich: Wenn man die Gewohnheiten der ungebetenen Gäste kennt, kann man ihnen Paroli bieten.

Schnecken

Weg- und Ackerschnecken ernähren sich gerne von jungen Pflanzen und von Salaten. Aktiv sind sie nachts und bei feuchter Witterung, tagsüber verstecken sie sich. Nutzen Sie das, indem Sie abends Melonenstücke und große Blätter (z. B. vom Rhabarber) neben befallene Beete legen. Der Melonenduft lockt die Schnecken an, unter den Blättern verkriechen sie sich später. Dort

brauchen Sie die Tiere am nächsten Morgen nur noch aufzulesen. Einzelne Beete können Sie auch mit einem Schneckenzaun schützen – für bereits darin sesshafte Bewohner streuen Sie Schneckenkorn.
Wenn Sie im Herbst beim Umschichten des Komposts auf die hellen Schneckengelege stoßen, überbrühen Sie sie mit heißem Wasser – das verringert den Befall im Folgejahr.

Ameisen

Ameisen in Hausnähe sind zunächst einmal nur lästig. Etwas gegen sie unternehmen sollte man trotzdem spätestens dann, wenn sie Nester in Kübelpflanzen oder unter Terrassenplatten anlegen und dadurch Pflanzen oder Pflastersteine absacken lassen. Mit Spritzmitteln erwischen Sie die Ameisen direkt – aber eben auch nur die sichtbaren Exemplare. Fraßköder – lose oder in geschlossenen Köderdosen – dagegen werden bis ins Nest getragen und erreichen dort auch die Larven. Ohne Chemie hat man Erfolg, wenn man Essig in den Bau gießt. Die Tiere orientieren sich an Gerüchen, der Essig vertreibt sie. Auch kochendes Wasser sorgt für Ruhe im Nest – allerdings ebenso wie Essig meist nur für einige Tage, maximal eine Woche. Dann haben sich die tief im Boden lebenden Larven entwickelt und vermehren sich wieder.

AMEISENMITTEL **Streuen Sie Ameisenpulver entweder direkt in die Nähe der Nesteingänge oder lösen Sie es auf und gießen es in den Bau.**

STOLPERFALLEN **Wenn Ameisen Terrassen untergraben, können Steine absacken und Stolperfallen bilden. Vorbeugend sollte man Splitt statt Sand beim Pflastern verwenden.**

Wühlmäuse

Ehe man Wühlmäuse bekämpft – mit Fallen oder Gas –, sollte man sicherstellen, dass festgestellte Gänge auch von ihnen stammen und nicht vom Maulwurf. Wühlmausgänge verlaufen dicht unter der Erde, die Tiere hinterlassen längliche Aufwühlungen und keine Hügel. Öffnen Sie einen Gang – wird er innerhalb einer Stunde wieder verschlossen, ist er bewohnt, und die Bekämpfung lohnt sich dort.

GERÜCHE: **Um die Tiere nicht abzuschrecken, Fallen nur mit alten Handschuhen anfassen.**

Maulwurf

Maulwürfe sind nicht nur niedlich anzusehen, sie machen sich auch nützlich im Garten, indem sie so manchen im Boden lebenden Schädling verspeisen. Außerdem eignet sich die sehr hochwertige Erde von Maulwurfshügeln ideal zum Mischen eigener Pflanzerden. Doch genau diese Hügel sind es, die dem Maulwurf all jene Gartenbesitzer zu erbitterten Feinden machen, die ihren Ehrgeiz in die Anlage eines makellosen Rasens setzen. Glücklicherweise ist der Maulwurf durch das Naturschutzgesetz vor einem allzu traurigen Schicksal sicher: Er darf weder getötet noch eingefangen werden. Was also tun? Wer Maulwürfe vertreiben möchte, sollte sich ihre Empfindlichkeit gegen Lärm und Gerüche zunutze machen. In einem ersten Schritt kann man beispielsweise leere Flaschen mit der Öffnung nach oben schräg in die Maulwurfshügel stecken. Bei Wind werden die Flaschen angeblasen und erzeugen Töne, die dem Maulwurf nicht gefallen. Mit etwas Glück wandert er aus. Die nächste Stufe der Eskalation sind sogenannte Vergrämungsmittel, mit denen man die Gänge begast. Sie wirken sehr zuverlässig. Da die Tiere aber meist nicht allzu weit fortziehen, muss man jederzeit mit der Rückkehr aus Nachbars Garten rechnen und die Vergrämungsmittel weiterhin bereithalten. Geht es übrigens nur um den Rasen, kann man schon bei dessen Anlage spezielle Maulwurfsgitter darunter eingraben – sie sind allerdings recht teuer.

Schädlinge im Gartenteich

Auch der Wassergarten ist nicht vor Schädlingen sicher, und er reagiert sehr sensibel auf Chemikalien. Hier sind also mechanische Methoden sinnvoll. Den Seerosenblattkäfer etwa bekämpfen Sie, indem Sie ein feines Netz auf das Wasser legen, beschweren und so die Blätter einige Tage untertauchen. Die Pflanze überlebt das, der Käfer nicht. Entdecken Sie oben auf den Blättern helle Eigelege, zerdrücken Sie sie einfach.

Seerosenzünsler sind ebenfalls sehr aktive Schädlinge. Die Falter bemerkt man im Frühjahr meist nicht, wohl aber ihre Raupen, wenn sie Blattstücke herausnagen, daraus Kokons bauen und zum nächsten Blatt treiben. Diese Schiffchen vernichtet man und sucht die Blattunterseiten nach weiteren Raupen ab.

Seerosenblattkäfer (rechts) fressen unzählige Löcher in die Blätter (oberes Foto) und können die Pflanzen dadurch stark schwächen.

Organische Reste verwerten

KOMPOST MACHEN

Beim Kompostieren passt alles perfekt zusammen: Die Reste aus Küche und Garten, die man ohnehin loswerden möchte, wirft man auf einen Haufen, einige Monate später bekommt man wertvollen Dünger zurück. Wie man Kompost ansetzt und nutzt, das erfahren Sie hier.

Grünes Recycling

Den einzigen Nachteil beim Kompostieren nennen wir gleich zu Beginn: Zuweilen riecht ein Komposthaufen etwas unangenehm – vor allem bei warmem Wetter. Deshalb wird er oft in die hinterste Ecke des Gartens verbannt. Doch auch wer nicht so einfach auf Distanz gehen kann, muss nicht unter Geruchsproblemen leiden: Ein geschlossener Schnell- oder Thermokomposter lässt nur wenig Duft nach außen dringen, dafür läuft der Verrottungsprozess sogar noch ein wenig schneller ab.

Einen normalen Komposthaufen setzt man nach etwa einem halben Jahr um, nach einem Jahr ist der Kompost reif und gebrauchsfertig. Wenn man ihn untergräbt, bei Bedarf zusätzlich mit einigen Hornspänen vermengt, gibt man den Pflanzen Nahrung, lockert feste Lehmböden auf und verbessert die Speicherfähigkeit von Sandböden. Mit Wasser verdünnt und abgesiebt, ergibt der Kompost einen guten Flüssigdünger.

Bis es so weit ist, muss der Kompost erst einmal nach und nach aus Grünabfällen aufgebaut werden. Dafür gibt es etliche Anleitungen und Ratschläge, die jedoch häufig an der Realität vorbeigehen: Man kann sich durchaus einen idealen Schichtaufbau vorstellen, bei dem lockeres und dichteres Material lagenweise aufgefüllt wird, in der Praxis wird man jedoch das Material nehmen müssen, wie es gerade kommt – und das funktioniert auch. Man sollte dabei nur einige grundsätzliche Regeln im Kopf behalten. Grobe Äste und Wurzelballen kommen nicht auf den Kompost, denn sie zerfallen zu langsam, und man müsste dann aus dem reifen Kompost Holzstücke aussortieren. Fällt einmal viel Grasschnitt an, kann man ihn zum Auflockern mit Zeitungspapier mischen. Größere Mengen Holzschnitzel aus dem Häcksler verwendet man besser zum Mulchen als zum Kompostieren. Große Pflanzenteile zerkleinert man am besten, denn dann bieten sie den zersetzenden Mikroorganismen eine große Angriffsfläche.

Im Sommer braucht ein Komposthaufen Schatten und darf nicht austrocknen. Andernfalls stoppt die Verrottung. Tierische Reste wie Fleisch und Knochen gehören nicht auf den Haufen – sie stinken und locken Tiere wie Ratten an. Andere Materialien eignen sich nur bedingt. Hier ein Überblick über das, was auf den

Kompost gehört und was man besser fortlässt:

Diese Materialien eignen sich zum Kompostieren:

- Obst- und Gemüsereste (ungekocht)
- Faules Obst
- Blumen, Balkon- und Zimmerpflanzen
- Rasenschnitt, Laub, Schnitt von Bäumen, Sträuchern und Hecken – letztere möglichst zerkleinern!
- Giftige Pflanzen

In geringen Mengen:

- Kaffeesatz und Teebeutel, Eierschalen (am besten zerkleinern), verdorbene Nahrung, Holzasche, Sägespäne und Sägemehl, unbeschichtetes und nicht farbig bedrucktes Zeitungspapier, Wildkräuter ohne Samen

Nicht empfehlenswerte Materialien:

- Behandelte/gespritzte Schalen von Bananen oder Zitrusfrüchten

Völlig ungeeignet:

- Samentragende Unkräuter, besonders hartnäckige Wurzelunkräuter; Pflanzen mit Viruserkrankungen
- Fleisch, Fisch, Knochen
- Speisereste wie Teigwaren
- Milch- und Saftpackungen sowie Verbundpackstoffe
- Farbdrucke auf Papier
- Lacke, Farbreste
- Medikamente, Chemikalien, Batterien und Altöle
- Glas, Metall und Kunststoffe

Das sind die Zutaten

FÜLLUNG: Gartenabfälle und ungesalzene Küchenreste sind ideal für einen gelungenen Kompost.

HILFSMITTEL
Kompostbeschleuniger und Kompostwürmer sorgen für eine schnellere Verrottung der kompostierten Pflanzenstoffe.

ZERKLEINERN: Zweige sollte man mit dem Häcksler zerkleinern, für Stauden eignet sich auch der Rasenmäher.

THERMOKOMPOSTER: Sie lassen das Material etwas schneller verrotten, brauchen wenig Platz und erlauben eine bequeme Entnahme.

Mini-Kompost und andere Kniffe

Wer keinen großen Garten besitzt und selbst für einen Schnellkomposter keinen Platz findet, muss deshalb nicht auf Kompost verzichten – selbst auf einer kleinen Freifläche lässt er sich noch ansetzen.

Sammeln Sie dazu bis maximal zwei Wochen lang pflanzliche Küchenabfälle und geben Sie sie dann in einen Mixer. Das Gerät muss leistungsfähig sein, denn wenn einmal Nussschalen oder ähnlich harte Materialien in den Kompost geraten, brauchen schwache Maschine sehr lange für das Zerkleinern. Geben Sie ein Glas Wasser zu den Abfällen und drücken Sie die Küchenreste hin und wieder herunter, während der Mixer arbeitet.

Im Garten graben Sie ein Loch, in das Sie die fertig pürierten Reste gießen. Je nach Größe des Lochs können Sie bis zu einem halben Jahr lang weiteres Material nachfüllen. Dann bedecken Sie das Loch einfach mit Erde.

Nun haben Sie zwei Möglichkeiten: Entweder lassen Sie den Kompost dort wirken, wo er ist, und vergessen ihn, oder Sie graben ihn nach etwa 9 Monaten aus und düngen damit andere Bereiche im Garten. In beiden Fällen tragen Sie zur Nährstoffversorgung im Minigarten bei und entlasten die Biotonne.

TIPP Schattenpflanzen

Im Minigarten stellt sich das Problem zwar nicht, doch ein offener Kompost in größeren Gärten kann im Sommer austrocknen. Man kann das verhindern, indem man Zucchini oder Kürbisse direkt auf die Rotte pflanzt. Dort bekommen sie sofort ihre Nährstoffe und spenden zugleich mit ihren großen Blättern Schatten.

A Pflanzliche Reste sammeln, B Zerkleinern und in ein Erdloch geben, C mit Erde bedecken. Nach ca. 9 Monaten ist der Kompost reif.

SCHNECKENEIER: Wenn Sie beim Umschichten des Komposthaufens Schneckeneier finden, überbrühen Sie sie mit heißem Wasser. Jedes vernichtete Ei bedeutet im Folgejahr eine Schnecke weniger.

UNKRAUTSAMEN: Unkräuter mit Samen sollten Sie nicht auf den Kompost geben. Die Samen überstehen das Kompostieren und keimen überall dort, wo Sie den Kompost ausbringen.

Fest gebaut aus Steinen

Nun wird's praktisch: Ein offener Komposter aus Holzbrettern ist schnell zusammengeschraubt, dauerhafter wird es allerdings mit einem Behälter aus Stein. Wenn Sie irgendwo alte Klinker ergattern können oder noch welche vom Hausbau übrig sind, dann können Sie daraus diese stabile Komposthorde bauen – im Bild zeigen wir das auf der nächsten Seite. Wichtig ist, dass die Konstruktion nach unten offen bleibt, damit Würmer und Bodenorganismen einwandern können. Ideal ist ein Standort im Schatten eines Baums oder Strauchs.

Die Front wächst mit der Füllhöhe. Nach etwa vier bis fünf Jahren muss man die Bretter ersetzen, da auch sie verrotten.

Komposter bauen

Den stabilen Komposter können Sie aus alten Ziegeln selbst mauern.

01 Der Komposter ruht auf Streifenfundamenten. Sie werden aus Beton gegossen, verschalt wird mit unten offenen Pflanzkästen.

02 Die erste Steinreihe waagerecht in eine dicke Mörtelschicht setzen. Dann mit Lücken zwischen den Steinen aufmauern.

03 Aluprofile in den Boden schlagen und die Bretter zuschneiden – sie müssen in den Profilen etwas Spiel haben.

04 Alle Bretter probeweise in die Profile gleiten lassen, dann die Aluschienen an der Mauer festdübeln.

TIPP Kranke Pflanzen lieber entsorgen

Pflanzenteile, die von Pilzen befallen sind, gehören nicht auf den Kompost, sondern in den Hausmüll. Sonst besteht die Gefahr, dass man die Dauersporen der Pilze im Garten verteilt. Besonders wichtig ist das bei Welkepilzen, Obstbaumkrebs, Monilia-Spitzendürre oder Kohlhernie. Bei Pflanzen mit Viruserkrankungen sollte man die gleiche Vorsicht walten lassen. Keine Dauersporen bilden Rost- und Blattfleckenpilze. Wenn Sie sie sicher identifizieren können, dürfen befallene Pflanzen auf den Kompost.

UNGEEIGNET: Das ist ein Fall für die Mülltonne. Auch wenn Sie sich nicht ganz sicher sind, ob Krankheitserreger das Kompostieren überdauern, sollten Sie im Zweifel kein Risiko eingehen.

Kompost durchsieben

Auch wenn man dickere Zweige oder Wurzeln vor dem Kompostieren aussortiert hat, bleiben immer wieder grobe Stoffe nach dem Verrotten übrig. Deshalb siebt man den Kompost vor dem Verteilen durch. Dazu wird er auf das Sieb geworfen, mit der Schaufel streicht man das Material dann durch die Maschen. Wie Sie das abgebildete vielseitige Kompostsieb selbst bauen, sehen Sie auf der nächsten Seite.

Zum Aufstellen sind Stützen beweglich am Rahmen befestigt.

Das Sieb lässt sich auch flach auf die Schubkarre legen, wenn Sie die Arbeit in dieser Position bequemer finden.

Es lässt sich auch als Durchwurfsieb frei im Garten aufbauen.

SCHON GEWUSST? Sinnvolle Anschaffung

Vor allem die Hobbygärtner, die eine größere Fläche bewirtschaften, sollten die Anschaffung einer speziellen Kompostgabel erwägen. Sie besitzt runde, leicht gebogene Zinken, die dichter beieinander stehen als bei einer Grabegabel. Vorne sind sie zu einer Spitze flachgeklopft, die leicht in den Kompost eindringt. Mit dieser Gabel kann man besonders leicht Pflanzenreste auf die Schubkarre heben, Kompost umsetzen und mischen, aber auch Mulchmaterial auf Beeten im Garten verteilen.

BEWÄHRTER HELFER: Die Spezialgabel kann problemlos auch in halbfertigen Kompost eindringen, der noch feste Bestandteile enthält. Die enger stehenden Zinken verlieren kaum Material.

Sieb aus Holz und Kaninchendraht bauen

1 Schneiden Sie die Rahmen aus Fichtenholz (25 x 45 mm) in je zwei Seiten mit 700 bzw. 1100 mm Länge. Die Enden dabei ...

2 ... schräg auf 45° schneiden. An diesen Schrägen werden die Hölzer verleimt und außen mit Winkeln versehen.

3 Hier ist die Eckverbindung gut zu sehen. Noch stabiler wird sie durch zusätzlich aufgeschraubte Flachwinkel.

4 Durch den Hasendraht fädelt man Gewindestangen. Sie lassen sich mit Gewindehaken am Rahmen fixieren. Nun die Stützen mit Scharnieren anbringen.

5 Zwei angeschraubte Winkel stützen den Rahmen auf der Schubkarre ab. Zwei weitere gebogene Winkel verhindern das Hochrutschen des Rahmens.

DAS ERGEBNIS: Der durchgesiebte Kompost enthält keine groben Stoffe mehr und kann auf dem Beet verteilt werden.

TIPP Sicherer Stand

Da man beim Durchsieben des Komposts die Schaufel kräftig über den Draht bewegt, wird das Sieb ordentlich durchgeschüttelt. Damit die Stützen dabei sicher auf dem Boden stehen bleiben, schlagen Sie an deren unteren Enden jeweils einen langen Nagel in das Holz und lassen ihn einige Zentimeter herausragen. Dann bleiben die Stützen an Ort und Stelle.

Kompost einarbeiten

So bringt man den durchgesiebten Kompost auf dem Beet aus.

01 Der reife Kompost, dazu Hornspäne und bei Bedarf sauberer Sand, wird gleichmäßig auf die Erdoberfläche gestreut.

02 Nun gräbt man das Beet in einer halben bis ganzen Spatentiefe um und arbeitet das Material dabei in den Boden ein.

Standort und Füllung

Ein offener Kompost braucht Platz. Der Haufen wächst oft schneller, als man denkt, und eine spätere Erweiterung kostet noch einmal Zeit und Mühe – also baut man lieber von vornherein groß genug.

Planen Sie mindestens eine Grundfläche von 1 x 1,50 m ein. Wenn Sie genug Platz haben, darf es gerne auch mehr sein.
Günstig ist es, wenn Sie einen Kompostbehälter mit zwei Kammern bauen.

Dann können Sie zuerst eine Kammer füllen, sie nach einem halben Jahr in die zweite umsetzen und in der ersten Kammer wieder mit frischem Material den nächsten Kompost ansetzen. Wird dann der reife Kompost aus der zweiten Kammer entnommen, steht wieder Raum zum Umsetzen bereit, und der Kreislauf beginnt erneut.
Eine Kompostumrandung aus Holz sollten Sie mindestens einmal jährlich überprüfen und gegebenenfalls einzelne Bretter oder ganze Seiten ersetzen. Holz ist ebenfalls ein organisches Material und zersetzt sich im Laufe der Zeit – zwar langsamer als die Grünpflanzenreste, doch irgend-

Schnellkomposter – eine gute Lösung für kleine Gärten.

wann zerfällt es auch. Behandelte Hölzer sollten Sie dennoch auf keinen Fall zum Bau eines Komposters verwenden.

Lebensbedingungen schaffen

Ein Komposthaufen ist eine kleine Welt für sich und wimmelt von Leben: In einer Handvoll Kompost stecken mehr Mikroorganismen, als es Menschen auf der Erde gibt. Für die Mikroben gilt es optimale Lebensbedingungen zu schaffen. Sie brauchen Feuchtigkeit, Nahrung, Wärme und Sauerstoff. Die Nahrung und die Feuchtigkeit bringen die Gartenabfälle mit, die Wärme entsteht beim Verrottungsprozess. Sauerstoff strömt zum einen von außen ein, er gelangt aber auch beim gründlichen Durchmischen während des Umsetzens in den Kompost. Darüber hinaus darf das Material nicht zu dicht sein, also beispielsweise nicht vollständig aus Rasenschnitt bestehen – hier wäre die Sauerstoffzufuhr zu gering, und das Material würde faulen, statt zu verrotten. Wenn Sie dem Reifungsprozess mehr Schwung verleihen möchten, können Sie jeweils Kompostbeschleuniger zugeben, wenn der Haufen um 15 bis 20 cm gewachsen ist.

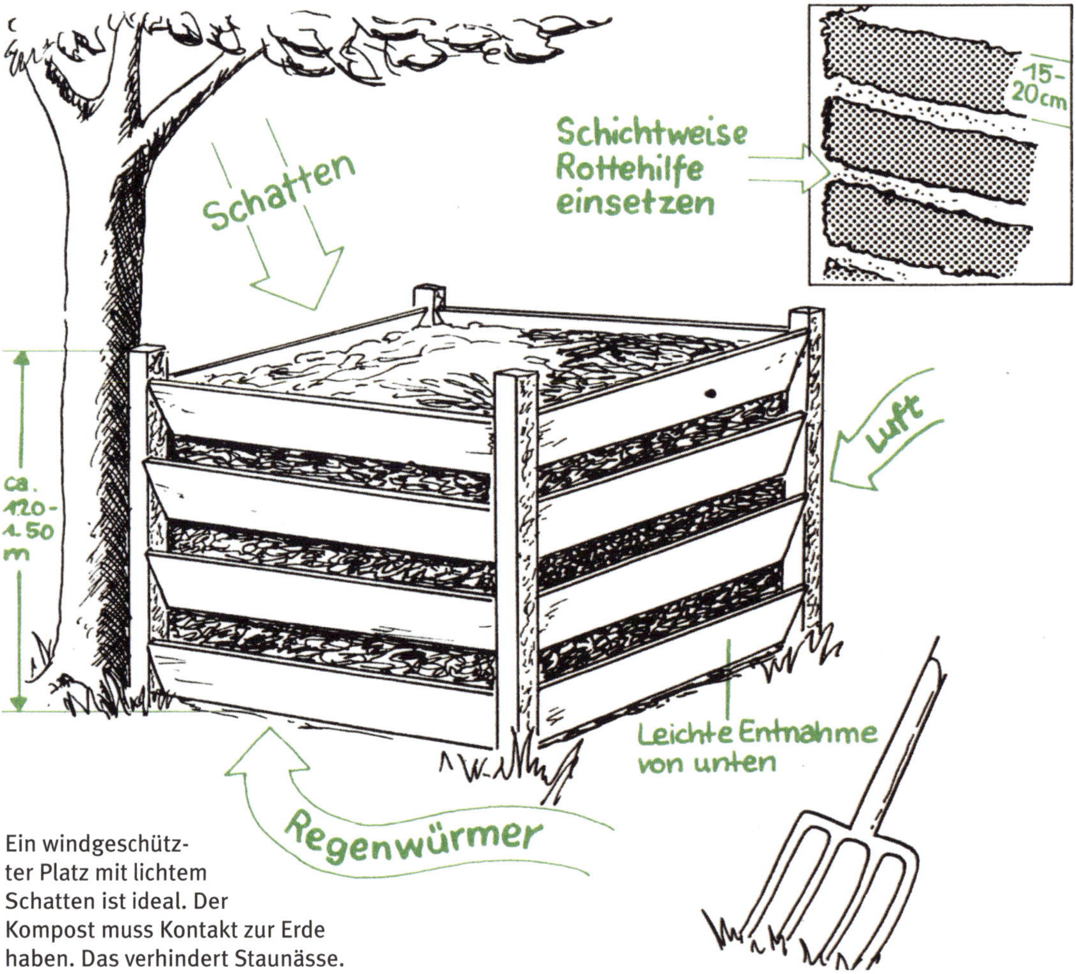

Ein windgeschützter Platz mit lichtem Schatten ist ideal. Der Kompost muss Kontakt zur Erde haben. Das verhindert Staunässe.

TIPP Besser schichten

Einen ausgeklügelten Schichtungsplan wird man in der Praxis nicht einhalten können, das hatten wir bereits erwähnt. Trotzdem empfiehlt es sich, beim Neuanlegen zuerst grobe Materialien wie Zweige einzubringen und darauf dann nach und nach die üblichen Küchen- und Gartenabfälle zu geben. So wird der Kompost unten nicht gleich zu dicht.

Nach unten hin ist der Kompost immer reifer, deshalb schichtet man nach einigen Monaten um.

INFO Häufig gestellte Fragen

Normalerweise ist das Kompostieren unproblematisch, wenn man sich an die Regeln und Grundsätze hält, die wir in diesem Kapitel zusammengetragen haben. Hin und wieder steht man allerdings auch als erfahrener Gartenfreund vor ungelösten Fragen. Einige davon beantworten wir hier.

WAS SOLL MAN TUN, WENN DER KOMPOST ZU FEUCHT ODER ZU TROCKEN GEWORDEN IST?

Zu nasser und eventuell sogar bereits angeschimmelter Kompost lässt sich mit Eierkartons, trockenem Häckselgut oder Rindenmulch auflockern. In einen zu trockenen Kompost gießen Sie einfach Wasser. Er sollte immer etwa so feucht sein wie ein ausgedrückter Schwamm.

WIRD DAS MATERIAL IN EINEM KOMPOSTSILO AUCH UMGESCHICHTET?

Allerdings, das ist auch hier notwendig, damit genug Sauerstoff an die pflanzlichen Materialien gelangt. Die Mikroorganismen brauchen eine ausreichende Menge Sauerstoff, um ihre Aufgabe zu bewältigen.

WAS FANGE ICH MIT EINER GROSSEN MENGE HERBSTLAUB AN?

Damit könnten Sie einen Kompost überfordern. Geben Sie es statt dessen in einer etwa 20 cm dicken Schicht auf Beete und Baumscheiben und streuen Sie einen Kompost-Beschleuniger darüber. Bis zum Frühjahr zersetzt sich das Laub und verbessert den Boden im Garten. Zudem können hier Marienkäfer und andere Nützlinge überwintern. Auf diese Weise kompostieren Sie also praktisch direkt vor Ort.

Register

A

B

C

D

E

F

G

H

I

K

X

Z